中国矿业大学教材建设专项资金资助出版教材

材料科学基础

牛继南　王晓虹　凌意瀚　张　平　主编

中国矿业大学出版社

·徐州·

内 容 提 要

本书内容按材料微观结构完整性划分为理想晶体结构及行为和缺陷晶体结构及行为两大部分,包括 10 章内容,其中前 6 章为第一部分,后 4 章为第二部分。第一部分主要内容包括材料中的原子排列、材料中的相结构、纯金属的凝固、二元合金相图及合金凝固、三元相图、固体中的扩散;第二部分主要内容包括晶体缺陷、位错的弹性性质及行为、材料的塑性变形、回复和再结晶等。本书内容从最简单的理想晶体结构开始,便于读者迅速入门并掌握最基础的材料学基础知识;在此基础上,引入结构不完整概念,进而扩展到缺陷对材料性质的影响。这样的内容安排符合由简到难、循序渐进的认知规律,利于学习和讲授。

本书可作为普通高等院校材料及相关专业的教材,也可供从事材料研究、生产和使用的科研和工程人员参考。

图书在版编目(C I P)数据

材料科学基础 / 牛继南等主编.—徐州 :中国矿
业大学出版社,2021.8
ISBN 978 - 7 - 5646 - 5046 - 9

Ⅰ.①材… Ⅱ.①牛… Ⅲ.①材料科学 Ⅳ.①TB3

中国版本图书馆 CIP 数据核字(2021)第 117105 号

书　　名	材料科学基础
主　　编	牛继南　王晓虹　凌意瀚　张　平
责任编辑	李士峰
策　　划	章　毅
出版发行	中国矿业大学出版社有限责任公司
	(江苏省徐州市解放南路　邮编 221008)
营销热线	(0516)83884103　83885105
出版服务	(0516)83995789　83884920
网　　址	http://www.cumtp.com　E-mail:cumtpvip@cumtp.com
印　　刷	江苏淮阴新华印务有限公司
开　　本	787 mm×1092 mm　1/16　印张 16.25　插页 1　字数 419 千字
版次印次	2021 年 8 月第 1 版　2021 年 8 月第 1 次印刷
定　　价	58.00 元

(图书出现印装质量问题,本社负责调换)

前　言

"材料科学基础"是材料科学与工程专业的核心专业基础课。我校材料专业在多年的教学实践中形成了具有显著特色的教学大纲——按材料微观结构完整性划分课程内容,在此基础上,我们参考了国内外众多教材,编写了本书。

按照材料专业的教学计划,本课程的内容分为理想晶体结构及行为和缺陷晶体结构及行为两大部分。前半部分主要讲述理想晶体及其相关知识,包括材料中的原子排列(第1章)、材料中的相结构(第2章)、纯金属的凝固(第3章)、二元合金相图及合金凝固(第4章)、三元相图(第5章)和固体中的扩散(第6章);而后半部分主要讲述含缺陷晶体结构及其相关知识,包括晶体缺陷(第7章)、位错的弹性性质及行为(第8章)、材料的塑性变形(第9章)以及回复和再结晶(第10章)。从逻辑上讲,理想晶体的结构相对容易理解,因此从理想晶体结构开始本课程的学习,便于学生迅速入门并掌握最基础的材料学基础知识;在此基础上,引入结构不完整概念,进而扩展到缺陷对材料性质的影响。这样的内容安排符合由简到难、循序渐进的认知规律,利于学生的学习和教师的讲授。

本教材共10章,主要内容着眼于材料学基础理论和知识,语言尽可能简明扼要,便于读者能在80学时左右的时间内对本课程有较好的掌握。

本书由中国矿业大学4位长期从事材料科学基础课程一线教学工作的教师编写而成。其中牛继南编写第1、7、8、9、10章和第2章2.1节,凌意瀚编写第2章2.2节、2.3节和第6章,张平编写第3章,王晓虹编写第4、5章。全书由牛继南统稿。

本书在编写中参考了大量文献资料,在此对各位文献作者表示深深谢意!本书能够顺利出版,得益于中国矿业大学教务处和材料与物理学院领导的鼎力支持和帮助;中国矿业大学出版社的章毅副编审在出版过程中,给予了大量的帮助,在此谨向他们表示衷心感谢!

由于编者水平所限,书中难免存在不足之处,恳请广大读者批评指正。

编　者

2021年1月

目　录

第一部分　理想晶体结构及行为

第一部分
理想晶体结构及行为

第 1 章　材料中的原子排列

从空间尺度上划分,决定材料性能的因素包括原子结构、原子相互间作用、原子空间排列规律、原子集合体形貌特征等四个层次。原子是物质的基础,其核外电子结构是材料科学中关注的重点;原子之间作用类型由原子结构决定,与材料性质密切相关;固体材料中的原子空间排列,是理解材料性能的基础;原子的聚集形成相,而相的成分、含量、尺寸和空间分布也会影响材料性能。本章将主要介绍微观原子结构尤其是核外电子结构、原子间的键合和固体中的原子排列等三部分内容。

1.1　原子结构

1.1.1　原子的结构

原子由质子和中子构成的原子核及核外电子组成。原子质量主要集中在原子核上,而核外电子仅为质子或中子质量的千分之一量级。核外电子运动没有固定轨道,常通过四个量子数描述其空间位置和能量,进而判断在核外空间出现的概率。

(1) 主量子数 n:可取值范围为 $1,2,3,4,\cdots$,代表电子所处的量子壳层,决定了电子能量以及与原子核的平均距离,可分别命名为 K,L,M,N 壳层等。

(2) 轨道角动量量子数 l:给定主量子数 n 时,l 可取值范围为 $0,1,2,\cdots,n-1$,代表 n 壳层中的电子亚层所处的能级。对于 $l=0,1,2,3,4$ 可分别用小写字母 s,p,d,f,g 表示,在同一壳层里,亚层电子能量逐渐递增。

(3) 磁量子数 m:给定一个磁量子数 l 时,对应的磁量子数总数为 $2l+1$,取值范围为 $-l,-(l-1),\cdots,0,\cdots,l-1,l$。磁量子给出了每个轨道角动量量子数的能级数,其决定了电子云的空间取向。

(4) 自旋角动量量子数 s:只能取 $+1/2$ 和 $-1/2$,代表电子顺时针和逆时针两种不同方向的自旋,用"↑"和"↓"表示。

多电子原子中的核外电子排布遵循以下三个规则:

(1) 泡利不相容原理:同一原子中不能有两个或两个以上的电子具有完全相同的四个量子数,或者说在轨道量子数 m,l,n 确定的一个原子轨道上最多可容纳两个电子,而这两个电子的自旋方向必须相反。主量子数为 n 的壳层最多容纳 $2n^2$ 个电子。

(2) 能量最低原理:在不违背泡利不相容原理前提下,原子核外电子总是先占有能量最低的轨道,只有当能量最低的轨道占满后,电子才依次进入能量较高的轨道,尽可能使体系能量最低。

（3）洪特规则：在同一亚层中各能级中，电子尽可能分占不同能级且自旋方向相同，即电子尽可能自旋平行地多占不同的轨道。当电子排布为全充满、半充满或全空时，原子状态比较稳定。

在多电子原子中，主量子数小的亚层电子能量会低于主量子大的亚层电子，如 4d 能量高于 5f。原子核外电子主要按图 1-1 所示能级顺序由低到高排列。

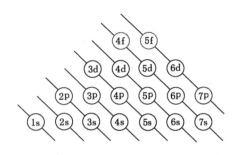

图 1-1　近似能级图

1.1.2　元素周期表

原子核外电子随原子序数的递增而呈周期性的变化规律称为元素周期律，元素周期表（见文后彩插）是元素周期律的具体表现形式。在同一周期中，各元素核外电子层数相同，从左到右原子半径逐渐减小，得电子能力逐渐增强，逐渐呈现非金属性。而在同一主族中，从上到下原子半径增大，得电子能力逐渐减弱，金属性逐渐增强。同一元素的同位素在周期表中占据同一位置，其化学性质完全相同。

在元素周期表中，第 1～3 周期的元素核外电子均填充在 s 或 p 轨道，被称为短周期；第 4～7 周期的元素核外电子不仅填充在 s、p 轨道，还填充在 d 或 f 轨道，因此被称为长周期。原子或重要的离子态含有未充满 d 轨道的元素在物理和化学性质上具有许多共性，被称为过渡族元素。第 4 周期中从 Sc 到 Cu（21～29 号）为第一过渡元素系，第 5 周期从 Y 到 Ag（39～47 号）为第二过渡元素系，第 6 周期中从 Hf 到 Au（72～79 号）为第三过渡元素系。

从 57 号元素 La 到 71 号元素 Lu 的三价离子的 4f 轨道电子数从 0～14 变化，但 4f 轨道深埋在 5s、5p 轨道内，对成键贡献小，因此化学性质极为接近，称为镧系元素；而同一族的 39 号元素 Y 原子半径和 64 号元素 Gd 相当，Y^{3+} 半径与 68 号 Er^{3+} 相当，化学性质与镧系元素相似，因此把元素 Y 和镧系元素称为稀土元素。类似地，从 89 号元素 Ac 到 103 号元素 Lr 的三价离子的 5f 轨道电子数从 0～14 递增，化学性质相近，被称为锕系元素。

不同元素原子间化合能力与原子电子结构尤其是最外层电子数密切相关，可通过原子在元素周期表中位置及电子排布规律获得。元素性质与其在元素周期表中的位置密切相关，因此可根据元素在元素周期表中的位置推断其性质。在化学反应中，通常考虑单个原子、离子或分子发生的反应；但在材料学中要考虑大量原子组成的块体行为，即在实践中，需要首先了解组成材料的原子性质、原子间结合力等，以便在材料合成、加工过程中寻找合适的元素类型。

1.2　原子间的键合

原子间键合可分为化学键和物理键两类。化学键是形成相对稳定结构的原子间强相互作用,包括共价键、离子键和金属键;物理键又称次价键,是分子间及分子内基团间的弱相互作用,通常比化学键键能低 1～2 个数量级,包括范德华力和氢键等。

1.2.1　共价键

共价键是由电负性相近的原子通过共用电子对形成。当共用电子对均匀分布在两成键原子间,称为非极性键;当共用电子对靠近其中一个成键原子,造成正负电荷中心不重合,则称为极性键。

由于原子核外 p、d 等亚层的电子云具有方向性,当原子间电子云重叠形成共价键时,会受到电子云方向性以及泡利不相容原理制约,因此共价键具有方向性和饱和性,配位数较小。共价键的结合能较高,因此以共价键为主的材料具有结构稳定、熔点高、质硬脆等特点。此外,由于原子间的"共用电子对"不能自由运动,该类材料一般为绝缘体。共价键对亚金属、聚合物和部分无机非金属材料具有重要影响。

1.2.2　离子键

离子键是金属原子将最外层价电子转移到非金属原子外层,形成的金属正离子和非金属负离子依靠静电引力结合在一起的键合。离子键的基本特点是以离子而不是以原子为结合单元。

离子键的本质是库仑作用。为使异号离子间引力最大而同号离子间斥力最小,离子键中正负离子需要相间排列,且具有较高配位数。离子键的结合能较高,因此以离子键为主的离子晶体具有较高的熔点和硬度。决定离子晶体结构的因素主要是正负离子电荷及几何因素。离子晶体中很难产生自由电子,为良好电绝缘体材料。但在高温熔融态,正负离子可在外电场作用下自由运动,因此呈现离子导电性。离子键对大多数盐类、碱类和金属氧化物具有主要影响。

1.2.3　金属键

金属键是金属原子最外层价电子挣脱原子核束缚成为自由电子并在整个晶体内运动,进而形成由自由电子和金属正离子相互作用的键合。金属键的基本特点是电子共有化。

金属键既无饱和性又无方向性。在以金属键为主的金属晶体中,原子间距越小,电子云密度越大,库仑作用就越强,因此金属中的原子趋于形成低能量的密堆积结构。当金属变形时,原子间相互位置改变,但并不破坏金属键,因此金属具有良好的塑性;由于存在大量自由电子,金属具有良好的导电性和导热性。金属键对绝大多数金属有重要影响。

1.2.4　范德华力

范德华力又被称为分子键,包括静电力、诱导力和色散力三方面。静电力是带有永久偶极矩的极性分子间的相互作用;诱导力是极性分子诱导邻近非极性分子产生的偶极矩,与极性分子永久偶极间的相互作用;色散力是指由电子运动导致非极性分子产生的瞬间偶极矩,与其在邻近分子中诱导的偶极矩间的相互作用。除极性很高的分子,一般分子间的范德华力中,色散力是最主要的。

范德华力没有方向性和饱和性。范德华力相对较弱,但对材料的沸点、熔点、汽化热、熔化热、溶解度、表面张力、黏度等物理、化学性质具有重要影响。如小分子溶液很容易汽化,而长链高分子材料却通常没有气态。主要是小分子溶液中的范德华力作用弱于化学键作用,在气化过程中仍能维持小分子结构;但在高分子材料中,范德华力的整体作用超过了化学键,在加热打破所有范德华力作用前化学键已断裂。

1.2.5 氢键

氢键常用 X—H⋯Y 表示,X、Y 为 F、O、N、Cl 等原子,以及按双键或三键成键的碳原子。X—H 键的电子云偏向高电负性 X 原子,导致 H 原子核的屏蔽减小而表现出正电性,其被附近的高电负性 Y 原子吸引。

氢键具有饱和性和方向性,X—H⋯Y 之间的夹角通常处于 100°～140° 之间。氢键键能介于共价键和范德华力之间,广泛存在于分子内或分子间,对物质的稳定性、溶解性、熔沸点等物理、化学性质具有重要意义。如氢键对纤维素、尼龙等高分子材料的结晶结构具有重要影响。

1.3 固体中的原子排列

原子在三维空间呈周期性有序排列的固体称为晶体,无规则排列的固体称为非晶体,而介于二者之间的固体则称为准晶。研究固态物质内部原子排列和分布规律是理解材料性能的基础。一种材料以何种原子排列形式出现,可由外部环境条件和加工方法决定。

1.3.1 晶体

晶体学研究始于对自然界矿物晶体形状和内部结构的研究。晶体结构的基本特征是存在长程有序。晶体和非晶体在性能上具有明显的区别,如晶体有固定熔点,而非晶体仅存在软化温度范围,且晶体存在各向异性,而非晶体则为各向同性。

1.3.1.1 空间点阵和晶胞

将理想晶体中原子固定不动得到原子在三维空间的规则排布,称为晶体结构。为了便于研究,将晶体中的原子、离子或分子或团簇抽象简化为几何点,称为阵点。抽象简化必须保证每个阵点具有完全相同的周围环境。这种由阵点在空间规则排列的三维阵列称为空间点阵。为表达空间点阵的几何形貌,用平行直线将所有阵点连接起来构成的三维几何格架,称为空间格子(图 1-2)。空间格子为人为选定,可具有多种形式。

为了反映点阵排列规律特征,可在点阵中选取一个代表性几何单元,称为晶胞。通常选取一个最小的平行六面体。晶胞在三维空间的重复堆垛就构成了空间点阵。同一空间点阵,选取方式不同可得到不同的晶胞(图 1-3)。选取晶胞的原则是:

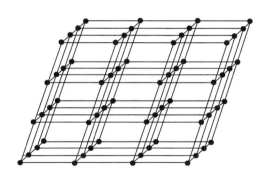

图 1-2　空间点阵的一部分

（1）平行六面体尽可能反映出点阵的对称性；

（2）平行六面体内的棱和角相等的数目尽可能多；

（3）平行六面体的棱边夹角存在直角时，直角数目尽可能多；

（4）平行六面体的体积尽可能小。

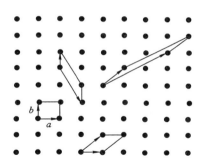

图 1-3　在二维点阵中选取晶胞

　　实际中，这些选取规则并不一定能完全兼顾，尤其是对称性和体积要求，因此可能出现不同的晶胞选取方法。在材料研究中，通常是在优先保证对称性的前提下再尽可能选取小的体积。而在固体物理领域，则优先保证晶胞体积为最小，而不一定保证点阵的对称性，这样得到的晶胞被称为原胞。

　　为表示晶胞形状和大小，以晶胞某个顶点为原点，沿过原点的三个棱建立坐标轴（称为晶轴），则晶胞的三个棱边代表点阵的基本矢量（a，b，c），三个基本矢量的长度 a、b、c（点阵常数）和夹角 α、β、γ 即为描述晶胞的六个基本参数（图 1-4）。晶胞体积 V 可用基本矢量表示为：

$$V = \boldsymbol{a} \cdot (\boldsymbol{b} \times \boldsymbol{c}) \tag{1-1}$$

1.3.1.2　晶系和布拉菲点阵

　　根据晶胞的形状特点以及六个点阵参数间的相互关系，可将所有空间点阵归为 7 大晶系，见表 1-1。

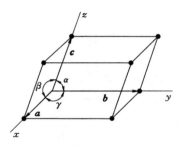

图 1-4 晶胞、晶轴和点阵矢量

表 1-1 晶系

晶系	棱边长度及夹角关系
三斜	$a \neq b \neq c, \alpha \neq \beta \neq \gamma \neq 90°$
单斜	$a \neq b \neq c, \alpha = \gamma = 90° \neq \beta$
正交	$a \neq b \neq c, \alpha = \beta = \gamma = 90°$
六方	$a_1 = a_2 = a_3 \neq c, \alpha = \beta = 90°, \gamma = 120°$
菱方	$a = b = c, \alpha = \beta = \gamma \neq 90°$
四方	$a = b \neq c, \alpha = \beta = \gamma = 90°$
立方	$a = b = c, \alpha = \beta = \gamma = 90°$

　　1848 年布拉菲(A.Bravais)在 7 大晶系的基础上,根据平移对称性分析了平行六面体晶胞所有可能的几何关系,得到了 14 种空间点阵,称之为布拉菲点阵(表 1-2)。布拉菲点阵的晶胞如图 1-5 所示。

表 1-2 布拉菲点阵

布拉菲点阵类型	晶系	布拉菲点阵类型	晶系
简单三斜	三斜	简单六方	六方
简单单斜	单斜	简单菱方	菱方
底心单斜			
简单正交	正交	简单四方	四方
底心正交		体心四方	
体心正交		简单立方	立方
面心正交		体心立方	
		面心立方	

　　晶体结构和空间点阵概念很容易混淆。它们的区别主要有三点:① 晶体结构指的是晶体中实际原子排列,而空间点阵指的是将原子、离子、分子或团簇抽象成等同阵点的排列,空间点阵更容易描述晶体周期性和对称性;② 晶体结构类型有无限多种,而空间点阵类型只

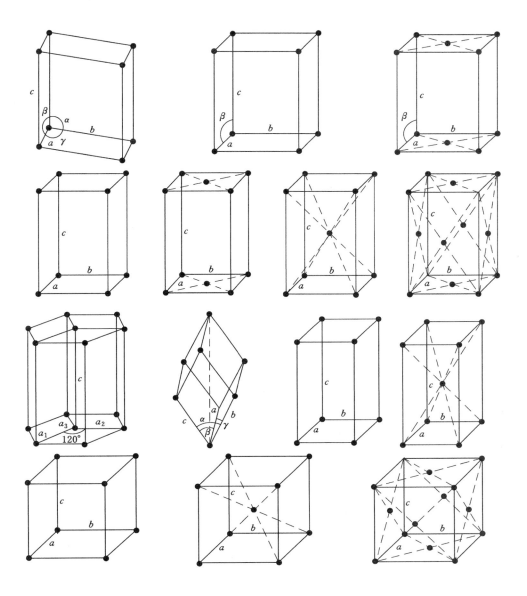

图 1-5　14 种布拉菲点阵的晶胞

有 14 种；③ 在晶体结构中（如果将不同类型原子也看作不同质点并用平行线相连），即便是单质晶体，代表其基本重复单元的平行六面体也并不一定属于 14 种布拉菲空间点阵，该平行六面体有时也称为晶体结构的晶胞。

需要指出的是，对于六方晶系晶体，为更好地描述其对称性特征，通常会选取一个最小体积的六棱柱作为晶体结构或空间点阵的基本研究对象，一些文献也将其称为晶胞。为了和其他晶体类型统一，本书中将该六棱柱称为"六棱柱单元"，而仍将六棱柱中的平行六面体重复单元作为晶胞。

在单质金属的密排六方晶体结构中,六棱柱单元上、下两个底面的原子(标记为Ⅰ型)所处的环境与棱柱内的原子(标记为Ⅱ型)不同:Ⅰ型原子位于顶点向前的Ⅱ型原子的间隙间,而Ⅱ型原子位于顶点向后的Ⅰ型原子的间隙间(图1-6)。因此不能将密排六方结构看作一种空间点阵。但如果将底面的一个Ⅰ型原子和一个棱柱内的Ⅱ型原子作为整体抽象成一个质点,而其他原子也按同样方式进行抽象则可得到等同的阵点排列,其对应的空间点阵属于简单六方点阵。

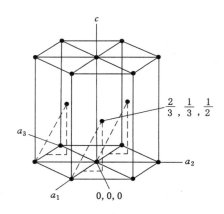

图 1-6　密排六方晶体结构中原子的抽象操作

金属 Cr 和金属盐 CsCl 具有类似的原子排列或晶体结构(图1-7),但 Cr 属体心立方点阵,而 CsCl 则属简单立方点阵。在对 CsCl 结构进行抽象操作时,将晶胞顶点的一个 Cs 原子和体心的一个 Cl 原子共同简化为一个阵点,而其他顶点的 Cs 和相邻晶胞体心的 Cl 以相同方式进行抽象。

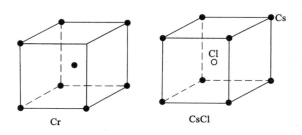

图 1-7　晶体结构相似而点阵不同

金属 Cu 和金属盐 NaCl、CaF$_2$ 具有明显不同的原子排列或晶体结构(图1-8),但经抽象化操作后发现它们同属于面心立方点阵。

1.3.1.3　晶向指数和晶面指数

材料学中研究晶体的生长、形变、相变及性能等问题时,需要涉及晶体中原子列的空间位向和原子构成的平面,分别称为晶向和晶面。通常采用密勒指数来描述不同的晶向和晶面,称为晶向指数与晶面指数。

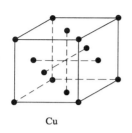

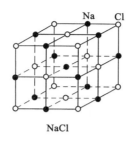

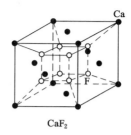

图 1-8 具有相同点阵的三种晶体结构

1.3.1.3.1 晶向指数

空间点阵中某一晶向 AB 的晶向指数确定步骤如下：

（1）以晶胞的某一阵点为原点 O，三个相邻棱边所在直线为坐标轴（x,y,z），三个棱边为基本矢量。

（2）过原点作直线 OP，使其平行于待定的晶向 AB（图 1-9）。

（3）在直线 OP 上选取距原点最近的阵点 P，并确定 P 点的 3 个坐标值。

（4）将 P 点 3 个坐标值化简为最小整数 u、v、w，加上方括号后，$[uvw]$ 即为 AB 晶向的晶向指数。若 u、v、w 中某一指数为负值，则在该数上方加一负号。图 1-10 列出了正交晶系一些重要晶向的晶向指数。

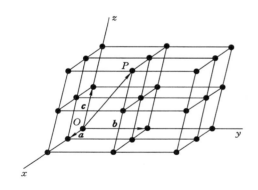

图 1-9 点阵矢量

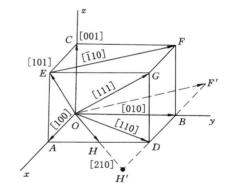

图 1-10 正交晶系一些重要晶向的晶向指数

晶向指数表示相互平行、方向一致的所有晶向。相互平行但方向相反的晶向指数数字相同、符号相反。在晶体中因对称关系而等同的晶向可归并为一个晶向族，用 $\langle uvw \rangle$ 表示。如可用符号 $\langle 111 \rangle$ 表示立方晶系中 $[111]$，$[\bar{1}11]$，$[1\bar{1}1]$，$[11\bar{1}]$，$[\bar{1}\bar{1}1]$，$[1\bar{1}\bar{1}]$，$[\bar{1}1\bar{1}]$ 和 $[\bar{1}\bar{1}\bar{1}]$ 代表的八组体对角线晶向。

1.3.1.3.2 晶面指数

晶面指数标定方法如下：

（1）在空间点阵中建立参考坐标系，设置方法与确定晶向指数时相同。注意不能将坐标原点选在待确定指数的晶面上。

（2）以点阵基本矢量的长度为单位，量出待定晶面在各坐标轴上的截距。如果晶面与某坐标轴平行，则晶面在该轴上截距为∞。

（3）取各截距的倒数。

（4）将各倒数最小整数化，加上圆括号，(hkl) 即表示该晶面指数。

晶面指数也代表一组相互平行的晶面。在不考虑面极性（即面法线方向）的情况下，数字相同、符号相反的晶面指数代表同一组晶面。在晶体中经对称操作完全重合的面，具有完全等价的几何特征，可以归并为同一晶面族，以 $\{hkl\}$ 表示。晶面族中各晶面的面间距和原子排列完全相同，只是晶面空间位向不同。如可用符号 $\{111\}$ 表示立方晶系中 (111)、$(\overline{1}11)$、$(1\overline{1}1)$、$(11\overline{1})$、$(\overline{1}\overline{1}1)$、$(\overline{1}1\overline{1})$、$(1\overline{1}\overline{1})$、$(\overline{1}\overline{1}\overline{1})$ 代表的 8 个晶面，前 4 个晶面和后 4 个晶面相互平行，可共同构成一个八面体（图 1-11）。

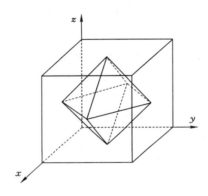

图 1-11　立方晶系 $\{111\}$ 晶面族构成的八面体

此外，在立方晶系中，具有相同指数的晶向和晶面是互相垂直的，如 $[110]$ 晶向垂直于 (110) 晶面，$[111]$ 晶向垂直于 (111) 晶面。

1.3.1.3.3　六方晶系指数

六方晶系的晶向指数和晶面指数同样可以用以上方法标定。以 a_1、a_2、c 为晶轴，a_1 轴与 a_2 轴的夹角为 $120°$，c 轴与 a_1、a_2 轴垂直（图 1-12），得到六棱柱基本单元各晶面的指数为 (100)、(010)、$(\overline{1}10)$、$(\overline{1}00)$、$(0\overline{1}0)$ 和 $(1\overline{1}0)$。这 6 个晶面是同类型晶面，但指数却不同，无法反映出它们之间的等同关系和六方晶系的对称性。为了克服该缺点，可采用另外一个专门用于六方晶系的四指数标定方法。

在该方法中，采用 a_1、a_2、a_3 和 c 四个晶轴，a_1、a_2、a_3 位于同一平面，且它们之间夹角均为 $120°$。晶面指数标定方法与前述方法类似，但以 $(hkil)$ 4 个指数来表示。具体标定中，可按三指数方法先获得 (hkl) 3 个指数，然后根据关系 $i=-(h+k)$ 求出指数 i，即得到四指数 $(hkil)$。通过这种方法，六棱柱单元各等同侧面的晶面指数为 $(10\overline{1}0)$、$(01\overline{1}0)$、$(\overline{1}100)$、$(\overline{1}010)$、$(0\overline{1}10)$ 和 $(1\overline{1}00)$，可归并为 $\{10\overline{1}0\}$ 晶面族。四指数 $(hkil)$ 可直接去掉 i 转换为三指数 (hkl)。

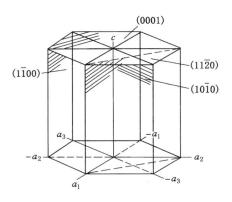

图 1-12　六方晶系一些晶面的指数

六方晶系晶向四指数的确定较为复杂：可先以 a_1、a_2、c 为晶轴标出该晶向的三指数 $[UVW]$，然后根据式(1-2)换算为四指数 $[uvtw]$：

$$\left.\begin{array}{l} u=\dfrac{1}{3}(2U-V) \\[2mm] v=\dfrac{1}{3}(2V-U) \\[2mm] t=-(u+v) \\[2mm] w=W \end{array}\right\} \qquad (1\text{-}2)$$

1.3.1.3.4　晶带及晶带定理

平行或相交于同一直线的晶面构成一个晶带。此直线称为晶带轴，用其晶向指数表示；这一组晶面则称为共带面。晶带轴 $[uvw]$ 与共带面 (hkl) 存在式(1-3)关系：

$$hu+kv+lw=0 \qquad (1\text{-}3)$$

该关系被称为晶带定理。反之，满足式(1-3)关系的晶面也都属于以 $[uvw]$ 为晶带轴的共带面。

如果两个不平行的晶面 $(h_1k_1l_1)$ 和 $(h_2k_2l_2)$ 构成的晶带轴为 $[uvw]$，则根据晶带定理有：

$$\left.\begin{array}{l} h_1u+k_1v+l_1w=0 \\ h_2u+k_2v+l_2w=0 \end{array}\right\}$$

可求得 $u:v:w=\begin{vmatrix} k_1 & l_1 \\ k_2 & l_2 \end{vmatrix}:\begin{vmatrix} l_1 & h_1 \\ l_2 & h_2 \end{vmatrix}:\begin{vmatrix} h_1 & k_1 \\ h_2 & k_2 \end{vmatrix}$。

如果两个不平行的晶向 $[u_1v_1w_1]$ 和 $[u_2v_2w_2]$ 决定的晶面为 (hkl)，则根据晶带定理有：

$$\left.\begin{array}{l} hu_1+kv_1+lw_1=0 \\ hu_2+kv_2+lw_2=0 \end{array}\right\}$$

可求得 $h:k:l=\begin{vmatrix} v_1 & w_1 \\ v_2 & w_2 \end{vmatrix}:\begin{vmatrix} w_1 & u_1 \\ w_2 & u_2 \end{vmatrix}:\begin{vmatrix} u_1 & v_1 \\ u_2 & v_2 \end{vmatrix}$。

如果 3 个晶向 $[u_1v_1w_1]$、$[u_2v_2w_2]$ 和 $[u_3v_3w_3]$ 同在一个平面 (hkl) 上,则有:

$$\begin{vmatrix} u_1 & v_1 & w_1 \\ u_2 & v_2 & w_2 \\ u_3 & v_3 & w_3 \end{vmatrix} = 0$$

如果 3 个晶面 $(h_1k_1l_1)$、$(h_2k_2l_2)$ 和 $(h_3k_3l_3)$ 同属一个晶带轴,则有:

$$\begin{vmatrix} h_1 & k_1 & l_1 \\ h_2 & k_2 & l_2 \\ h_3 & k_3 & l_3 \end{vmatrix} = 0$$

1.3.1.3.5　晶面间距

指数不同的晶面间主要区别为晶面位向和晶面间距不同。晶面的位向可用晶面法线位向来表示,如立方晶系 (hkl) 晶面的位向可通过式(1-4)求得:

$$\left.\begin{array}{l} h:k:l = \cos\alpha:\cos\beta:\cos\gamma \\ \cos^2\alpha + \cos^2\beta + \cos^2\gamma = 1 \end{array}\right\} \tag{1-4}$$

其中 α、β、γ 为晶面法线和三个坐标轴的夹角。

由晶面指数还可求出相邻平行晶面之间间距 d_{hkl}。通常,低指数晶面间距较大,而高指数晶面间距则较小;晶面间距越大表明该晶面上原子排列越密集,而晶面间距越小,则表明排列越稀疏(图 1-13)。

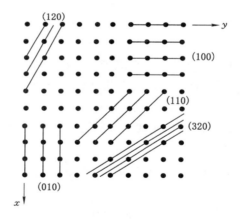

图 1-13　不同晶面间距

几种常见晶系的面间距与晶面指数、晶胞常数之间的关系如下。

简单立方晶系:

$$d_{hkl} = \frac{a}{\sqrt{h^2 + k^2 + l^2}} \tag{1-5}$$

简单正交晶系:

$$d_{hkl} = \frac{1}{\sqrt{\left(\dfrac{h}{a}\right)^2 + \left(\dfrac{k}{b}\right)^2 + \left(\dfrac{l}{c}\right)^2}} \tag{1-6}$$

简单六方晶系：

$$d_{hkl} = \frac{1}{\sqrt{\frac{4}{3}\left(\frac{h^2 + hk + k^2}{a^2}\right) + \left(\frac{l}{c}\right)^2}} \qquad (1\text{-}7)$$

对复杂晶胞,由于中心型原子的存在而使晶面层数增加,故计算其晶面间距时应根据不同情况对上述公式进行修正。如当体心立方中晶面指数满足 $h+k+l=$ 奇数；面心立方中 h、k、l 不全为奇数或不全为偶数时会有附加面存在,因此实际的晶面间距的计算公式应该修正为：

$$d_{hkl} = \frac{a}{2\sqrt{h^2 + k^2 + l^2}} \qquad (1\text{-}8)$$

1.3.1.4　典型金属晶体结构

绝大多数金属具有高对称性的简单晶体结构。最常见、最典型的晶体结构有面心立方（fcc）、体心立方（bcc）和密排六方（hcp）三种。将金属原子看作刚性球,三种晶体结构可表示为图 1-14、图 1-15、图 1-16 所示的晶胞（fcc、bcc）或结构单元（hcp）和表 1-3 所示的晶体学特点。

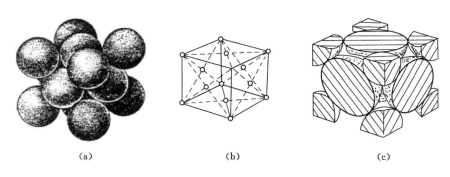

(a)　　　　　　　　　(b)　　　　　　　　　(c)

图 1-14　面心立方结构

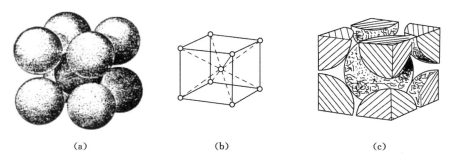

(a)　　　　　　　　　(b)　　　　　　　　　(c)

图 1-15　体心立方结构

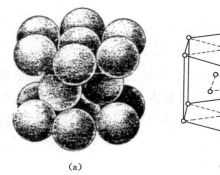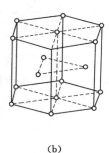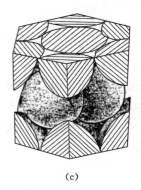

（a）　　　　　　　　　（b）　　　　　　　　　（c）

图 1-16　密排六方结构

表 1-3　三种典型金属结构的晶体学特点

结构特征		晶体结构类型		
		面心立方（A1）	体心立方（A2）	密排六方（A3）
点阵常数		a	a	$a,c(c/a=1.633)$
原子半径 R		$\dfrac{\sqrt{2}}{4}a$	$\dfrac{\sqrt{3}}{4}a$	$\dfrac{a}{2}$ 或 $\dfrac{1}{2}\sqrt{\dfrac{a^2}{3}+\dfrac{c^2}{4}}$
晶胞内原子数		4	2	6
配位数		12	8	12
致密度		0.74	0.68	0.74
四面体间隙	数量	8	12	12
	大小	0.225R	0.291R	0.225R
八面体间隙	数量	4	6	6
	大小	0.414R	0.154$R<100>$ 0.633$R<110>$	0.414R

注：以 A1、A2、A3 表示 3 种结构的点阵类型。

1.3.1.4.1　晶胞中的原子数

在计算晶体结构的晶胞（或结构单元）原子数时，需要评估每个原子与周围相邻晶胞的共有情况。从图 1-14、图 1-15、图 1-16 可以看出面心或体心晶胞中顶角处原子为 8 个晶胞共有、面上原子为 2 个晶胞共有、内部原子为 1 个晶胞独有；密排六方结构单元中顶角处原子为 6 个六棱柱结构单元共有，而面上原子和内部原子同样为 2 个、1 个结构单元所有。类似地，对于正交晶系晶胞中棱边上的原子为周围 4 个晶胞所共有。三种典型晶体结构中每个晶胞（或结构单元）所占有的原子数 n 为：

面心立方结构的 $n=8\times\dfrac{1}{8}+6\times\dfrac{1}{2}=4$；

体心立方结构的 $n=8\times\dfrac{1}{8}+1=2$；

密排六方结构的 $n=12\times\dfrac{1}{6}+2\times\dfrac{1}{2}+3=6$。

1.3.1.4.2　晶胞常数与原子半径关系

晶胞的棱长即晶胞常数与原子半径间有着密切关系。如将金属原子看作半径为 R 的钢球，根据几何关系求出三种金属晶体结构的晶胞常数与原子半径之间关系。

① 面心立方结构（$a=b=c$）中，$\sqrt{2}\,a=4R$；

② 体心立方结构（$a=b=c$）中，$\sqrt{3}\,a=4R$；

③ 密排六方结构（$a=b\neq c$）中，$a=2R$（理想情况），$a=\sqrt{\dfrac{a^2}{3}+\dfrac{c^2}{4}}=2R$（非理性情况）。

表 1-4 列出常见金属的点阵常数和原子半径。

表 1-4　常见金属的点阵常数和原子半径

金属	点阵类型	点阵常数/nm（室温）	原子半径（CN 为 12）/nm	金属	点阵类型	点阵常数/nm（室温）	原子半径（CN 为 12）/nm	金属	点阵类型	点阵常数/nm（室温）	原子半径（CN 为 12）/nm
Al	A1	0.404 96	0.143 4	Cr	A2	0.288 46	0.124 9	Be	A3	a　0.228 56 c/a　1.567 7 c　0.358 32	0.111 3
Cu	A1	0.361 47	0.127 8	V	A2	0.302 82	0.131 1（30 ℃）	Mg	A3	a　0.320 94 c/a　1.623 5 c　0.521 05	0.159 8
Ni	A1	0.352 36	0.124 6	Mo	A2	0.314 68	0.136 3	Zn	A3	a　0.266 49 c/a　1.856 3 c　0.494 68	0.133 2
γ-Fe	A1	0.364 68（916 ℃）	0.128 8	α-Fe	A2	0.286 64	0.124 1	Cd	A3	a　0.297 88 c/a　1.885 8 c　0.561 67	0.148 9
β-Co	A1	0.354 40	0.125 3	β-Ti	A2	0.329 98（900 ℃）	0.142 9（900 ℃）	α-Ti	A3	a　0.295 06 c/a　1.585 7 c　0.467 88	0.144 5
Au	A1	0.407 88	0.144 2	Nb	A2	0.330 07	0.142 9	α-Co	A3	a　0.250 2 c/a　1.623 0 c　0.406 10	0.125 3

表 1-4(续)

金属	点阵类型	点阵常数/nm(室温)	原子半径(CN 为 12)/nm	金属	点阵类型	点阵常数/nm(室温)	原子半径(CN 为 12)/nm	金属	点阵类型	点阵常数/nm(室温)	原子半径(CN 为 12)/nm
Ag	A1	0.408 57	0.144 4	W	A2	0.316 50	0.137 1	α-Zr	A3	a 0.323 12 c/a 1.593 1 c 0.514 77	0.158 5
Rh	A1	0.380 44	0.134 5	β-Zr	A2	0.360 90 (862 ℃)	0.156 2 (862 ℃)	Ru	A3	a 0.270 38 c/a 1.583 5 c 0.428 16	0.132 5
Pt	A1	0.392 39	0.138 8	Cs	A2	0.614 00 (−10 ℃)	0.266 0 (−10 ℃)	Re	A3	a 0.276 09 c/a 1.614 8 c 0.445 83	0.137 0
				Ta	A2	0.330 26	0.143 0	Os	A3	a 0.273 30 c/a 1.580 3 c 0.431 90	0.133 8

注:CN 为配位数。

1.3.1.4.3 配位数和致密度

常用配位数(CN)和致密度 K 两个参数描述晶体中原子排列的紧密程度。配位数指晶体中一原子周围最近邻且等距离的原子个数;致密度指晶体中原子体积占总体积的百分数。在一个晶胞中,致密度 K 可表示为晶胞内原子体积与晶胞体积比值:

$$K = \frac{nv}{V} \tag{1-9}$$

式中 n——晶胞中原子数;

v——一个原子的体积;

V——晶胞体积。

三种典型金属晶体结构的配位数和致密度见表 1-5。

表 1-5 三种典型金属晶体结构的配位数和致密度

晶体结构类型	配位数	致密度
面心立方	12	0.74
体心立方	8(有时记为:8 最近邻+6 次近邻)	0.68
密排六方	12(有时记为:6 最近邻+6 次近邻)	0.74

1.3.1.4.4 原子堆垛方式

晶体结构中原子排列紧密的面和晶向称为密排面和密排方向。三种典型金属晶体结构的典型密排面和密排方向分别为:面心立方,{111},⟨110⟩;体心立方,{110},⟨111⟩;密排六方,{0001},⟨112̄0⟩。在面心立方和密排六方结构中,密排面上每个原子和 12 个最近邻原子相切(CN 为 12),因而面心立方和密排六方结构是纯金属中最密集的结构,致密度均为 0.74;在体心立方结构中,体心原子仅与周围 8 个原子相切(CN 为 8),因此致密度没有面心立方和密排六方大。

　　原子密排面的层层堆垛就构成了晶体的空间结构,而堆垛方式的差异则会形成不同的晶体结构。如果把第一层密排面记作 A 层,第二层密排面在 A 层堆垛时既可位于间隙 B 上,也可以位于间隙 C 上,同样第三层原子也可以位于第二层的两种间隙位上方。因此密排面在空间重复堆垛时可以有两种方式,一是按 ABAB……或 ACAC……的顺序堆垛,即密排六方结构;二是按 ABCABC……或 ACBACB……的顺序堆垛,即面心立方结构(图 1-17)。

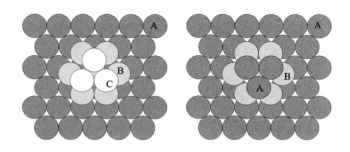

图 1-17　面心立方和密排六方点阵中密排面的 ABC 和 AB 堆积方式

1.3.1.4.5　晶体结构中的间隙

　　晶体中原子间的间隙对金属的性能、合金相结构、扩散、相变等都有重要影响。

　　图 1-18、图 1-19 和图 1-20 为三种典型晶体结构的间隙位置示意图。图中实心圆代表原子,半径为 r_A;空心圆代表间隙,半径为 r_B,其表示能放入间隙内的小球的最大半径(图 1-21)。位于 6 个原子所组成的八面体中的间隙称为八面体间隙,而位于 4 个原子所组成的四面体中的间隙称为四面体间隙。可利用空间几何关系求出三种晶体结构中四面体和八面体间隙的数目和尺寸(表 1-6)。

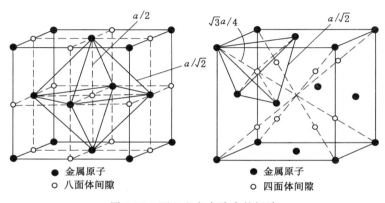

图 1-18　面心立方点阵中的间隙

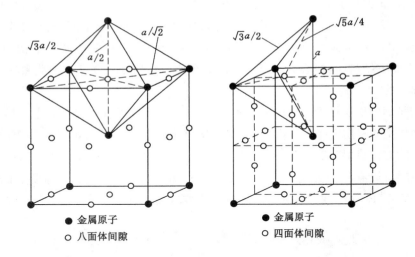

图 1-19　体心立方点阵中的间隙

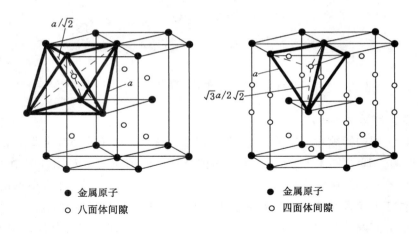

图 1-20　密排六方点阵中的间隙

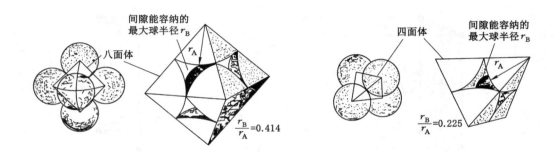

图 1-21　面心立方晶体中间隙的钢球模型

表 1-6　三种典型晶体中的间隙

晶体结构类型	间隙类型	间隙数目	间隙大小(r_B/r_A)
面心立方 （fcc）	四面体间隙	8	0.225
	八面体间隙	4	0.414
体心立方 （bcc）	四面体间隙	12	0.291
	八面体间隙	6	0.154⟨100⟩ 0.633⟨110⟩
密排六方（c/a＝1.633） （hcp）	四面体间隙	12	0.225
	八面体间隙	6	0.414

在表示间隙大小时,常用间隙半径和原子半径的比来表示。对于密排六方结构,间隙大小是在理想情况即 c/a＝1.633 时求出的。此外,应注意到体心立方结构中的四面体和八面体间隙的各棱边不全相等、形状不对称,因此间隙原子进入后引起的晶格畸变也不对称,这将对固溶度、固溶强化等有着重要影响。

1.3.1.4.6　多晶型性

单质金属在不同条件下可能具有不同的晶体结构,即同素异构体,这种性质称为多晶型性。如铁在 912 ℃以下为体心立方结构(α-Fe);在 912～1 394 ℃时为面心立方结构(γ-Fe);高于 1 394 ℃至熔点间则又恢复为体心立方结构(δ-Fe)。当金属在多晶型转变时,可能会由于晶体结构和致密度的变化而引起体积突变,这可由热膨胀曲线测量得到。在 α-Fe 转变为 γ-Fe 及 γ-Fe 转变为 δ-Fe 时,均会因体积突变而使曲线上出现明显的转折点。除 Fe 外,其他金属还有 Mn、Ti、Co、Sn、Zr、U、Pu 等也具有多晶型性。在金属热处理加工中,多晶型转变对于金属是否能通过该操作改变其性能具有重要意义。

1.3.1.5　典型共价晶体的结构

以共价键为主的晶体称为共价晶体。元素周期表中Ⅳ、Ⅴ、Ⅵ族的元素单质、许多无机非金属材料和聚合物都是共价晶体。共价晶体的主要特点是原子配位数服从 $8-N$ 规则(即 Hume-Rothery 规则),其中 N 为原子价电子数。

金刚石是最典型的共价晶体(图 1-22)。其中每个碳原子与 4 个等距最近邻原子按共价键结合。金刚石结构为复杂面心立方结构,碳原子除按 fcc 排列外,还有 4 个原子分别按坐标: $\frac{1}{4}\frac{1}{4}\frac{1}{4}$、$\frac{3}{4}\frac{3}{4}\frac{1}{4}$、$\frac{3}{4}\frac{1}{4}\frac{3}{4}$、$\frac{1}{4}\frac{3}{4}\frac{3}{4}$ 分布在立方体内,即占据了体对角线四分之一 8 个位置的一半,或者说位于 4 个四面体间隙中心。金刚石结构晶胞内共含 8 个原子。经过抽象操作,可得到金刚石晶体的空间点阵属于面心立方。

属于金刚石型结构的还有 α-Sn、Si、Ge 等单质。此外,SiC、闪锌矿(ZnS)等的结构与金刚石也类似,但在 SiC 晶体中硅原子取代四面体间隙中的碳原子;在闪锌矿(ZnS)中,S 离子取代面心立方节点位置的碳,Zn 离子取代四面体间隙中的碳原子。

1.3.1.6　典型离子晶体结构

以离子键为主的晶体称为离子晶体。大多数无机非金属材料属于离子晶体。元素周期

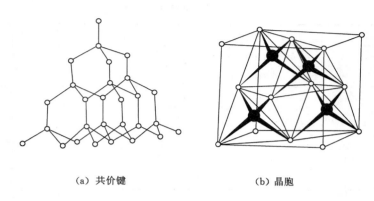

（a）共价键　　　　　　　　　　（b）晶胞

图 1-22　金刚石型结构

表中ⅠA族碱金属元素和ⅦB族卤族元素形成的晶体为典型离子晶体。

1.3.1.6.1　离子晶体结构规则

鲍林（L.Pauling）利用离子键理论总结出以下离子晶体的结构规则。

（1）鲍林第一规则（配位多面体规则）

离子晶体中，每个阳离子周围的阴离子形成一个配位多面体，阴阳离子之间的距离由它们的半径和决定，配位数（阳离子周围最近邻阴离子数）则由阴阳离子半径比决定。该规则强调配位多面体是离子晶体结构的基本单元。因为晶体静电能会随着相互接触的异号离子数的增多而明显降低，因此最稳定结构总是具有尽可能大的配位数，即阴阳离子尽可能紧密堆积。此时，临界离子半径比值的概念经常会被用到（表 1-7）。只有大于或等于此临界比值时，某一给定配位数的结构才是稳定的。

表 1-7　不同配位数时的临界离子半径

配位数	阴离子配位多面体	阳离子与阴离子临界半径比
8	立方体	≥0.732
6	八面体	≥0.414
4	四面体	≥0.225
3	三角形	≥0.155
2	直线	≥0

（2）鲍林第二规则（电价规则）

在稳定的离子晶体结构中，从所有最近邻阳离子到一个阴离子的键强度的综合应等于该阴离子的电价数。一个阳离子的离子键强度（S_i）为阳离子电荷（Z_+）除以其配位数（n），因此阴离子的综合键强 Z_- 为：

$$Z_- = \sum_i S_i = \sum_i \left(\frac{Z_+}{n}\right) \tag{1-10}$$

如在 Si_2O_7 单元中，硅离子的键强为 1，与氧相连的两个硅的总键强度为 2，其等于氧离子的电价。因此在如 Si_2O_7 基硅酸盐中不能有更多的阳离子和氧再进行结合。

（3）鲍林第三规则（多面体共顶点规则）

在稳定的离子晶体中,配位多面体倾向于共顶点而不是共棱,尤其是不会倾向于共面进行接触。该规则的基础是从几何学分析阳离子之间的斥力,如两个四面体在共顶点时,四面体中心的阳离子之间距离要大于四面体共棱或共面时。

（4）鲍林第四规则（不同种类正离子配位多面体间连接规则）

在含有一种以上正负离子的离子晶体中,高电价、低配位阳离子形成的多面体有尽量互不结合的趋势,换而言之,倾向于共顶点链接。

（5）鲍林第五规则（节约规则）

在一个晶体结构中,不同类型的构型数倾向于最小,即不同形状的配位多面体很难有效地堆积在一起。

鲍林规则虽然是一个经验性规则,但简单、直接并能突出结构特点,不但适用于简单离子晶体,也适用于复杂离子晶体及硅酸盐晶体。

1.3.1.6.2 典型的离子晶体结构

按其化学组成,离子晶体可分为二元和多元化合物。其中二元化合物主要包括 AB、AB_2 和 A_2B_3 型;多元化合物常见的有 ABO_3 和 AB_2O_4 型。

（1）AB 型化合物结构

CsCl 型结构:CsCl 结构属于简单立方点阵,其中 Cs^+ 和 Cl^- 半径比为 0.933,Cs^+ 和 Cl^- 的配位数均为 8 ,Cl^- 在 Cs^+ 周围形成正六面体,六面体以共面形式连接。晶体的一个晶胞中,包含一个 Cs^+ 和一个 Cl^-（图 1-23）。CsBr、CsI 也属于这种结构类型。

NaCl 型结构:自然界有许多化合物都属该类型,典型的有氧化物 MgO,CaO,SrO,BaO,CdO,MnO,FeO,CoO,NiO;氮化物 TiN,LaN,ScN,CrN,ZrN;碳化物 TiC,VC,ScC;碱金属硫化物和卤化物（除 CsCl,CsBr,CsI 外）。NaCl 结构属于面心立方点阵,Na^+ 和 Cl^- 半径比为0.525。Cl^- 以面心立方进行排列,而 Na^+ 位于 Cl^- 形成的八面体空隙中（图 1-24）。一个晶胞中包含 4 个 Na^+ 和 4 个 Cl^-。

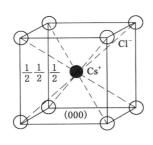

图 1-23　CsCl 型结构的立方晶胞

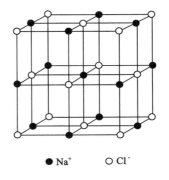

图 1-24　NaCl 晶体结构

立方 ZnS（闪锌矿）型结构:Be,Cd 的硫化物、硒化物、碲化物,以及 CuCl 都属闪锌矿型结构。闪锌矿 ZnS(β-ZnS)具有与金刚石类似的晶体结构,为面心立方点阵。在闪锌矿晶胞中,S^{2-} 占据面心立方结构节点位置,Zn^{2+} 则占据四面体间隙的一半。S^{2-} 组成的四面体以共顶点形式连接(图 1-25)。虽然 Zn^{2+} 和 S^{2-} 的理论半径比为 0.414,配位数应为 6,但由于 Zn^{2+} 极化作用强、S^{2-} 易变形,Zn^{2+} 和 S^{2-} 的配位数降至 4。

六方 ZnS(纤锌矿)型结构:ZnO,ZnSe,AgI,BeO 等都属纤锌矿型结构。纤锌矿 ZnS,属简单六方点阵,结构晶胞内 4 个离子中两个 S^{2-} 坐标为:(000),$(\frac{2}{3}\frac{1}{3}\frac{1}{2})$;两个 Zn^{2+} 坐标为:$(00\frac{7}{8})$,$(\frac{2}{3}\frac{1}{3}\frac{3}{8})$。可以看作为 S^{2-} 构成 hcp 结构,而 Zn^{2+} 占据其中一半的四面体空隙所构成。由于离子极化影响 Zn^{2+} 和 S^{2-} 的配位数降至 4,S^{2-} 组成的配位四面体以共顶点方式连接(图 1-26)。

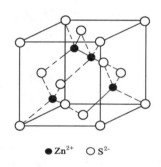

●Zn^{2+} ○S^{2-}

图 1-25 立方 ZnS(闪锌矿)型结构

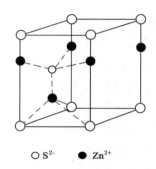

○S^{2-} ●Zn^{2+}

图 1-26 六方 ZnS(纤锌矿)型结构

(2)AB_2 型化合物结构

CaF_2(萤石)型结构:属于 CaF_2 型结构的化合物有 ThO_2,CeO_2,VO_2,$C-ZrO_2$ 等。CaF_2 结构属面心立方点阵。从图 1-27 可看出,Ca^{2+} 处在面心立方结构节点位置。F^- 位于立方体内 8 个均分小立体的中心位置,即填充了全部的四面体空隙。F^- 的配位数为 4,与之相连的 Ca^{2+} 组成的配位四面体以共棱连接;Ca^{2+} 的配位数为 8,与之相连的 F^- 组成的配位立方体也以共棱连接。

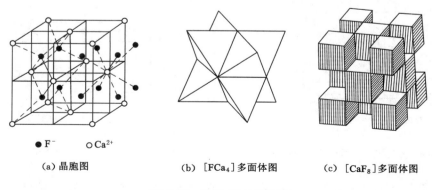

●F^- ○Ca^{2+}

(a)晶胞图   (b)$[FCa_4]$多面体图   (c)$[CaF_8]$多面体图

图 1-27 CaF_2 萤石型结构

TiO_2（金红石）型结构：GeO_2，PbO_2，SnO_2，MnO_2，VO_2，NbO_2，TeO_2 及 MnF_2，FeF_2，MgF_2 等都属于该类结构。金红石是 TiO_2 最稳定的一种结构，属四方晶系简单四方点阵。每个晶胞包含 2 个 Ti^{4+} 和 4 个 O^{2-}；Ti^{4+} 和 O^{2-} 半径比为 0.45，相应的配位数分别为 6 和 3。其结构如图 1-28 所示。

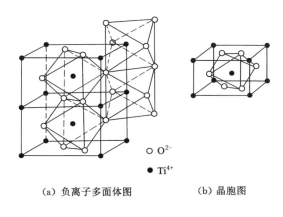

○ O^{2-}

● Ti^{4+}

（a）负离子多面体图　　　　（b）晶胞图

图 1-28　TiO_2（金红石）型结构

β-方石英（方晶石）型结构：方晶石为 SiO_2 高温下的结构，属立方晶系面心立方点阵。Si^{4+} 离子占据面心立方结构节点和 8 个均分小立方体中心的 4 个；4 个 O^{2-} 离子位于小立方体中心 Si^{4+} 周围形成四面体，四面体之间以共顶点方式连接，其结构如图 1-29 所示。SiO_2 有多种晶型，其他的结构都可看成是由 β-方石英变形而得。

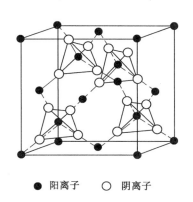

● 阳离子　　○ 阴离子

图 1-29　β-方石英（方晶石）型结构

（3）A_2B_3 型化合物结构

α-Al_2O_3（刚玉）型结构：该结构还包括 Cr_2O_3，α-Fe_2O_3，α-Ga_2O_3 等晶体。α-Al_2O_3 属菱方晶系简单菱方点阵。Al^{3+} 和 O^{2-} 的配位数分别为 6 和 4。在刚玉结构中，O^{2-} 以近似密排六方堆积，Al^{3+} 则位于八面体间隙，但仅占据其 2/3。为了使 Al^{3+} 尽量远离，每一层中的八面体间隙按照图 1-30 所示的规则排布六层形成一个完整周期的晶胞。每个晶胞中有 12 个 Al^{3+} 和 18 个 O^{2-}。在天然 $\alpha\text{-}Al_2O_3$ 中,掺杂铬的呈红色(红宝石),而掺杂铁、钛的呈蓝色(蓝宝石)。

(4) ABO_3 型化合物结构

$CaTiO_3$(钙钛矿)型结构:属钙钛矿型结构的有 $BaTiO_3$,$SrTiO_3$,$PbTiO_3$,$CaZrO_3$,$PbZrO_3$,$SrZrO_3$,$SrSnO_3$ 等晶体。$CaTiO_3$ 属简单立方点阵。Ca^{2+} 位于立方体顶点位置,O^{2-} 位于立方体面心,Ti^{4+} 位于立方体中心,即位于 O^{2-} 构成的八面体间隙中(图 1-31)。Ti^{4+} 只填满钙钛矿中八面体间隙的 1/4。Ca^{2+} 的配位数为 12,Ti^{4+} 的配位数为 6。从鲍林第二规则可求出与 O^{2-} 接触的 Ti^{4+} 静电键强度为 2/3,而与 O^{2-} 接触的 Ca^{2+} 的键强为 1/6,每个 O^{2-} 与 2 个 Ti^{4+} 和 4 个 Ca^{2+} 所共用,O^{2-} 上的键强总和等于其电价,达到饱和,因此结构稳定。

$CaCO_3$(方解石)型结构:属方解石型结构的有 $MgCO_3$(菱镁矿),$FeCO_3$(菱铁矿),$MnCO_3$(菱锰矿),$ZnCO_3$(菱锌矿)等晶体。方解石属菱方晶系;结构晶胞中包含 4 个 Ca^{2+} 和 4 个 $[CO_3]^{2-}$ 络合离子。Ca^{2+} 与最近邻 6 个 $[CO_3]^{2-}$ 连接;$[CO_3]^{2-}$ 中 3 个 O^{2-} 呈等边三角形,而 C^{4+} 位于三角形中心(图 1-32)。

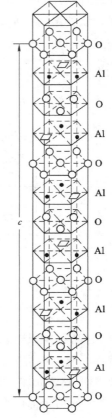

○—O^{2-} 离子;●—Al^{3+} 离子;▱—空位。

图 1-30　$\alpha\text{-}Al_2O_3$(刚玉)型结构

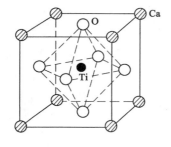

图 1-31　$CaTiO_3$(钙钛矿)型结构

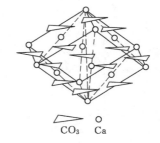

CO_3　Ca

图 1-32　$CaCO_3$(方解石)型结构

(5) AB_2O_4 型化合物结构

$MgAl_2O_4$(尖晶石)型结构:该结构还包括 $ZnFe_2O_4$,$CdFe_2N_4$,$FeAl_2O_4$,$CoAl_2O_4$,$NiAl_2O_4$,$MnAl_2O_4$ 和 $ZnAl_2O_4$ 等(图 1-33)。$MgAl_2O_4$ 结构属面心立方点阵;每个结构晶

胞内有 32 个 O^{2-}，16 个 Al^{3+} 和 8 个 Mg^{2+}。Mg^{2+} 先以金刚石结构排列；然后把晶胞立方体分成 8 个小立方；小立方又分甲、乙两种类型。甲型小立方中，Mg^{2+} 位于中心和 4 个顶角，而 4 个 O^{2-} 分别位于体对角线上距临空顶角的 1/4 处；乙型小立方中，Mg^{2+} 处在 4 个顶角，4 个 O^{2-} 位于体对角线上距 Mg^{2+} 顶角的 1/4 处，同时 Al^{3+} 位于体对角线上距临空顶角的 1/4 处(图 1-34)。

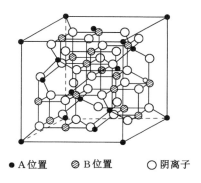

●A位置　◎B位置　○阴离子

图 1-33　尖晶石的单位晶胞

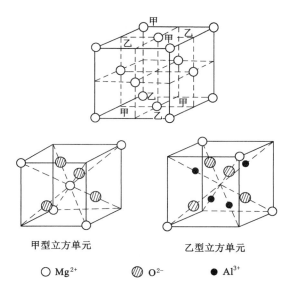

甲型立方单元　　　　　乙型立方单元

○ Mg^{2+}　　　◎ O^{2-}　　　● Al^{3+}

图 1-34　$MgAl_2O_4$ 结构中的小单元

1.3.1.6.3　硅酸盐的晶体结构

硅酸盐晶体是地壳矿物、水泥、陶瓷、玻璃、耐火材料的主要组成和原料。硅酸盐有多种结构，其基本结构包含三部分，一是不同比例硅和氧组成的各种负离子团(硅氧骨干，为硅酸盐基本结构单元)，剩余两部分为硅氧骨干外的正、负离子。硅酸盐晶体结构的基本特点总结如下。

(1)构成硅酸盐的基本结构单元是硅和氧组成的 $[SiO_4]^{4-}$ 四面体。4 个氧离子位于以硅离子为中心的四面体顶点；硅氧间的平均距离为 0.160 nm，小于硅氧离子半径和，表明硅氧间键合除离子键还有部分共价键成分。通常认为离子键和共价键各占 50％比例。

（2）按鲍林第二规则，每个 O^{2-} 最多只能被两个 $[SiO_4]^{4-}$ 四面体所共有。当一个 Si^{4+} 提供给 O^{2-} 电价，那么 O^{2-} 的另一个未饱和电价可由其他正离子如 Al^{3+}、Mg^{2+} 等提供。

（3）按鲍林第三规则，$[SiO_4]^{4-}$ 四面体中未饱和氧离子和金属正离子结合后，可以相互独立存在，也可通过共用四面体顶点连接成单链、双链、层状或网状复杂结构，但不共棱和共面连接；同一类型硅酸盐中，$[SiO_4]^{4-}$ 四面体间的连接方式通常只有一种。

（4）$[SiO_4]^{4-}$ 四面体中的 Si—O—Si 连接呈 145°夹角，因此 $[SiO_4]^{4-}$ 四面体结构单元相互连接时可能形成不同形式的复杂结构。

硅酸盐可按 $[SiO_4]^{4-}$ 四面体在空间的组合情况分为岛状、组群状、链状、层状和骨架状硅酸盐。

（1）岛状硅酸盐

结构中的 $[SiO_4]^{4-}$ 四面体以孤立状态存在，四面体之间没有共用氧。四面体的氧与其他金属阳离子连接形成孤立岛状硅酸盐结构。这类硅酸盐又称为原硅酸盐。与四面体相连的阳离子通常为 Mg^{2+}，Ca^{2+}，Fe^{2+}，Mn^{2+} 等。属于该类结构的矿物有镁橄榄石 $Mg_2[SiO_4]$ 和锆英石 $Zr[SiO_4]$ 等。镁橄榄石 $Mg_2[SiO_4]$ 属正交晶系，结构晶胞中包含 8 个镁离子、4 个硅离子和 16 个氧离子；各 $[SiO_4]^{4-}$ 四面体单独存在的，其顶角相间地朝上朝下；各 $[SiO_4]^{4-}$ 四面体通过 O—Mg—O 键连接；Mg^{2+} 离子周围有 6 个 O^{2-} 离子近似位于正八面体顶角，整个镁橄榄石可看成是四面体和八面体堆积而成；O^{2-} 离子近似按六方结构排列。氧离子按密堆积方式排列是许多硅酸盐结构的一个重要特征（图 1-35）。此外，二价的 Fe^{2+} 和 Ca^{2+} 可以取代镁橄榄石中的 Mg^{2+}，从而形成 $(Mg,Fe)_2[SiO_4]$ 或 $(Ca,Mg)_2[SiO_4]$ 橄榄石。

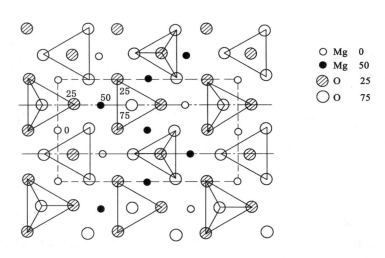

图 1-35　镁橄榄石结构在(100)面投影图（图中数字表示原子高度）

（2）组群状硅酸盐

2 个、3 个、4 个或 6 个 $[SiO_4]^{4-}$ 四面体通过共用氧（桥氧）相连形成组群，而这些组群再通过其他阳离子按一定的配位形式连接(图 1-36)。如果把组群看成 1 个单元,那么这些单元也是以孤立形式存在。绿柱石 $Be_3Al_2[Si_6O_{18}]$ 晶体结构中就包含 6 个硅氧四面体形成的六元环基团。而堇青石 $Mg_2Al_3[AlSi_5O_{18}]$ 的结构与绿柱石相似,只是在六元环中有一个 $[SiO_4]^{4-}$ 四面体中的 Si^{4+} 被 Al^{3+} 取代,环外的 (Be_3Al_2) 被 (Mg_2Al_3) 取代。

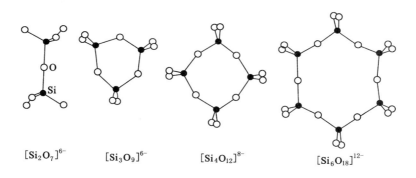

$[Si_2O_7]^{6-}$　　　$[Si_3O_9]^{6-}$　　　$[Si_4O_{12}]^{8-}$　　　$[Si_6O_{18}]^{12-}$

图 1-36　孤立的有限硅氧四面体群的各种形状

（3）链状硅酸盐

链状硅酸盐结构指 $[SiO_4]^{4-}$ 四面体通过桥氧相互连接成单链或双链,而链与链之间通过其他正离子连接(图 1-37)。单链结构单元的分子式为 $[SiO_3]_n^{2n-}$,顽辉石 $Mg[SiO_3]$、透辉石 $CaMg[Si_2O_6]$、锂辉石 $LiAl[Si_2O_6]$、顽火辉石 $Mg_2[Si_2O_6]$ 等硅酸盐都具有单链结构。单链结构中的 Si—O 键比链间的 M—O 键强得多,因此链状硅酸盐矿物很容易沿链间裂成纤维。

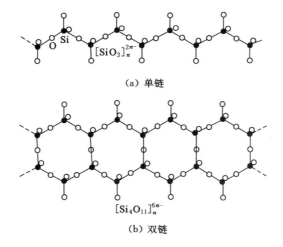

$[SiO_3]_n^{2n-}$

（a）单链

$[Si_4O_{11}]_n^{6n-}$

（b）双链

图 1-37　链状硅酸盐结构

双链结构单元的分子式为 $[Si_4O_{11}]_n^{6n-}$,透闪石 $Ca_2Mg_5[Si_4O_{11}]_2(OH)_2$、斜方角闪石 $(Mg,Fe)_7[Si_4O_{11}]_2(OH)_2$、硅线石 $Al[AlSiO_5]$ 和莫来石 $Al[Al_{1+x}\cdot Si_{1-x}O_{5-x/2}]_{(x=0.25\sim0.40)}$ 及石棉类矿物都具有双链结构。

（4）层状硅酸盐

层状硅酸盐结构是指$[SiO_4]^{4-}$四面体的某一个面以共用顶点氧的方式连接形成六元环二维结构。四面体上 1 个氧离子处于自由端，具有未饱和价态，称为活性氧，它与其他金属离子（如 Mg^{2+}，Al^{3+}，Fe^{2+}，Fe^{3+}，Mn^{3+}，Li^+，Na^+，K^+ 等）结合进而形成稳定结构（图 1-38）。在六元环层中可取一个矩形作为结构重复单元，氧与硅比为 10：4，化学式可写成$[Si_4O_{10}]^{4-}$。具有层状结构的硅酸盐矿物以高岭土 $Al_4[Si_4O_{10}](OH)_8$ 为典型代表，此外还有滑石 $Mg_3[Si_4O_{10}](OH)_2$、叶蜡石 $Al_2[Si_4O_{10}](OH)_2$、蒙脱石（$M_x \cdot nH_2O$）$(Al_{2-x}Mg_x)[Si_4O_{10}](OH)_2$ 等。

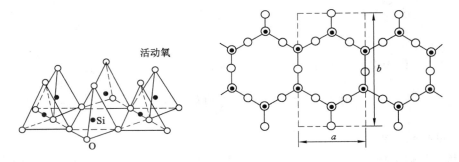

图 1-38　层状硅酸盐中的四面体

当活性氧与金属正离子 Me 和其他负离子一起连接，就会在四面体层上方构成另外一个多面体层，如$[Al(O,OH)_6]$八面体层，即构成双层结构；如果八面体层的两侧都与四面体层结合，则构成三层结构。在层状硅酸盐结构中，层内 Si—O 键和 Me—O 键比层与层之间的分子键或氢键强得多，因此易剥离成薄片。

（5）骨架状硅酸盐

骨架状硅酸盐又称网状硅酸盐，是由$[SiO_4]^{4-}$四面体在空间组成的三维网状结构。在该结构中每个$[SiO_4]^{4-}$四面体中的氧离子全部被其他四面体共用。骨架状结构单元化学式为 SiO_2。典型的骨架状硅酸盐为石英及各种同素异构体（磷石英、方石英等）。此外还有长石（K，Na，Ca）$[AlSi_3O_8]$、霞石 $Na[AlSiO_4]$ 和沸石 $Na[AlSi_2O_6] \cdot H_2O$ 等。

1.3.2　非晶

非晶与晶体的最大区别是非晶中原子排列不存在长程有序；因此非晶体在性质上是各向同性的；熔化时没有固定熔点，仅存在一个软化温度范围。非晶态物质包括玻璃、凝胶、非晶态金属与合金、非晶态半导体、无定形碳和某些聚合物等。

对于可能结晶的材料，冷却速度是确定液体冷却结晶或转变为玻璃的外部条件，而黏度则是内部条件。在冷速足够高时，理论上任何液体都可能转变为玻璃。结构复杂、黏度大的液体，结晶阻力大，则容易形成过冷液体；当温度继续降低到某一温度时，材料能逐渐转变为玻璃，该温度称为玻璃化温度，其通常在$(1/2 \sim 1/3)T_m$（熔点）范围内。

金属材料的晶体结构通常比较简单，液相黏度小，冷却时结晶阻力小，因此大多数金属为晶体，但如果采用激冷技术使冷却速度足够高，就能获得非晶态金属与合金（又称金属玻璃)。此外,通过溅射、蒸镀、激光、化学镀等现代技术也能获得非晶态金属。无机非金属材料结构繁多、复杂,在熔融后易形成非晶态的主要是 SiO_2 和硅酸盐矿物,这主要是因为这一类材料具有复杂的网络结构,因此其结晶过程比较容易被抑制。

对于玻璃已有多种结构模型被提出,如晶子模型、无规则网络模型等。无规则网络模型认为玻璃由结构单元不规律重复出现所形成。这些结构单元为氧的多面体。如在石英玻璃中,$[SiO_4]^{4-}$ 四面体在三维空间无序排列,无周期性和对称性。

值得注意的是,晶体和非晶体在一定条件下可以相互转换。非晶玻璃经过长时间加热可得到结晶态的玻璃;而晶体物质熔融后快速冷却也可以转变为非晶体。

1.3.3　准晶

准晶是对准周期性晶体类固态结构的简称,介于晶体和非晶体之间。谢赫特曼(D.Schechtman)等人在1984年发现了不符合晶体对称条件但呈一定周期性有序排列的 $Al_{86}Mn_{14}$ 准晶合金,随后斯坦哈特(P.J.Steinhardt)正式引入了准晶的概念。准晶结构有一维、二维和二十面体对称的三维结构等。由于不具有长程周期性,不能用晶胞描述准晶的结构。目前常用拼砌花砖方式模型来表征准晶。

除极少准晶为稳态相外,大部分准晶都是亚稳态结构。准晶主要通过快冷方式获得,此外经过喷涂、离子轰击、气相沉积等方法也能得到。

准晶的密度低于晶态时的密度,但高于非晶态;准晶的比热容较晶态大;电阻率高而电阻系数很小,但电阻随温度变化的规律因材料而异。目前,人们合成的大部分准晶尺寸只有几毫米,对其研究主要集中在结构上,而对其性能研究相对较少,因此需要进一步探索。

第2章 材料中的相结构

相是材料学中重要的概念。在所研究的系统中，宏观上化学组成、物理性质和化学性质完全均匀的部分，称为一个"相"。相与相之间在指定条件下存在明显界面；宏观性质在界面上有突变。因为任何气体都能无限混合，所以系统内无论有多少种气体都只有一个气相。液体则按其互溶程度通常可以是单相、双相或三相共存等。对于固体，每一种固体通常对应一个相，而且不论它们的质量和形状如何。例如，在铁碳合金中，一整块 Fe_3C 是一个相，如果把它分散为小颗粒，依然是一个相，因为它们的化学组成、物理和化学性质相同。根据上述概念，固溶体也是一个相，因为它相当于溶质分散在固体溶液中。

金属材料中，每一种单质、固溶体或金属间化合物（中间相）都是一个单独的相；而在陶瓷中，通常存在晶体、非晶体和气孔三部分，分别称为晶体相（或主晶体相、主晶相）、玻璃相和气相。这里的"晶体相"是陶瓷中各类晶体的泛称，并不是上述定义中的"相"。陶瓷中的每一种晶体都是一类单独的相，其大部分属于离子晶体。

金属中单质相的结构已经在第1章中（典型金属晶体）介绍，本章中主要对合金中经常出现的固溶体和中间相进行讨论。而陶瓷中，各类常见晶体相以及玻璃相结构也已在第1章进行了介绍，本章不再详细讨论。注意到，固溶体不仅出现在合金中，在陶瓷中也可能出现；而中间相中也有一部分属于离子晶体，因此不能把固溶体、中间相、陶瓷晶体相等作为材料中相的绝对分类方法。这里的分类只是根据两类材料的结构特点进行的习惯划分。此外，本章针对相的讨论，主要侧重于相成分、结构特征和基本性质，属于晶体结构学习的延续；而关于相的形貌、含量、分布对材料性能的影响等则主要在相图一章（第4章）介绍。两类常见材料包含的"习惯相"总结如下。

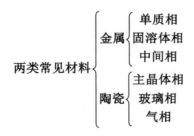

2.1 合金中的相

由于纯金属强度较低，工业上使用的绝大多数金属材料都是合金。所谓合金是指由两种或两种以上金属元素，或金属与非金属组成的具有金属性质的物质。合金的基本组成部分称为组元。组元可以是纯元素,如铜镍合金中的铜和镍;也可以是化合物,如铁-硫化铁合金中的硫化铁、镍磷合金中的 Ni_3P 等。由两个组元组成的合金称为二元合金,三个组元组成的合金为三元合金,……如果合金仅由一种相组成,称为单相合金;由几种不同的相组成的合金称为多相合金。相的总体则被称为合金的组织。

2.1.1　合金相分类

根据晶体结构的不同,合金中的相可分为固溶体相和中间相两大类。

如果在合金相中,以某一组元为溶剂,溶入其他种类原子(溶质原子)形成均匀混合的固态溶体,其晶体结构类型与溶剂相同,这种合金相称为固溶体。

如果在合金相中,组成合金相的不同种类原子具有固定比例,但所形成固相的晶体结构与所有组元均不同,这种合金相称为金属间化合物。金属间化合物的成分多数处在相图的中间部位,因此又称为中间相。

合金组元之间形成合金时,形成合金相的性质主要是由组元电化学因素、原子尺寸因素和电子浓度三个因素控制。

2.1.2　合金相结构影响因素

2.1.2.1　电化学因素

电化学因素指组元原子形成负离子的倾向对合金相形成的影响,通常用电负性来进行描述。元素的电负性与其在周期表中位置有密切关系,在同一族中电负性由上到下逐渐减小;在同一周期中由左到右逐渐增大。两个元素间的电负性相差越大,越容易形成化合物,而不容易形成固溶体。

为了便于比较,人们赋予每个元素一个具体的电负性数值。在不同时期,电负性的标度方法有所不同,常见的有泡利、马利肯、阿尔利德-罗乔、艾伦等标度。其中,阿尔利德-罗乔标度(图 2-1)是目前应用最多的。在比较不同元素电负性时,应注意在同一标度方法下进行。

H 2.20																	
Li 0.97	Be 1.47											B 2.01	C 2.50	N 3.07	O 3.50	F 4.10	
Na 1.01	Mg 1.23											Al 1.47	Si 1.74	P 2.06	S 2.44	Cl 2.83	
K 0.91	Ca 1.04	Sc 1.20	Ti 1.32	V 1.45	Cr 1.56	Mn 1.60	Fe 1.64	Co 1.70	Ni 1.75	Cu 1.75	Zn 1.66	Ga 1.82	Ge 2.02	As 2.20	Se 2.48	Br 2.74	
Rb 0.89	Sr 0.99	Y 1.11	Zr 1.22	Nb 1.23	Mo 1.30	Te 1.36	Ru 1.42	Rh 1.45	Pd 1.35	Ag 1.42	Cd 1.46	In 1.49	Sn 1.72	Sb 1.82	Te 2.01	I 2.21	
Cs 0.86	Ba 0.97	La 1.08	Hf 1.23	Ta 1.33	W 1.40	Re 1.46	Os 1.52	Ir 1.55	Pt 1.44	Au 1.42	Hg 1.44	Tl 1.44	Pb 1.55	Bi 1.67	Po 1.76	At 1.90	

图 2-1　元素电负性表示意图(阿尔利德-罗乔标度)

2.1.2.2　原子尺寸因素

原子尺寸因素指 A、B 两种组元原子半径间的相对差,可用式(2-1)来表示:

$$\Delta r = \frac{|r_B - r_A|}{r_A} \tag{2-1}$$

式中,r_A 和 r_B 为 A、B 原子的半径,Δr 为原子半径相对差。当两种原子电负性相差不大时,Δr 越小越容易形成固溶体。此外,根据现有的实验结果,当 Δr 大于 30%、小于 41% 时,通常会形成化合物;在 Δr 大于 41% 时,可能形成另外一种以化合物为溶剂的固溶体。

2.1.2.3 电子浓度因素

合金相中各组元的平均价电子数,用 e/a 表示,称为电子浓度。其中,e 为合金中价电子总数,a 为总原子数。对于有 m 个组元形成的 m 元合金,其电子浓度为:

$$e/a = \sum_{i=1}^{m} Z_i C_i \tag{2-2}$$

式中 Z_i——第 i 组元的价电子数;

         C_i——第 i 组元的原子百分数,$C_1 + C_2 + \cdots + C_m = 1$。

对于第Ⅷ族元素,规定其价电子数为零,而其他元素价电子数为周期表族数。将第Ⅷ族元素价电子数规定为零,主要是为了说明某些合金的形成规律而做的硬性规定。可理解为该族元素与其他元素形成合金时不仅贡献出价电子,也同时吸收电子使最外层达到饱和结构,因而总的价电子变化为零。

对于一定的晶体结构,当电子浓度大于某值时,就不容易形成固溶体,即对应于一个极限电子浓度。因此,当其他影响因素相同时,异类组元原子的价电子数相差越大,形成固溶体的倾向就越小。

2.2 固溶体

固溶体是一种溶质组元分散在另外一种固体溶剂中形成的新相,其结构的最大特点是保持着原溶剂的晶体结构。如果溶剂是纯金属,则形成的固溶体称为第一类固溶体;如果溶剂是化合物,则形成的固溶体称为第二类固溶体。根据溶质原子在溶剂结构中所处的位置,固溶体可分为置换固溶体和间隙固溶体两类。有些固溶体可能同时具有两种分布形式,如硅在铁中可以形成置换固溶体,如果同时还含有氮就会以间隙形式存在于铁晶体结构中,则硅、氮都溶解在铁中形成一个单一固溶体。

2.2.1 置换固溶体

溶质原子取代溶剂原子某些正常位置而形成的固溶体称为置换固溶体。大多数金属元素之间均能形成置换固溶体。不同的置换固溶体的溶解度大小也不相同,影响溶解度的因素如下。

（1）晶体结构类型

溶剂结构与溶质单质结构类型相同或相近时具有较大的溶解度。晶体结构相同是形成无限固溶的前提条件。要无限互溶,结构必须相同;但结构相同,不一定无限互溶。表 2-1 列出一些合金元素在铁中的溶解度。

表 2-1 合金元素在铁中的溶解度

元素	结构类型	在 γ-Fe 中最大溶解度/%	在 α-Fe 中最大溶解度/%	室温下在 α-Fe 中的溶解度/%
C	六方 金刚石型	2.11	0.021 8	0.008(600 ℃)
N	简单立方	2.8	0.1	0.001(100 ℃)

表 2-1(续)

元素	结构类型	在 γ-Fe 中最大溶解度/%	在 α-Fe 中最大溶解度/%	室温下在 α-Fe 中的溶解度/%
B	正交	0.018~0.026	0.008	<0.001
H	六方	0.000 8	0.003	0.000 1
P	正交	0.3	2.55	1.2
Al	面心立方	0.625	36	35
Ti	β-Ti 体心立方(>882 ℃) α-Ti 密排六方(<882 ℃)	0.63	7~9	2.5(600 ℃)
Zr	β-Zr 体心立方(>862 ℃) α-Zr 密排六方(<862 ℃)	0.7	0.3	0.3(385 ℃)
V	体心立方	1.4	100	100
Nb	体心立方	2.0	α-Fe:1.8(989 ℃) δ-Fe:4.5(1 360 ℃)	0.1~0.2
Mo	体心立方	3	37.5	1.4
W	体心立方	3.2	35.5	4.5(700 ℃)
Cr	体心立方	12.8	100	100
Mn	δ-Mn 体心立方(>1 133 ℃) γ-Mn 面心立方(1 095~1 133 ℃) α-Mn、β-Mn 复杂立方(<1 095 ℃)	100	3	3
Co	β-Co 面心立方(>450 ℃) α-Co 密排立方(>450 ℃)	100	76	76
Ni	面心立方	100	10	10
Cu	面心立方	8	2.13	0.2
Si	金刚石型	2.15	18.5	15

（2）原子尺寸因素

通常溶质和溶剂的原子尺寸越接近,越容易形成置换固溶体,且形成固溶体的溶解度越大。大量实验表明,在其他条件相近的情况下,原子半径差 $\Delta d < 15\%$ 时,有利于形成溶解度较大的固溶体;$\Delta d \geqslant 15\%$ 时,随着 Δd 增大溶解度减小;$\Delta d > 30\%$ 时,不易形成置换固溶体。原子尺寸差异的影响主要与溶质原子引起的点阵畸变有关。

（3）化学亲和力(电负性因素)

溶质与溶剂元素之间的化学亲和力越弱,即电负性相差越小,溶解度越大。电负性差别过大时,易形成金属化合物。各元素电负性及与原子序数的关系如图 2-2 所示,其具有一定周期性。在同一周期内,电负性随原子序数增大而增大;而在同一族中,电负性由上到下逐渐减小。

（4）电子浓度(e/a)

当原子尺寸因素有利时,某些一价金属存在一个极限电子浓度,称为临界电子浓度。当晶体中的 e/a 超过临界值时,结构就变得不稳定而成为另一种临界电子浓度更高的结构。如 Zn,Ga,Ge 和 As 在 Cu 中的最大溶解度分别为 38%,20%,12% 和 7%(图 2-3);Cd,In,Sn 和 Sb 在 Ag 中的最大溶解度则分别为 42%,20%,12% 和 7%(图 2-4)。

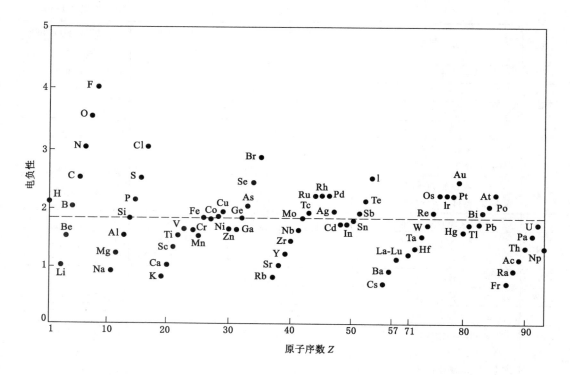

图 2-2　元素的电负性（虚线表示铁的电负性数值）

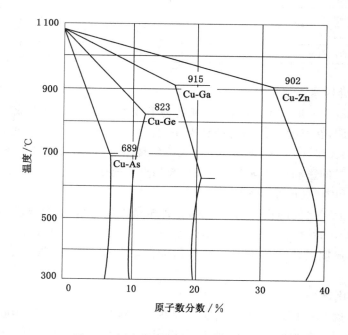

图 2-3　铜合金的固相线和固溶度曲线

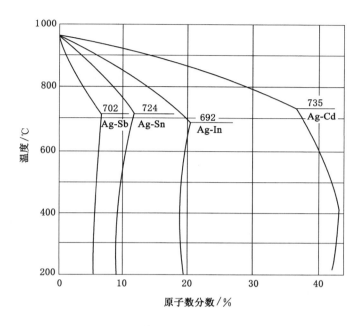

图 2-4　银合金的固相线和固溶度曲线

除了上述因素外,固溶度还与温度有关,通常随温度升高而固溶度增大;而对少数含中间相的复杂合金,固溶度会随温度上升而减小。

2.2.2　间隙固溶体

溶质原子存在于溶剂晶格间隙所形成的固溶体称为间隙固溶体。当溶质原子半径很小且 $\Delta r > 41\%$ 时,溶质原子就可能进入溶剂晶格间隙形成间隙固溶体。常见的间隙溶质原子有 H、O、N、C、B 等原子半径小于 0.1 nm 的非金属元素。通常,溶质原子尺寸都大于晶格间隙,因此溶入后将引起晶格畸变。

除了溶质的原子尺寸,影响间隙固溶体的溶解度因素还有溶剂晶体结构间隙的形状和大小。溶剂晶格中间隙数量有限,间隙固溶体只能是有限溶解。如 C 在 γ-Fe 中的最大溶解度质量分数为 2.11%,而在 α-Fe 中的最大溶解度为 0.021 8%,主要是因为 C 均位于 γ-Fe(面心立方)和 α-Fe(体心立方)的八面体间隙,而前者的尺寸比后者要大。此外,α-Fe 中的四面体和八面体间隙不对称,会在 C 进入后引起不对称畸变,其对钢的相变和强化有重要意义。

2.2.3　固溶体的微观均匀性

固溶体中的溶质原子会根据同类原子间的结合能 E_{AA}、E_{BB} 和异类原子间的结合能 E_{AB} 的相对大小呈不同的分布(图 2-5)。如果 $E_{AA} \approx E_{BB} \approx E_{AB}$,溶质原子倾向于呈无序分布;$(E_{AA}+E_{BB})/2 < E_{AB}$,溶质原子呈偏聚状态;$(E_{AA}+E_{BB})/2 > E_{AB}$,溶质原子则呈部分有序或完全有序分布。完全无序的固溶体是不存在的。在热力学上处于平衡状态的无序固溶体,在一定条件下可能发生有序化转变,形成溶质和溶剂原子比一定的有序固溶体(超结构、超点阵)。

2.2.4　固溶体的性质

溶质原子的溶入会导致固溶体点阵常数、力学性能、物理和化学性质产生不同程度变化。

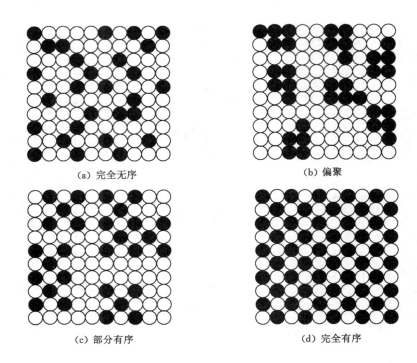

（a）完全无序　　　　　　　　　　　　（b）偏聚

（c）部分有序　　　　　　　　　　　　（d）完全有序

图 2-5　固溶体中溶质原子分布示意图

（1）点阵常数

溶质原子会引起晶格畸变从而导致点阵常数发生变化。在置换固溶体中,不同的溶质原子可能会导致溶剂点阵常数发生膨胀或收缩;而在间隙固溶体中,溶质原子总是导致溶剂点阵常数增大,且程度更大。

（2）固溶强化

溶质原子会使固溶体强度和硬度升高,即发生固溶强化。

（3）物理和化学性能

溶质原子会导致固溶体电阻率升高、电阻温度系数降低;可提高磁导率,如 Si 质量分数为 $2\%\sim4\%$ 的硅钢片被广泛用作软磁材料;还可改善金属材料抗腐蚀性能,如 Cr 原子分数达到 12.5% 时,α-Fe 的电极电位可由 -0.6 V 上升到 $+0.2$ V,进而具有良好的防腐性。

2.3　中间相

中间相可以是化合物,也可以是以化合物为基的固溶体。中间相中原子间的结合方式大多属于金属键和其他键的混合,主要呈金属性;中间相通常可用化学分子式表示,但化学分子式不一定符合化合价规律。根据晶体结构、电负性、电子浓度和原子尺寸的影响,中间相可分为正常价化合物、电子化合物、与原子尺寸因素有关的化合物和超结构等。

2.3.1　正常价化合物

金属与电负性较强的ⅣA,ⅤA,ⅥA族元素按照化合价规律形成的化合物为正常价化合物。常具有 AB，A_2B，AB_2，A_3B_2 等分子式。如二价 Mg 与四价 Pb，Sn，Ge，Si 之间形成 Mg_2Pb，Mg_2Sn，Mg_2Ge，Mg_2Si。一般情况下，正常价化合物的晶体结构与相同分子式的离子化合物类似，如 $NaCl$ 型、ZnS 型、CaF 型等。

正常价化合物的稳定性与组元间的电负性差相关。电负性差越大，形成的化合物越稳定，组元间的结合越趋向于离子键；相反，电负性差越小，化合物越不稳定，越趋于形成金属键。

2.3.2　电子化合物

电子化合物的特点是晶体结构主要由电子浓度决定。主要在ⅠB 或过渡族金属与ⅡB，ⅢA，ⅣA 族金属元素之间形成，又称为休姆-罗塞里相。电子化合物中原子间结合方式以金属键为主，具有明显的金属特性。电子化合物可用化学分子式表示，但其并不符合化合价规律。电子化合物成分通常在一定范围内变化，其电子浓度也在一定范围内变化。

通常电子浓度为 21/12 的化合物被称为 ε 相，具有密排六方结构；电子浓度为 21/13 的称为 γ 相，具有复杂立方结构；电子浓度为 21/14 的称为 β 相，通常具有体心立方结构，有时呈密排六方结构或复杂立方 β-Mn 结构。其原因为尺寸和电化学因素也会影响晶体结构。表 2-2 列出常见电子化合物及其结构类型。

表 2-2　常见电子化合物及其结构类型

电子浓度$=\dfrac{3}{2}$，即$\dfrac{21}{14}$			电子浓度$=\dfrac{21}{13}$	电子浓度$=\dfrac{7}{4}$，即$\dfrac{21}{12}$
体心立方结构	复杂立方 β-Mn 结构	密排六方结构	γ 黄铜结构	密封六方结构
$CuZn$	Cu_5Si	Cu_3Ga	Cu_5Zn_8	$CuZn_3$
$CuBe$	Ag_3Al	Cu_5Ge	Cu_5Cd_8	$CuCd_3$
Cu_3Al	Au_3Al	$AgZn$	Cu_5Hg_8	Cu_3Sn
Cu_3Ga[①]	$CoZn_3$	$AgCd$	Cu_9Al_4	Cu_3Si
Cu_3In		Ag_3Al	Cu_9Ga_4	$AgZn_3$
Cu_5Si[①]		Ag_3Ga	Cu_9In_4	$AgCd_3$
Cu_5Sn		Ag_3In	$Cu_{31}Si_8$	Ag_3Sn
$AgMg$[①]		Ag_3Sn	$Cu_{31}Sn_8$	Ag_5Al_3
$AgZn$[①]		Ag_7Sb	Ag_5Zn_8	$AuZn_3$
$AgCd$[①]		Au_3In	Ag_5Cd_8	$AuCd_3$
Ag_3Al[①]		Au_5Sn	Ag_5Hg_8	Au_3Sn
Ag_3In[①]			Ag_9In_4	Au_5Al_3
$AuMg$			Au_5In_8	
$AuZn$			Au_5Cd_8	
$AuCd$			Au_9In_4	
$FeAl$			Fe_5Zn_{21}	
$CoAl$			Co_5Zn_{21}	
$NiAl$			Ni_5Be_{21}	
$PdIn$			$Na_{31}Pb_8$	

① 不同温度下会具有不同的结构。

2.3.3　与原子尺寸因素有关的化合物

某些金属间化合物的类型与组元原子尺寸差密切相关。当组元原子尺寸差较大时,更易于形成间隙相和间隙化合物,而差别为中等程度时则易于形成拓扑密堆相。

2.3.3.1　间隙相和间隙化合物

间隙相或间隙化合物通常由过渡族金属元素与 C,H,N,B 等半径较小的非金属元素形成。

（1）间隙相

间隙相又称为简单间隙化合物。当非金属原子半径(r_X)和金属原子半径(r_M)比值 $r_X/r_M < 0.59$ 时,易形成间隙相。H 和 N 元素与所有过渡族金属均满足该条件,所以过渡族金属的氢化物和氮化物都属于间隙相;部分碳化物如 TiC,VC,NbC,WC 等也属于间隙相。间隙相中原子间结合键为共价键和金属键,具有明显的金属特性,熔点和硬度较高,在合金工具钢和硬质合金中具有重要作用。

间隙相拥有相对简单的晶体结构,如面心立方、密排六方、体心立方或简单六方等,与各组元单质的结构均不相同。结构中,金属原子占据晶格正常位置,而非金属原子则规则地存在于晶格间隙中,进而形成一种新结构。非金属原子在金属晶格中具体占据何种间隙类型,同样由原子尺寸因素决定。当 $r_X/r_M < 0.414$ 时,非金属原子可能占据四面体间隙;当 $r_X/r_M > 0.414$ 时,则占据尺寸较大的八面体间隙。

间隙相的分子式通常有 M_4X,M_2X,MX 和 MX_2 四种,具体形式与间隙位的占据比例相关。一些常见间隙相见表 2-3。间隙相成分也可在一定范围变化,即可看为化合物为基的固溶体。间隙相除可以溶解组元元素,还可以溶解其他固溶体。如果两种间隙相晶体结构相同、金属原子尺寸差小于 15％,则两者之间可以形成无限固溶体,如 TiC-ZrC,TiC-VC,TiC-NbC 等。

表 2-3　一些常见间隙相

分子式	间隙相举例	金属原子排列类型
M_4X	Fe_4N,Mn_4N	面心立方
M_2X	Ti_2H,Zr_2H,Fe_2N,Cr_2N,V_2N,W_2C,Mo_2C,V_2C	密排六方
MX	TaC,TiC,ZrC,VC,ZrN,VN,TiN,CrN,ZrH,TiH	面心立方
	TaH,NbH	体心立方
	WC,MoN	简单六方
MX_2	TiH_2,ThH_2,ZrH_2	面心立方

（2）间隙化合物

间隙化合物又称为复杂间隙化合物。当 $r_X/r_M > 0.59$ 时,易形成间隙化合物。硼原子尺寸较大,因此与过渡族金属形成的均为间隙化合物;部分碳化物也属于间隙化合物。间隙化合物中原子间结合键也主要为共价键和金属键,其熔点和硬度虽不如间隙相,但仍较高,是钢的主要强化相。

间隙化合物往往具有复杂晶体结构。如铁碳合金常见的渗碳体相 Fe_3C,属正交晶系,三个点阵常数均不相等;晶胞包括 12 个 Fe 原子,4 个 C 原子,其结构如图 2-6 所示。间隙化合物中的金属元素可被其他金属元素置换形成以化合物为基的固溶体。如 Fe_3C 中的 Fe原子可以被 Mn,Cr,Mo,W,V 等原子置换后形成合金渗碳体;此外 Fe_3C 中的 C 也可被 B置换。

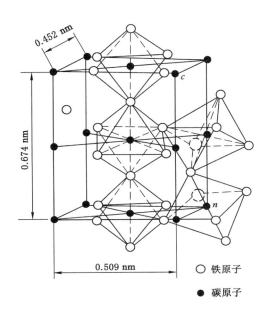

图 2-6　Fe_3C 晶体结构

间隙化合物的化学式也较为复杂。例如,过渡族金属 Cr,Mn,Fe,Co,Ni 与 C 形成的碳化物基本上都属于间隙化合物,化学式有 M_3C(如 Fe_3C,Mn_3C),M_7C_3(如 Cr_7C_3),$M_{23}C_6$($如 Cr_{23}C_6$),M_6C(如 Fe_3W_3C,Fe_4W_2C)等。

2.3.3.2　拓扑密堆相

拓扑密堆相是通过两种尺寸不同的金属原子构成高配位数和高空间利用率的复杂中间相,其结构具有明显的拓扑特征。为了区别于 fcc 或 hcp 的几何密堆相,简称拓扑密堆相为 TCP 相。

拓扑密堆相是由配位数(CN)为 12、14、15、16 的配位多面体堆垛而成,且具有层状结构。配位多面体的每个外表面都是三角形,如图 2-7 为不同拓扑密堆相的配位多面体形状;拓扑密堆相中由小原子构成密排面,大原子则镶嵌其上,然后这些密排层按一定方式堆垛得到仅含四面体间隙的密堆积结构。在密排层中,可用网格结构基本单元的形状,和取任一个原子周围的多边形来共同描述,如图 2-8 为几种不同原子密排层结构。

拓扑密堆相有很多种类,如拉弗斯相(如 $MgCu_2$ 和 $TiFe_2$),σ 相(如 FeCr 和 WCo),μ相(如 Fe_7W_6 和 Co_7Mo_6),Cr_3Si 型相(如 Cr_3Si,Nb_3Sb),R 相(如 $Cr_{18}Mo_{31}Co_{51}$),P 相(如 $Cr_{18}Ni_{40}Mo_{42}$)。这里主要介绍拉弗斯相和 σ 相。

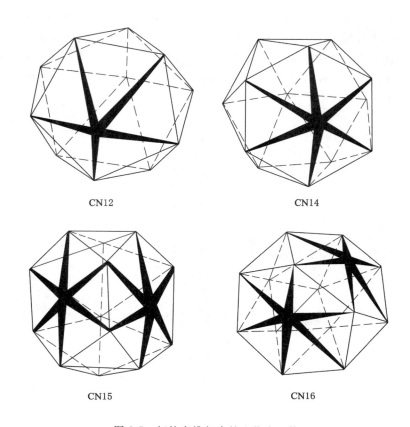

CN12 CN14

CN15 CN16

图 2-7　拓扑密堆相中的配位多面体

（1）拉弗斯相

拉弗斯相是常见的一种金属间化合物。二元拉弗斯相的典型分子式为 AB_2，当 A 原子半径略大于 B 原子（r_A/r_B 理论比为 1.255）且具有一定的电子浓度时易形成。拉弗斯相具有三种晶体结构，典型代表为 $MgCu_2$、$MgZn_2$ 和 $MgNi_2$，分别对应的电子浓度范围为 1.33～1.75、1.80～2.00、1.80～1.90。

$MgCu_2$ 晶胞结构中包含 8 个 Mg 原子（A）和 16 个 Cu 原子（B），如图 2-9（a）所示。结构中尺寸较小的 Cu 位于小四面体顶点，沿 $\langle 111 \rangle$ 方向一正一反形成长链，为 3·6·3·6 型密排层网格结构[图 2-9（b）]；而较大的 Mg 原子位于小四面体之间的空隙中，本身为金刚石型四面体网格。A 原子周围分布着 12 个 B 原子和 4 个 A 原子，因此配位多面体为 CN16；B 原子周围分布着 6 个 A 原子和 6 个 B 原子，配位多面体为 CN12。$MgCu_2$ 拉弗斯相即为 CN16 与 CN12 两种配位多面体相互穿插形成。拉弗斯相对镁合金的强化具有重要作用。

（2）σ 相

在过渡族金属元素合金中 σ 相经常出现，其二元相的分子式为 AB 或 A_xB_y，常见的有 FeCr，FeV，FeMo，$(Cr,Wo,W)_x(Fe,Co,Ni)_y$ 等。σ 相可在一定范围内变化形成固溶体。σ 相具有相当复杂的四方结构，每个晶胞包含 30 个原子。在常温下，σ 相硬且脆，通常对合金有害。如 σ 相会引起不锈钢中的晶间腐蚀和脆性增加。

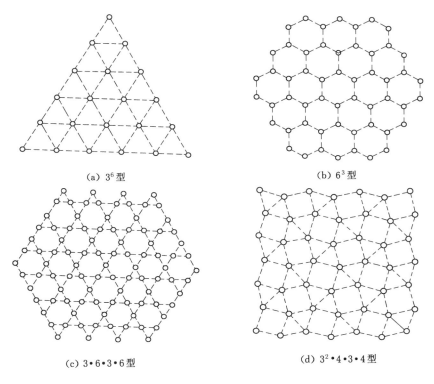

(a) 3^6 型

(b) 6^3 型

(c) 3·6·3·6 型

(d) 3^2·4·3·4 型

图 2-8　原子密排层的网格结构

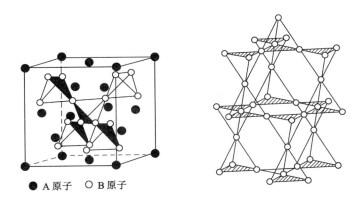

● A 原子　　○ B 原子

（a）$MgCu_2$ 立方晶胞中 A，B 原子的分布

（b）〈111〉方向上 B 原子层排列

图 2-9　$MgCu_2$ 晶胞结构

2.3.4　超结构（有序固溶体）

对于某些无序固溶体，其成分接近于一定原子比，当从高温缓冷至某一临界温度以下时，溶质原子会发生有序化转变，形成有序固溶体。长程有序固溶体的 X 射线衍射图上会产生额外衍射线条，即超结构线，所以有序固溶体被称为超结构或超点阵。超结构种类很多，常见的几种结构如图 2-10 所示。

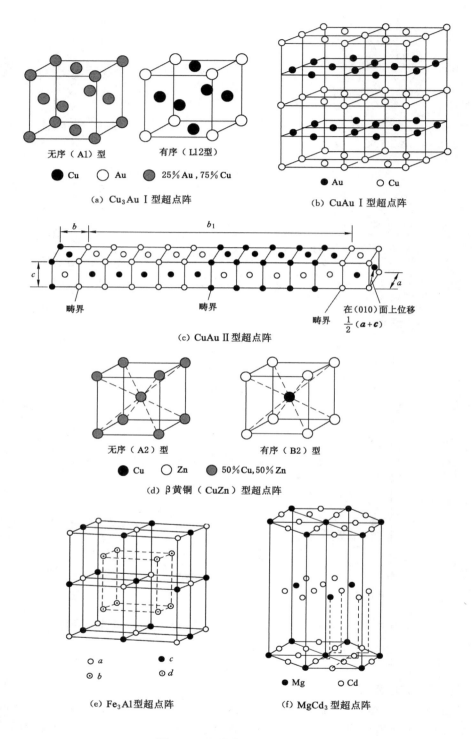

（a）Cu₃Au I 型超点阵

● Cu　○ Au　⬤ 25%Au，75%Cu

（b）CuAu I 型超点阵

● Au　○ Cu

（c）CuAu II 型超点阵

无序（A2）型　　　有序（B2）型

● Cu　○ Zn　⬤ 50%Cu，50%Zn

（d）β黄铜（CuZn）型超点阵

○ a　　● c
◉ b　　◎ d

（e）Fe₃Al型超点阵

● Mg　○ Cd

（f）MgCd₃型超点阵

图 2-10　几种典型超点阵结构

　　发生有序化的基本条件是异类原子间的引力大于同类原子间的引力,以便有序固溶体自由能低于无序态固溶体。有序化转变过程依赖于原子迁移来实现,存在形核和长大。现代电子显微结果表明起始的核心是微小的短程有序区域。当低于某一临界温度后,核心缓慢长大直到接壤。这些微小的有序区域被称为有序畴。当两个有序畴相遇时,如果是同类原子相遇形成的相界,称为反相畴界,相界两边的畴称为反相畴(图 2-11)。温度、冷却速度和合金成分等都会影响有序化的发生。温度增高、冷速加快、合金成分偏离理想值等,均不利于形成完全的有序结构。

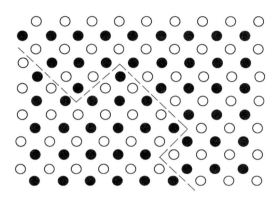

图 2-11　反相畴结构

2.3.5　金属间化合物的性质和应用

　　基于原子键合与晶体结构的多样化,金属间化合物呈现出许多特殊的物理、化学性能,如 Nb_3Ge,V_3Si,NbN 等金属间化合物具有超导性质;InTe-PbSe,GaAs-ZnSe 等具有特殊的半导体电学性质;Co 和稀土元素(Ce,La,Sm,Pr,Y 等)形成的化合物具有优异的永磁性能;$LaNi_5$,FeTi,R_2Mg_{17} 和 $R_2Ni_2Mg_{15}$ 等(R 代表稀土元素)具有好的吸释氢性能;Ti_3Al,TiAl,FeAl,Fe_3Al,$MoSi_2$,$ZrBe_{12}$ 具有良好的耐高温性能;某些金属碳化物、硼化物、氮化物和氧化物具有强的耐腐蚀性能;而另外一些金属间化合物,如 TiNi,CuZn,CuSi,MnCu,Cu_3Al 等具有形状记忆、超弹和消震性能。

第3章　纯金属的凝固

　　凝固是指物质由液态转变到固态的过程。一般条件下,液态金属凝固后都是晶体,故也称为结晶。了解金属的凝固过程及其一般规律,对于正确选择、合理使用金属材料,制定铸造工艺及热加工工艺,以及解决铸造生产过程中出现的问题都有重要意义。实际铸件生产过程中,由于液态金属在不同部位的冷却速度存在差异,其凝固过程比较复杂。本章只讨论小体积纯金属的凝固,不考虑这种冷速上的差异。本章内容包括纯金属的凝固过程,凝固的基本条件及规律等。纯金属理想凝固过程相对简单,可为合金和其他材料结晶提供重要参考。

3.1　金属的凝固过程

3.1.1　液态金属的微观结构

　　要分析金属的凝固过程,首先要对液态金属的微观结构有所了解。通过对液态金属进行的 X 射线衍射研究表明,液态金属具有与固态金属相似的结构,在配位数及原子间距等方面比较接近,见表 3-1。目前提出的较为认可的两种液态金属结构模型是微晶无序模型和拓扑无序模型,如图 3-1 所示。微晶无序模型认为液态结构具有类似微晶的近程有序,而微晶之间的原子则是无序排列[图 3-1(a)];拓扑无序模型则认为液态金属是由一些基本的几何单元所组成的近程有序,最小的单元是四面体,这些单元不规则地连续排列[图 3-1(b),图 3-1(c)]。这种模型又称密集无序堆垛模型,后来发展为随机密堆垛模型。

表 3-1　由 X 射线衍射分析得到的液体和固体结构数据的比较

金属	液体		固体	
	原子间距/nm	配位数	原子间距/nm	配位数
Al	0.296	10～11	0.286	12
Zn	0.294	11	0.265	6
			0.294	6
Cd	0.306	8	0.297	6
			0.330	6
Au	0.286	11	0.288	12

　　上述的结构模型都是表示液态金属的静态结构,而实际液体中的原子是在不停地热运动。近程有序或无序的区域,都在不停地变换着。液体中这些不断变换着的近程有序原子集团与那些无序原子形成动态平衡。高温下原子热运动较为剧烈,近程有序原子团只能维

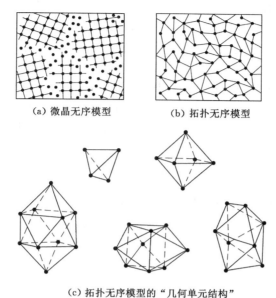

（a）微晶无序模型　　　（b）拓扑无序模型

（c）拓扑无序模型的"几何单元结构"

图 3-1　无序结构模型示意图

持短暂时间（约 10^{-11} s）即消散，而新的原子集团又同时出现，时聚时散，此起彼伏。这种结构的不稳定现象称为结构起伏或相起伏。结构起伏现象是液态金属结构的重要特征之一，是产生晶核的基础。

结构起伏中短程规则结构的尺寸大小与温度有关。在一定的温度下，涌现出大小不同的短程规则结构的概率是不同的，如图 3-2 所示，尺寸越小或越大时出现的概率都小。根据热力学判断，在过冷的液态金属中，短程规则结构越大则越稳定，对于那些尺寸比较大的短程规则结构才有可能成为晶核。因此，我们把过冷液体中尺寸较大的短程规则结构称为晶胚。

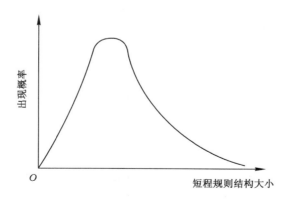

图 3-2　液态金属中不同尺寸的短程规则结构出现的概率

3.1.2 纯金属的结晶过程

金属溶液的结晶过程无法直接观察,但是通过无机物(如氯化铵饱和水溶液)的结晶,可以近似描述金属结晶的一般过程。图3-3为结晶过程示意图,包括晶核形成和晶核长大两个过程。将液态金属冷却到熔点以下某个温度,液态金属并不立即开始结晶[图3-3(a)],而是经过一段孕育期后才随机出现第一批晶核[图3-3(b)]。形成的晶核不断长大,同时又有新的晶核形成和长大[图3-3(c)]。就这样不断形核,不断长大[图3-3(c),图3-3(d)],使液态金属越来越少。正在长大的晶体彼此相遇时,长大便停止。直到所有晶体都彼此相遇,液态金属耗尽,结晶过程完成[图3-3(e)]。

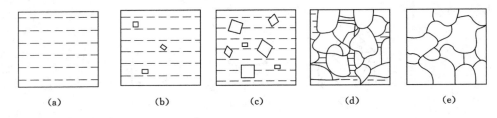

(a)   (b)   (c)   (d)   (e)

图 3-3　结晶过程示意图

金属结晶时会伴随某些热学性质的变化,如结晶潜热的释放、熔化熵的变化等,这些宏观特征成为研究金属结晶过程的重要手段。将金属加热熔化成液态,然后缓慢冷却,冷却过程通过检测其温度变化可绘制成温度-时间关系曲线,如图3-4所示。由冷却曲线可知,液体金属缓慢冷至理论结晶温度 T_m(即金属的熔点)时,并未开始凝固,而是降至熔点以下某一个温度 T_s 时才开始结晶,这个温度 T_s 称为金属的实际开始结晶温度;随后温度迅速回升,一直回升至接近熔点后保持稳定,出现恒温结晶"平台";结晶终止后,温度继续均匀下降。

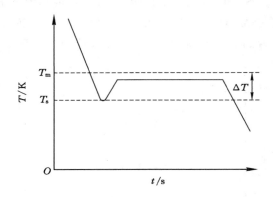

图 3-4　纯金属的冷却曲线

金属凝固的实际开始结晶温度总是低于理论结晶温度,这种现象称为过冷,二者之间的温度差 $\Delta T = T_m - T_s$ 称为过冷度。金属的过冷度并不是一个恒定值,而是受金属中杂质和冷却速度的影响。金属越纯,过冷度越大;冷却速度越快,过冷度也越大。过冷是金属结晶的重要宏观现象,也是结晶的必要条件。

纯金属的冷却曲线上出现温度回升是由于结晶时要释放出结晶潜热,这部分热量被溶体吸收后导致温度升高;而当释放的结晶潜热与冷却过程中金属向外界散发的热量相等时,则结晶过程在恒温下进行,因此出现结晶平台。此外,从热力学考虑,根据相律 $f=C-P+1=1-2+1=0$(见第 4 章),可见纯金属的结晶是在恒温条件下进行的。

3.2　金属凝固的热力学条件

根据热力学第二定律,在等温等压下,体系自发地向自由能降低的方向转变。自由能 G 用下式表示:

$$G = H - TS \tag{3-1}$$

式中　　H——焓;

　　　　T——绝对温度;

　　　　S——熵。

可推导得:

$$dG = V dp - S dT \tag{3-2}$$

在等压时,$dp=0$,故上式简化为:

$$\frac{dG}{dT} = -S \tag{3-3}$$

由于熵 S 恒为正值,所以自由能随温度增高而减小。

图 3-5 给出了纯金属液、固两相的自由能随温度变化的规律。由于液态金属破坏了固态时原子排列的长程有序,使原子空间排列的混乱程度增加,因而组态熵增加;同时,随着温度升高,原子振动振幅增大,振动熵也是增加的,从而导致液态熵 S_L 大于固态熵 S_S,即液相的自由能随温度变化曲线的斜率较大。两条斜率不同的曲线相交于一点,该点处液、固两相的自由能相等,即两相处于平衡共存的状态,该点对应的温度即为理论凝固温度(熔点 T_m)。

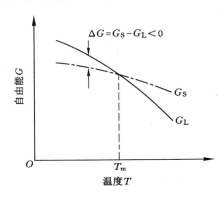

图 3-5　自由能随温度变化的示意图

一定温度下,从一相转变为另一相的自由能变化为:

$$\Delta G = \Delta H - T \Delta S \tag{3-4}$$

令液相到固相转变的单位体积自由能变化为 ΔG_V,则:

$$\Delta G_V = G_S - G_L \tag{3-5}$$

式中,G_S、G_L 分别为固相和液相单位体积自由能,由 $G=H-TS$,可得:

$$\Delta G_V = (H_S - H_L) - T(S_S - S_L) \qquad (3\text{-}6)$$

由于恒压下：

$$\Delta H_P = H_L - H_S = L_m \qquad (3\text{-}7)$$

$$\Delta S_m = S_L - S_S = \frac{L_m}{T_m} \qquad (3\text{-}8)$$

式中　L_m——熔化热，表示固相转变为液相时,体系向环境吸热,定义为正值；

ΔS_m——固相的熔化熵,它主要反映固相转变成液体时组态熵的增加,可从熔化热与熔点的比值求得。

将式(3-7)和式(3-8)代入式(3-6)整理后得,

$$\Delta G_V = \frac{-L_m \Delta T}{T_m} \qquad (3\text{-}9)$$

式中,$\Delta T = T_m - T$,是熔点 T_m 与实际凝固温度 T 之差。

可见,为了使凝固过程进行,需要 $\Delta G_V < 0$,必须使 $\Delta T > 0$,即 $T < T_m$,即需要有过冷度。过冷度越大,凝固的驱动力越大。

3.3　晶核的形成

晶体的凝固是通过形核与长大两个过程进行的。形核方式可以分为两类,均匀形核和非均匀形核。均匀形核是液态原子依靠自身的能量起伏和结构起伏随机生成的,是一种自发形核方式；非均匀形核则是液态原子依附于液相中的杂质或外来表面(例如容器、模型表面)来择优形核的。实际金属溶液中不可避免地存在杂质和外来表面,因而其凝固方式主要是非均匀形核。非均匀形核的基本原理是建立在均匀形核的基础上的,因而先讨论均匀形核。

3.3.1　均匀形核

(1)晶核形成时的能量变化和临界晶核

均匀形核是液态原子依靠自身的能量起伏和结构起伏形核的。当过冷液体中出现晶胚时(结构起伏),会给体系能量带来变化:一方面由于在这个区域中原子由液态转变为固态发生体积变化,体积自由能降低($\Delta G_V < 0$),这是相变的驱动力；另一方面,由于构成晶胚形成新的固液表面,又会引起表面自由能的增加,这是相变的阻力。

假定晶胚为球形,半径为 r,当过冷液中出现一个晶胚时,总的自由能变化 ΔG 应为:

$$\Delta G = \frac{4}{3}\pi r^3 \Delta G_V + 4\pi r^2 \sigma \qquad (3\text{-}10)$$

式中　σ——比表面能,可用表面张力表示。

一定温度下,ΔG_V 和 σ 是确定值,所以 ΔG 是 r 的函数。图 3-6 给出了 ΔG 随 r 变化的曲线。可见,ΔG 在半径为 r^* 时达到最大值。当晶胚的 $r < r^*$ 时,其长大导致 ΔG 的增加,故这种尺寸的晶胚不稳定,会产生消散；当晶胚的 $r \geqslant r^*$ 时,其长大使 ΔG 降低,凝固才能自发进行。因此,半径为 r^* 的晶胚称为临界晶核,而 r^* 称为临界晶核半径。可见,在过冷液体($T < T_m$)中,不是所有晶胚都能成为稳定的晶核,只有达到临界晶核半径时才能实现。

临界晶核半径 r^* 可通过求极值得到。由 $\dfrac{\mathrm{d}\Delta G}{\mathrm{d}r} = 0$ 求得:

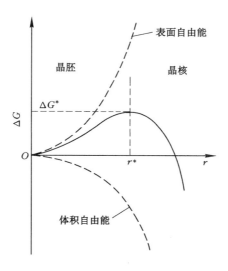

图 3-6　ΔG 随 r 变化的曲线示意图

$$r^* = -\frac{2\sigma}{\Delta G_V} \tag{3-11}$$

将式(3-9)代入式(3-11),得:

$$r^* = -\frac{2\sigma \cdot T_m}{L_m \cdot \Delta T} \tag{3-12}$$

可见,临界晶核半径由过冷度 ΔT 决定,过冷度越大,临界晶核半径 r^* 越小,则形核的概率增大,晶核的数目增多。

将式(3-11)代入式(3-10),得:

$$\Delta G^* = \frac{16\pi\sigma^3}{3(\Delta G_V)^2} \tag{3-13}$$

再将式(3-11)和式(3-12)代入上式,得:

$$\Delta G^* = \frac{16\pi\sigma^3 T_m^2}{3(L_m \cdot \Delta T)^2} \tag{3-14}$$

式中,ΔG^* 为形成临界晶核所需的功,简称形核功,它与 $(\Delta T)^2$ 成反比,过冷度越大,所需的形核功越小。

以临界晶核表面积:

$$A^* = 4\pi r^{*2} = \frac{16\pi\sigma^2}{\Delta G_V^2} \tag{3-15}$$

代入式(3-13),则得:

$$\Delta G^* = \frac{1}{3} A^* \sigma \tag{3-16}$$

可见,形成临界晶核时的体积自由能差值只能补偿其所需表面能的 2/3,而另 1/3 则需依靠液相中存在的能量起伏来补充。所谓能量起伏是指体系中各微区的能量偏离体系平均能量、并出现此起彼伏的现象。

由上述分析可知,液态金属必须处于一定的过冷下才能发生结晶,而液体中存在的结构起伏和能量起伏则是促成均匀形核的必要因素。

（2）形核率

形核率就是当液态金属处于过冷状态下,单位体积液体内单位时间所形成的晶核数目。形核率受两个因素的控制,即形核功因子$[\exp(-\frac{\Delta G^*}{kT})]$和原子扩散的概率因子$[\exp(\frac{-Q}{kT})]$。因此形核率可表示为：

$$N = K\exp\left(\frac{-\Delta G^*}{kT}\right) \cdot \exp\left(\frac{-Q}{kT}\right) \tag{3-17}$$

式中　K——比例常数;

　　　ΔG^*——形核功;

　　　Q——原子越过液、固相界面的扩散激活能;

　　　k——玻尔兹曼常数。

形核率与温度之间的关系如图 3-7 所示。由图可见,在过冷度较小时,形核率主要受形核率因子控制,随着过冷度增加,所需的临界形核半径减小,因此形核率迅速增加,并达到最高值;随后,当过冷度继续增大时,尽管所需的临界晶核半径继续减小,但由于原子在较低温度下难于扩散,此时,形核率受扩散概率因子控制,即随温度降低,形核率随之减小。

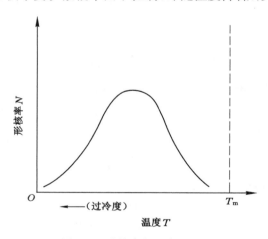

图 3-7　形核率与温度的关系

对于易流动液体来说,形核率随温度下降至某值 T^* 突然显著增大,此温度 T^* 可视为均匀形核的有效形核温度。随过冷度增加,形核率继续增大,未达图 3-7 中的峰值前,结晶已完毕。实验结果表明(表 3-2),大多数液体观察到均匀形核在相对过冷度 $\Delta T^*/T_m$ 为 0.15～0.25 之间,其中 $\Delta T^* = T_m - T^*$,或者说有效形核过冷度 $\Delta T^* \approx 0.2T_m$（$T_m$ 用绝对温度表示）,见图 3-8。

表 3-2　实验的成核温度

化学式	T_m/K	T^*/K	$\Delta T^*/T_m$
Hg	234.3	176.3	0.247
Sn	505.7	400.7	0.208

表 3-2(续)

化学式	T_m/K	T^*/K	$\Delta T^*/T_m$
Pb	600.7	520.7	0.133
Al	931.7	801.7	0.140
Ge	1 231.7	1 004.7	0.184
Ag	1 233.7	1 006.7	0.184
Au	1 336	1 106	0.172
Cu	1 356	1 120	0.174
Fe	1 803	1 508	0.164
Pt	2 043	1 673	0.181
BF_3	144.5	126.7	0.123
SO_2	197.6	164.6	0.167
CCl_4	250.2	200.2±2	0.202
H_2O	273.2	273.7±1	0.148
C_5H_5	278.4	208.2±2	0.252
$C_{10}H_8$	353.1	258.7±1	0.267
LiF	1 121	889	0.21
NaF	1 265	984	0.22
NaCl	1 074	905	0.16
KCl	1 045	874	0.16
KBr	1 013	845	0.17
KI	958	799	0.15
RbCl	988	832	0.16
CsCl	918	766	0.17

注:T_m 为熔点;T^* 为液体可过冷的最低温度;$\Delta T^*/T_m$ 为折算温度单位的最大过冷度。

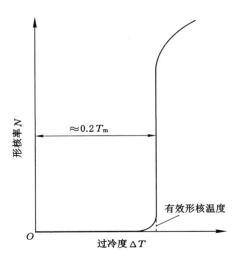

图 3-8　金属的形核率 N 与过冷度 ΔT 的关系

3.3.2 非均匀形核

除非在特殊的实验室条件下,液态金属中不会出现均匀形核。如前所述,液态金属均匀形核所需的过冷度很大,约 $0.2T_m$。例如纯铁均匀形核时所需的过冷度达 295 ℃。但通常情况下,金属凝固形核的过冷度一般不超过 20 ℃,其原因就在于发生了非均匀形核,即由于溶液中存在的杂质或容器、模型壁等促进了晶核的形成。原子依附于这些已存在的表面形核时所需界面能降低,因而可在较小过冷度下发生。

设一晶核 α 在型壁平面 W 上形成,如图 3-9(a) 所示,并且 α 是圆球(半径为 r)被 W 平面所截的球冠,故其顶视图为圆,令其半径为 R。

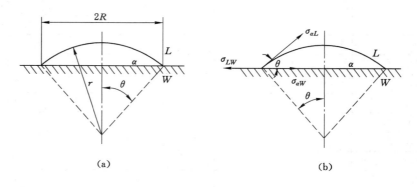

(a)   (b)

图 3-9　非均匀形核示意图

若晶核形成时体系表面能的变化为 ΔG_S,则:

$$\Delta G_S = A_{aL} \cdot \sigma_{aL} + A_{aW} \cdot \sigma_{aW} - A_{aW} \cdot \sigma_{LW} \tag{3-18}$$

式中,A_{aL}、A_{aW} 分别为晶核 α 与液相 L 及型壁平面 W 之间的界面面积,σ_{aL}、σ_{aW}、σ_{LW} 分别为 α-L,α-W,L-W 界面的比表面能(用表面张力表示)。如图 3-9(b) 所示,在三相交点处,表面张力应达到平衡:

$$\sigma_{LW} = \sigma_{aL} \cos \theta + \sigma_{aW} \tag{3-19}$$

式中　θ——晶核 α 和型壁平面 W 的接触角。

由于

$$A_{aW} = \pi R^2 = \pi r^2 \sin^2 \theta \tag{3-20}$$

$$A_{aL} = 2\pi r^2 (1 - \cos \theta) \tag{3-21}$$

把上面 3 式代入式(3-18),整理后可得:

$$\Delta G_S = A_{aL}\sigma_{aL} - \pi r^2 \sin^2 \theta \cos \theta \sigma_{aL} = (A_{aL} - \pi r^2 \sin^2 \theta \cos \theta)\sigma_{aL} = \pi r^2 \sigma_{aL}(2 - 3\cos \theta + \cos^3 \theta) \tag{3-22}$$

球冠晶核 α 的体积为:

$$V_\alpha = \pi r^3 \left(\frac{2 - 3\cos \theta + \cos^3 \theta}{3} \right) \tag{3-23}$$

则 α 晶核由体积引起的自由能变化为:

$$\Delta G_t = V_\alpha \Delta G_V = \pi r^3 \left(\frac{2 - 3\cos \theta + \cos^3 \theta}{3} \Delta G_V \right) \tag{3-24}$$

晶核形核时体系总的自由能变化为:

$$\Delta G = \Delta G_t + \Delta G_S \tag{3-25}$$

把式(3-22)和式(3-24)代入式(3-25),整理可得:

$$\Delta G = \left(\frac{4}{3}\pi r^3 \Delta G_V + 4\pi r^2 \sigma_{aL}\right)\left(\frac{2 - 3\cos\theta + \cos^3\theta}{4}\right) = \left(\frac{4}{3}\pi r^3 \Delta G_V + 4\pi r^2 \sigma_{aL}\right)f(\theta) \tag{3-26}$$

与均匀形核的式(3-10)比较,可看出两者仅差与 θ 相关的系数项 $f(\theta)$。

由于对一定的体系, θ 为定值,故由 $\dfrac{\mathrm{d}G}{\mathrm{d}r} = 0$ 可求出非均匀形核时的临界晶核半径:

$$r^* = -\frac{2\sigma_{aL}}{\Delta G_V} \tag{3-27}$$

可见,非均匀形核时,临界球冠的曲率半径与均匀形核时临界球形晶核的半径公式相同。把式(3-27)代入式(3-26),得非均匀形核的形核功为:

$$\Delta G_{het}^* = \frac{16\pi\sigma_{aL}^3}{3(\Delta G_V)^2}\left(\frac{2 - 3\cos\theta + \cos^3\theta}{4}\right) = \Delta G_{hom}^*\left(\frac{2 - 3\cos\theta + \cos^3\theta}{4}\right) = \Delta G_{hom}^* f(\theta) \tag{3-28}$$

从图 3-9(b)可以看出, θ 在 $0° \sim 180°$ 之间变化。当 $\theta = 180°$ 时, $\Delta G_{het}^* = \Delta G_{hom}^*$(均匀形核的形核功),基底对形核不起作用;当 $\theta = 0°$ 时,则 $\Delta G_{het}^* = 0$,非均匀形核不需做形核功; θ 在 $0° \sim 180°$ 之间时, $f(\theta)$ 小于 1,则 $\Delta G_{het}^* < \Delta G_{hom}^*$,非均匀形核所需的形核功小于均匀形核功,故所需的过冷度较均匀形核时小。

图 3-10 所示为非均匀形核和均匀形核形核率的对比。可见,最主要的差异在于其形核功小于均匀形核功,因而非均匀形核在约为 $0.02T_m$ 的过冷度时,形核率已达到最大值。另外,非均匀形核率由低向高的过渡较为平缓,达到最大值后,结晶并未结束,形核率下降至凝固完毕。这是因为非均匀形核需要合适的"基底",随新相晶核的增多而减少,在"基底"减少到一定程度时,形核率降低。

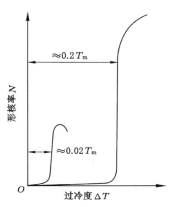

图 3-10　均匀形核率和非均匀形核率随过冷度变化的对比

3.4　晶体的长大

晶核形成以后便会发生长大,晶体长大的过程就是液体中原子迁移到晶体表面,即液-固界面向液体中推移的过程。长大过程涉及长大的形态、长大方式和长大速率。

3.4.1　晶体长大的条件

根据热力学条件,金属结晶必须在过冷的条件下进行,形核是如此,晶核长大也是如此。晶胚成核有一个临界过冷度,那么晶核长大是否也有一个临界过冷度呢?

图 3-11 所示为液-固界面处的原子迁移。假设该液-固界面不移动,即处于平衡状态,这时液-固界面固体一侧的原子迁移到液体中(熔化)的速度 $(\mathrm{d}N/\mathrm{d}T)_M$,与液-固界面液体

一侧的原子迁移到固体上(凝固)的速度$(dN/dT)_F$相等。

图 3-12 表示不同温度下的熔化与凝固速度的关系。图中 T_m 为金属的熔点,若界面的温度 T 等于 T_m,则晶核不能长大;若晶核要长大,则界面温度 T 必须在 T_m 以下的某一温度,以满足$(dN/dT)_F > (dN/dT)_M$的条件。因此,液-固界面要继续向液体中移动,就必须在液-固界面前沿液体中有一定的过冷度,这种过冷度称为动态过冷度 ΔT_k。实验表明,晶体长大所需要的动态过冷度远小于形核所需要的临界过冷度,对于一般金属为 0.01～0.05 ℃。

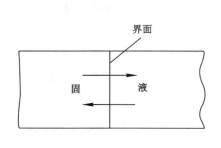

图 3-11　液-固界面处的原子迁移

图 3-12　温度对熔化和凝固速度的影响

3.4.2　液-固界面的构造

晶体长大的形态与液、固两相的界面结构有关。晶体的长大是通过液体中单个原子或若干个原子同时依附到晶体的表面上,并按照晶面原子排列的要求与晶体表面原子结合起来。按原子尺度,把相界面结构分为光滑界面和粗糙界面两类,如图 3-13 所示。

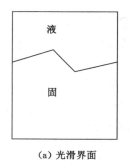

(a) 光滑界面　　　　　　　　　　　(b) 粗糙界面

图 3-13　液-固界面示意图

如图 3-13(a)所示,固相的表面为基本完整的原子密排面,液、固两相截然分开,所以从微观上看是光滑的,但宏观上它往往由不同位向小平面所组成,故呈折线状,这类界面也称小平面界面。

如图 3-13(b)所示,固、液两相之间的界面从微观来看是高低不平的,存在几个原子层厚度的过渡层,在过渡层中约有半数的位置为固相原子所占据。但由于过渡层很薄,因此从宏观来看,界面显得平直,不出现曲折的小平面,此类界面也称非小平面界面。

杰克逊(K. A. Jackson)提出了决定粗糙及光滑界面的定量模型。该模型假设液-固两相在界面处于局部平衡,故界面构造应是界面能最低的形式。如果有 N 个原子随机地沉积

到具有 N_T 个原子位置的固-液界面时,则界面自由能的相对变化 ΔG_S 可由下式表示:

$$\frac{\Delta G_S}{N_T k T_m} = \alpha x(1-x) + x \ln x + (1-x)\ln(1-x) \tag{3-29}$$

式中,x 是界面上被固相原子占据位置的分数;$\alpha = \dfrac{\xi L_m}{k T_m}$,其中,$L_m$ 为熔化热,ξ 为界面的晶体学因子,相当于界面原子的最近邻原子数与该晶体内部的原子配位数之比,此值恒小于 1。

将式(3-29)按 $\dfrac{\Delta G_S}{N_T k T_m}$ 与 x 的关系作图,并改变 α 值,得到一系列曲线,如图 3-14 所示,可得到如下结论:

(1) 对于 $\alpha \leqslant 2$ 的曲线,在 $x = 0.5$ 处界面能具有极小值,即界面的平衡结构应是约有一半的原子被固相原子占据而另一半位置空着,此时界面对应于微观粗糙界面。

(2) 对于 $\alpha > 2$ 时,曲线有两个最小值,分别位于 x 接近 0 处和接近 1 处,说明界面的平衡结构应是只有少数几个原子位置被占据,或者极大部分原子位置都被固相原子占据,即界面基本上为完整的平面,此时界面对应于光滑界面。

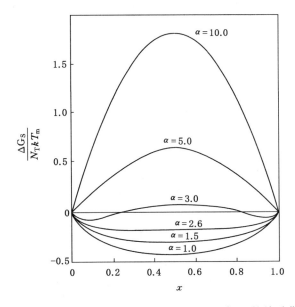

图 3-14　当 α 取不同值时 $\Delta G_S / (N_T k T_m)$ 与 x 的关系曲线图

金属和某些低熔化熵的有机化合物,$\alpha \leqslant 2$,其液-固界面为粗糙界面;多数无机化合物,以及亚金属铋、锑、镓、砷和半导体锗、硅等,$\alpha \geqslant 2$,其液-固界面为光滑界面。

但杰克逊模型没有考虑界面推移的动力学因素,不能解释在非平衡温度凝固时过冷度对晶体形状的影响。例如磷在接近熔点凝固(1 ℃范围内),生长速率很低时,液-固界面为小平面界面,但过冷度增大,生长速率快时,则为粗糙界面。尽管如此,此理论对认识凝固过程中影响界面形状的因素仍有重要意义。

3.4.3　晶体长大方式和生长速率

晶体的长大方式是指原子从液相迁移到固相的过程,其与上述的界面构造有关。目前认为可能存在的长大方式有连续长大、二维晶核长大、藉螺型位错生长等方式。

（1）连续长大

对于粗糙界面,界面上约有一半的原子位置空着,故液相原子可以进入这些位置与晶体结合,晶体连续向液相中生长,称为垂直长大方式。这种方式主要是克服液相原子间结合力,受其他阻碍较小,因此在垂直于界面方向的长大速度相当快。此外,凝固时生长速率还受释放潜热的传导速率所控制,由于粗糙界面的物质一般只有较小的结晶潜热,所以生长速率较高。其平均生长速率为

$$v_g = u_1 \Delta T_K \tag{3-30}$$

式中　u_1——比例常数,一般为 10^{-2} m/(s·K)。

（2）二维晶核长大

二维晶核长大方式又称为台阶式长大。若界面为光滑界面,二维晶核在相界面上形成后,液相原子沿着二维晶核侧边台阶不断附着,使此层很快扩展并铺满整个表面(图3-15),此时生长中断,在此界面上再形成二维晶核并又长满一层,如此反复进行。因此晶核生长随时间不连续,平均生长速率由下式决定:

$$v_g = u_2 \exp\left(\frac{-b}{\Delta T_K}\right) \tag{3-31}$$

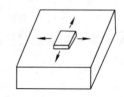

图 3-15　二维晶核长大方式示意图

式中,u_2 和 b 均为常数。当 ΔT_K 很小时,v_g 非常小,这是因为二维晶核的形核功较大。二维晶核也需达到一定临界尺寸后才能进一步扩展。故这种生长方式实际上很少见到。

（3）藉螺型位错生长

在光滑界面上存在螺型位错时,垂直于位错线的表面出现螺旋形的台阶,且不会消失。当一个面的台阶被原子进入后,又出现螺旋形的台阶。在最接近位错处,只需要加入少量原子就完成一周,而离位错较远处则需较多原子。这样晶体表面呈现由螺旋形台阶形成的蜷线。藉螺型位错生长模型如图3-16所示。这种方式的平均生长速率为:

$$v_g = u_3 \Delta T_K^2 \tag{3-32}$$

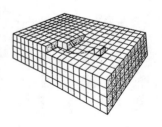

图 3-16　藉螺型位错台阶机制示意图

式中　u_3——比例常数。

由于界面上所提供的缺陷有限,故生长速率小,即 $u_3 \ll u_1$。

3.4.4　结晶动力学及凝固组织

3.4.4.1　结晶动力学

假定结晶为均匀形核,晶核以匀速长大,直至邻近晶粒相遇。在晶粒相遇前,晶核的半径为:

$$R = v_g(t - \tau) \tag{3-33}$$

式中　v_g——长大速率,其定义为 $\frac{dR}{dt}$;

τ——晶核形成的孕育时间。

如设晶核为球形,则每个晶核的转变体积为:

$$V = \frac{4}{3}\pi v_{\mathrm{g}}^{3}(t - \tau)^{3} \qquad (3\text{-}34)$$

晶核数目可通过形核率定义得到。在时间 $\mathrm{d}t$ 内形成的晶核数是 $NV_{\mathrm{u}}\mathrm{d}t$,其中 V_{u} 是未转变体积。鉴于 V_{u} 是时间的函数难于确定,故考虑以体系总体积 V 替代 V_{u} 的情况,则 $NV\mathrm{d}t$ 表示在体系的未转变与已转变体积中都计算了形成的晶核数。由于晶核不能在已转变的体积中形成,故将这些晶核称为虚拟晶核(phantom nucleus),如图 3-17 所示。

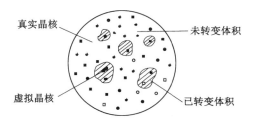

图 3-17　正在转变的体积中的真实晶核和虚拟晶核

定义一个假想晶核数 n_{s} 作为真实晶核数 n_{r} 与虚拟晶核数 n_{p} 之和,即:

$$n_{\mathrm{s}} = n_{\mathrm{r}} + n_{\mathrm{p}} \qquad (3\text{-}35)$$

在 t 时间内,假想晶核的体积为:

$$V_{\mathrm{s}} = \int_{0}^{t} \frac{4}{3}\pi v_{\mathrm{g}}^{3}(t - \tau)^{3} \cdot NV\mathrm{d}t \qquad (3\text{-}36)$$

用体积分数表示,令 $\varphi_{\mathrm{s}} = \dfrac{V_{\mathrm{s}}}{V}$,则:

$$\varphi_{\mathrm{s}} = \int_{0}^{t} \frac{4}{3}\pi v_{\mathrm{g}}^{3}(t - \tau)^{3} \cdot N\mathrm{d}t \qquad (3\text{-}37)$$

每个真实晶核与虚拟晶核的体积在任一时间相同,所以:

$$\frac{\mathrm{d}n_{\mathrm{r}}}{\mathrm{d}n_{\mathrm{s}}} = \frac{\mathrm{d}v_{\mathrm{r}}}{\mathrm{d}v_{\mathrm{s}}} = \frac{\mathrm{d}\varphi_{\mathrm{r}}}{\mathrm{d}\varphi_{\mathrm{s}}} \qquad (3\text{-}38)$$

设时间 $\mathrm{d}t$ 内、单位体积中形成的晶核数为 $\mathrm{d}P$,于是 $\mathrm{d}n_{\mathrm{r}} = V_{\mathrm{u}}\mathrm{d}P$ 和 $\mathrm{d}n_{\mathrm{s}} = V\mathrm{d}P$。对于均匀形核,$\mathrm{d}P$ 不随形核地点变化,可得:

$$\frac{\mathrm{d}n_{\mathrm{r}}}{\mathrm{d}n_{\mathrm{s}}} = \frac{V_{\mathrm{u}}}{V} = \frac{V - V_{\mathrm{r}}}{V} = 1 - \varphi_{\mathrm{r}} \qquad (3\text{-}39)$$

合并式(3-38)和式(3-39),得:

$$\frac{\mathrm{d}\varphi_{\mathrm{r}}}{\mathrm{d}\varphi_{\mathrm{s}}} = 1 - \varphi_{\mathrm{r}} \qquad (3\text{-}40)$$

该微分方程解为:

$$\varphi_{\mathrm{r}} = 1 - \exp(-\varphi_{\mathrm{s}}) \qquad (3\text{-}41)$$

假定 v_{g} 与 N 均与时间无关(常数),而孕育时间 τ 很小,以至可忽略,则对方程(3-37)积分,可得:

$$\varphi_s = \frac{\pi}{3} N v_g^3 t^4 \tag{3-42}$$

将式(3-42)代入式(3-41),则有

$$\varphi_r = 1 - \exp\left(-\frac{\pi}{3} N v_g^3 t^4\right) \tag{3-43}$$

式(3-43)称为约翰逊-梅尔(Johnson-Mehl)动力学方程,可应用于在四个条件(均匀形核,N 和 v_g 为常数,以及小的 τ 值)下的任何形核与长大转变,例如再结晶。图 3-18 为不同 v_g 和 N 下的式(3-43)的曲线图,这些具有 S 形的曲线是形核与长大型转变所特有的。这些曲线表明,长大速率 v_g 对已转变体积分数 φ_r 的影响远大于形核率对 φ_r 的影响。

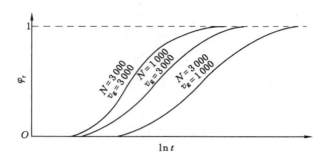

图 3-18　不同 v_g 和 N 时,约翰逊-梅尔方程的曲线图

当 N 与时间相关时,考虑形核率与时间呈指数关系变化后,得到:

$$\varphi_r = 1 - \exp(-kt^n) \tag{3-44}$$

式(3-44)称为阿弗拉密方程。式中 n 称为阿弗拉密指数,与相变机制相关,一般在 $1\sim4$ 范围内取值;k 为常数。阿弗拉密方程是描述结晶和固态相变中转变动力学的唯象方程。

3.4.4.2　纯晶体凝固时的生长形态

纯晶体凝固时的生长形态不仅与液-固界面的微观结构有关,而且取决于界面前沿液相中的温度梯度,如图 3-19 所示。

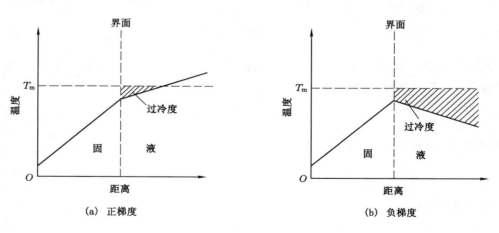

图 3-19　两种温度分布方式

正温度梯度指的是随着离开液-固界面的距离的增大,液相温度不断增加。如液态金属在模具内凝固时,靠近型壁处散热快,温度低,先凝固,而越靠近芯部温度越高。负温度梯度是指液相温度随离液-固界面的距离增大而降低。当相界面处的温度由于结晶潜热的释放而升高,使液相处于过冷条件时,则可能产生负温度梯度。

（1）正温度梯度

这种情况下,结晶潜热只通过固相散出,相界面推移速度受固相传热速度控制。晶体生长以接近平面状向前推移,是因为正温度梯度条件下,当界面上偶尔有凸起部分而伸入温度较高的液体中时,其生长速度会减缓甚至停止,周围非凸起部分的过冷度较凸起部分大而会赶上来,使凸起部分消失,进而使液-固界面保持为稳定的平面形态。但界面的形态按界面的性质仍有不同。

① 对于光滑界面结构,其生长形态呈台阶状,组成台阶的平面（前述小平面）为晶体特定晶面,如图 3-20(a)所示。液-固界面自左向右推移,总体上与等温面平行,但小平面与溶液等温面仍呈一定角度。

② 对于粗糙界面结构,其生长形态呈平面状,界面与液相等温面平行,如图 3-20(b)所示。

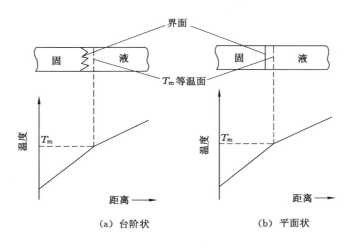

图 3-20　在正温度梯度下观察到的两种界面形态

（2）负温度梯度

这种情况下,相界面上产生的结晶潜热既可通过固相也可通过液相而散失。相界面的推移不只由固相传热速度控制,如果相界面有凸起部分伸到前面的液相中,则具有更大过冷度,因此凸起部分生长速度增大而进一步伸向液体中。此时,液-固界面会形成许多伸向液体的分枝（沿一定晶向轴）,同时在这些晶枝上又可能会长出二次晶枝,在二次晶枝再长出三次晶枝,如图 3-21 所示。这种生长方式称为树枝生长或树枝状结晶。树枝状生长时,伸展的晶枝轴具有一定的晶体取向,这与其晶体结构类型有关,例如:面心立方的〈100〉晶向,体心立方的〈100〉晶向,密排六方的〈1010〉晶向。

树枝状生长在具有粗糙界面的材料（如金属）中最为显著,而对于具有光滑界面的材料,在负温度梯度下也有树枝状生长倾向,但不甚明显。

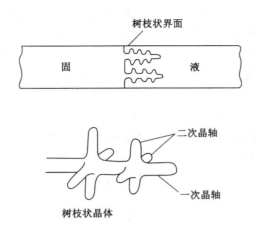

图 3-21　树枝状晶体生长示意图

3.4.4.3　凝固后的晶粒大小控制

目前工业生产中大都采用晶粒度等级来表示晶粒的大小。标准晶粒度共分为八级,一级晶粒度最粗,平均直径为 0.25 mm;八级晶粒度最细,平均直径为 0.02 mm。金属凝固后的晶粒大小(或单位体积中的晶粒数)对材料的性能有重要的影响,如其强度、硬度、塑性和韧性都随着晶粒细化而提高,因此,控制材料的晶粒大小具有重要的实际意义。基于上述的结晶理论,可采用以下几个途径细化铸件的晶粒:

(1) 增加过冷度

由约翰逊-梅尔方程导出在 t 时间内形成的晶核数 $P(t)$ 与形核率 N 及长大速率 v_g 间的关系:

$$P(t) = k \left(\frac{N}{v_g} \right)^{3/4} \tag{3-45}$$

式中, k 为与晶核形状有关的常数。可见,形核率 N 越大,晶粒越细;晶体长大速度 v_g 越大,则晶粒越粗。同一材料的 N 和 v_g 都取决于过冷度,在一般凝固条件下, $N \propto \exp \left(-\frac{1}{\Delta T^2} \right)$, $v_g \propto \Delta T$,即增加过冷度, N 迅速增大,且比 v_g 更快,因此增加过冷度可使凝固后的晶粒细化。

(2) 添加形核剂

为提高形核率,可在溶液凝固前加入能作为非均匀形核基底的人工形核剂(也称孕育剂或变质剂)。液相中现成基底对非均匀形核的促进作用取决于接触角 θ 。 θ 角越小,形核剂对非均匀形核的作用越大。为使 θ 角减小,应使基底与形核晶体具有相近的结合键类型,且与晶核相接的晶面具有相似的原子配置和小的点阵错配度。表 3-3 列出了一些物质对纯铝(面心立方结构)结晶时形核的作用,可以看出大部分化合物的实际形核效果符合得较好。

(3) 振动促进形核

在金属溶液凝固时施加振动或搅拌可获得细小的晶粒。振动方式如机械振动、电磁振动或超声波振动等,都具有细化效果。目前的理论认为,其主要作用机制是振动使枝晶破碎,而这些碎片又可作为新的结晶核心,导致形核增殖。

表 3-3　加入不同物质对纯铝非均匀形核的影响

化合物	晶体结构	密排面之间的 δ 值	形核效果	化合物	晶体结构	密排面之间的 δ 值	形核效果
VC	立方	0.014	强	NbC	立方	0.086	强
TiC	立方	0.060	强	W_2C	六方	0.035	强
TiB_2	六方	0.048	强	Cr_3C_2	复杂	—	弱或无
AlB_2	六方	0.038	强	Mn_3C	复杂	—	弱或无
ZrC	立方	0.145	强	Fe_3C	复杂	—	弱或无

第4章　二元合金相图及合金凝固

由于单组元材料性能上的局限性,在工业中应用更广泛的是合金,即由两个及两个以上组元,经熔炼烧结等方法组成的多元系材料。例如,碳钢和铸铁是由铁和碳组成的二元合金,青铜是由铜和锡组成的合金,铝硅质耐火材料则由 Al_2O_3 和 SiO_2 组成。

多组元材料内部相的状态由其成分和所处温度来决定,相图就是用来表示热力学平衡条件下给定合金系中合金成分、温度及其相的状态之间关系的综合图形,又称为平衡状态图。掌握相图对于分析材料在加热、冷却过程中的组织转变规律,平衡态组织组成以及预测材料的性能,具有重要的意义;相图还是制定合金熔铸、锻压及热处理等工艺规范的重要依据,也是研制开发新材料的重要工具之一。

4.1　相图基本知识

4.1.1　相平衡与相律

在某一温度下,系统中各个相经过很长时间也不互相转变,处于平衡状态,这种平衡称为相平衡。相律则是表示材料系相平衡条件的热力学表达式,是所有相图都必须遵从的规律,它反映了平衡系统中可以平衡共存的相的数目、独立组元的数目以及体系自由度之间的关系,三者之间关系满足式(4-1):

$$f = C - P + 2 \tag{4-1}$$

式中　f ——自由度数,即平衡状态下,在不改变相的类型和数目时,可以独立变化的、决定合金状态的因素的数目;

C ——组元数;

P ——平衡相的数目;

2 ——影响体系平衡的外界因素中,只考虑温度和压力两个因素。

大部分的研究系统为恒压条件(若无特殊说明,本教材以下讨论均为恒压体系),此时相律表示为:

$$f = C - P + 1 \tag{4-2}$$

相律可由相平衡热力学条件推导,由影响状态的可变因素减去相平衡的约束条件数即可确定自由度数。

影响系统平衡状态的可变因素除了温度外,还有各相的成分,在二元系的单相中,只有一个成分可变;三元系的单相则有两个成分可变。设某一合金系含有 $C(A,B,C,D,\cdots)$ 个组元,达到相平衡时形成了 P 个相($\alpha,\beta,\gamma,\cdots$),则相成分总的变化量为 $P(C-1)$ 个,系统总的变量为:

$$P(C-1) + 1 \tag{4-3}$$

相平衡的约束条件数由相平衡的热力学条件确定,即在多相平衡时,任一组元在各相中的化学位相等,如式(4-4)所示:

$$\begin{cases} \mu_A^\alpha = \mu_A^\beta = \mu_A^\gamma = \cdots \quad (P-1 \text{ 个等式}) \\ \mu_B^\alpha = \mu_B^\beta = \mu_B^\gamma = \cdots \quad (P-1 \text{ 个等式}) \\ \quad\quad\quad\cdots\cdots \\ \quad\quad\quad\cdots\cdots \end{cases} \tag{4-4}$$

每个组元可以写出 $P-1$ 个等式,C 个组元的平衡约束条件总数为:

$$C(P-1) \tag{4-5}$$

则系统自由度数 $f=$ 变数 $-$ 条件数 $=P(C-1)+1-C(P-1)=C-P+1$,即式(4-2)所示关系。

根据相律,可以确定合金系中的平衡相数,例如纯金属是单元系,组元数为 1,它们在熔化及凝固过程中共存的平衡相数为 2。根据相律,此时自由度数 $f=1-2+1=0$,因此,恒压条件下纯金属应在恒温下平衡熔化或凝固。而自由度数的最小值为 0,因此恒压下单元系最多相数为 2 个,二元系中最多相数为 3 个,依次类推。

利用相律可以分析平衡状态下相图各相区反应中温度和相成分的变化,理解相区的形状特征。如二元合金两相平衡共存时,自由度数为 1,说明在两相反应过程中,有一个可独立变动的参数,另外的参数则随之变化,如温度变化,则相的成分随之变化,而该两相区由一对共轭线包围,存在于一个温度范围内。对于二元系中的三相平衡,自由度数为 0,说明没有独立可变量,所以温度恒定,平衡三相的成分不变,该相区在相图中则表现为一条水平线。

4.1.2　相图的表示与建立

4.1.2.1　相图的表示

表示二元系相的平衡状态与温度、成分关系的二元相图是平面图形,纵坐标表示温度,横坐标表示成分;该平面内的任意一点,称为表象点(由成分和温度确定),根据表象点所在的相区,便可以确定这个合金在这个温度下的相平衡状态。

若体系由 A、B 两组元组成,横坐标两端分别代表两个纯组元,横坐标中间任意一点则代表不同成分配比的 AB 二元合金,其成分有两种表示方法:质量分数和摩尔分数,二者之间换算关系如式(4-6)所示:

$$x_A = \frac{w_A/m}{w_A/m + w_B/n}$$

$$x_B = \frac{w_B/m}{w_A/m + w_B/n} \tag{4-6}$$

式中,m,n 分别为 A,B 组元的相对原子量;w_A,w_B 分别为 A,B 组元的质量分数;x_A,x_B 分别为 A,B 组元的摩尔分数;并且 $w_A+w_B=100\%$,$x_A+x_B=100\%$。本教材中二元相图的成分,若未给出具体说明,均以质量分数表示。

4.1.2.2　相图的建立

相图建立是要确定相区的组成和各种成分材料相变点的位置。根据合金相吉布斯自由能曲线和相平衡的热力学条件,可以确定一定温度、成分下合金所存在的相的平衡状态,并在此基础上建立相图。这种方法适应性强,特别适用于建立多元合金相图,从长远发展来看,相图的计算具有巨大潜力,本章 4.7 节将介绍相图热力学计算的基础知识。

目前二元相图的建立主要依靠实验测定,如热分析法、硬度法、金相法、磁性法和 X 射线法等,其本质都是基于体系相变时,新旧两相性质的突变,据此确定物质结构状态发生本质变化的相变临界点。为了保证建立相图的精确度,常常需要多种方法配合使用。下面以热分析法为例,介绍 Cu-Ni 二元相图的建立过程,如图 4-1 所示。

(1) 首先配制一系列含 Ni 量不同的 Cu-Ni 合金,将它们熔化后,分别测出它们从液态到室温的冷却曲线,如图 4-1(a)所示。

(2) 根据冷却曲线上的转折点确定各合金的凝固温度,即临界点。由图 4-1(a)可见,纯组元 Cu 和 Ni 的冷却曲线相似,都有一个水平平台,表明纯组元的凝固在恒温下进行;其余 3 个二元合金的冷却曲线上没有水平平台,而是出现了两次转折,温度较高的转折点代表凝固的开始温度(上临界点),而温度较低的转折点对应凝固的终结温度(下临界点)。说明这些合金的凝固不同于纯金属,是在一个温度范围内进行的。

(3) 将各成分的相变临界点引入以温度为纵轴、成分为横轴的二元相图坐标平面,并连接意义相同的点作出对应的曲线,其中由凝固开始温度点连接所得相界线为液相线,由凝固终结温度连接而成的相界线为固相线。

(4) 上述相界线将相图分隔为若干区域,这些区域称为相区,表明在此范围内存在的平衡相类型和数目。将平衡相的名称分别标注在相应的相区中,即完成 Cu-Ni 相图的建立,如图 4-1(b)所示。

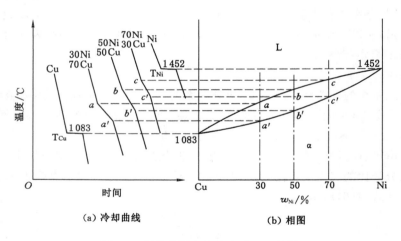

图 4-1　用热分析方法建立 Cu-Ni 相图

4.2　二元匀晶相图及其合金凝固

由液相结晶出单相固溶体的过程,称为匀晶转变,一般用 L→α 表示。只进行匀晶转变的相图,称为匀晶相图,如 Cu-Ni、Cu-Mg、Fe-Cr、Cu-Ni、Au-Ag、Au-Pt、NiO-CoO、CoO-MgO、NiO-MgO 等体系,要求两个组元在液态、固态均无限互溶。如果两个金属组元形成匀晶相图,必须满足形成无限固溶体的基本条件,即:两者晶体结构相同,原子半径相近,原子价相同,电负性相近。这也适用于以两个离子晶体为组元形成匀晶相图的情况,只是上述规则中以离子半径替代原子半径。几乎所有的二元相图都包含有匀晶转变的部分,因此匀晶相图是学习二元相图的基础。

4.2.1　相图分析与固溶体平衡凝固

4.2.1.1　相图分析

Cu-Ni 相图是最典型的二元匀晶相图之一,如图 4-2(a)所示。图中的点、相线、相区分析如下。

(1) 相图中的 T_{Cu}、T_{Ni} 点分别代表纯组元 Cu、Ni 的熔点,分别为 1 083 ℃和 1 452 ℃。

(2) 相图中上面的曲线为液相线,代表合金开始结晶的临界温度;下面的曲线为固相线,表明合金结束凝固的临界温度。

(3) 液相线以上的相区为单一的液相区;固相线以下是单一的 α 相区,α 相是由铜镍互溶形成的置换固溶体;液相线和固相线之间的相区是液相与 α 固溶体两相平衡区。由相律可知,当二元系处于两相平衡时,其自由度为 1,这说明温度可以作为独立变量在一定的范围内变动,而仍保持两相平衡状态。而在给定温度下,两个平衡相的成分均应为固定值,液相和固相的平衡成分分别为在此温度刚要开始凝固和开始熔化的成分。过合金表象点作水平线,使其与两条相线相交,由交点的成分坐标即可确定这两个相的平衡成分。

图 4-2(a)中,在 T_1 温度下,Cu 含量为 x_0 的合金表象点位于 α 相区,为固态;Cu 含量为 x_1 的合金为液固两相平衡,其中液相的平衡成分为 L_1,与之平衡的固相 α 成分为 α_1;Cu 含量为 x_2 的合金则为液相。

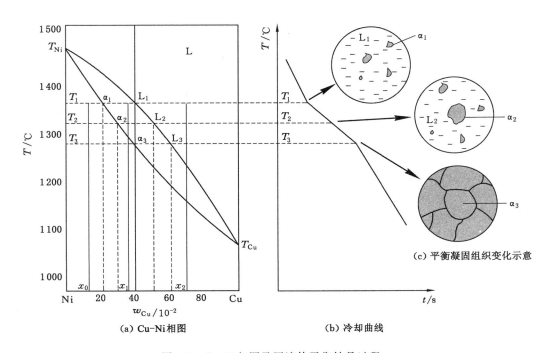

图 4-2　Cu-Ni 相图及固溶体平衡结晶过程

除上述典型匀晶相图外,还有两种特殊的匀晶相图,如 Au-Cu、Fe-Co 等在相图上具有极小点,而在 Pb-Tl 等相图上具有极大点,两种类型相图分别如图 4-3(a)和图 4-3(b)所示。对于这些匀晶相图中极大点和极小点处的合金,由于凝固时液、固两相成分相同,增加了一个约束条件,则自由度 $f=C-P+1-1=2-2+1-1=0$,因此极值点对应成分的结晶也是恒温转变。

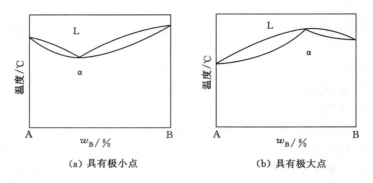

(a) 具有极小点　　　　　　　　　(b) 具有极大点

图 4-3　具有极小点与极大点的匀晶相图

4.2.1.2　固溶体的平衡凝固

平衡凝固是指合金从液态无限缓慢冷却,相变过程中有充分时间进行原子扩散,以达到平衡相成分,因此凝固过程中的每个阶段都处于相平衡状态,现以图 4-2(a)中 w_{Cu} 为 40% 的 Cu-Ni 合金为例来说明平衡凝固过程。

4.2.1.2.1　结晶过程

Cu-Ni 液态合金自高温缓慢冷却,其冷却曲线如 4-2(b)所示。温度高于 T_1 时,合金为液态;当温度略低于 T_1 时,开始结晶,液相成分为 L_1,固相成分为 α_1,表明成分为 L_1 的液相和成分为 α_1 的固相在此温度形成两相平衡;温度继续降低,两相平衡成分则随之发生变化,其中固相成分沿固相线变化,液相成分则沿液相线变化,冷却到 T_2 温度时,固相成分变至 α_2,与之平衡的液相成分变至 L_2;当冷却到 T_3 温度时,最后一滴成分为 L_3 的液体也结晶成固溶体,此时固溶体的成分回到原合金成分($w_{Cu}=40\%$);合金凝固完毕后,得到均匀的单相固溶体。该合金整个凝固过程中的组织变化示于图 4-2(c)中。

由上述过程可见,固溶体的凝固过程与纯金属一样,也需要过冷、结构起伏与能量起伏,并通过形核与长大的方式进行,但由于合金中存在第二组元,使其凝固过程较纯金属复杂,有着明显的不同。

(1) 合金结晶出的固相成分与液态合金不同,所以形核时除了结构与能量起伏外还需要一定的成分起伏,即液态合金中某些微小区域的成分时起时伏地偏离其平均成分的现象。固溶体凝固时会优先在三种起伏能优先满足要求的地方形核。

(2) 固溶体的凝固在一个温度区间内进行,即变温凝固,这时液、固两相的成分随温度下降不断地发生变化,因此,这种凝固过程必然依赖于两组元原子的扩散。实际在每一温度下,平衡凝固实质包括三个过程:① 液相内的扩散过程。② 固相的继续长大。③ 固相内的扩散过程。

固溶体平衡凝固时,每一个晶核形成一颗晶粒,尽管其成分始终在变化,但由于在每一温度下扩散都进行充分,最终得到的固溶体晶粒成分均匀,晶粒之间和晶粒内部的成分相同。

4.2.1.2.2　相对量的计算——杠杆定理

固溶体平衡凝固过程中,液固两相的相对量可用杠杆定理来计算。如图 4-4 所示,在 T 温度下,x_0 成分合金为 L+α 两相共存,两相平衡成分点分别为 x_L 和 x_α。设 W_0、W_α、W_L 分别为合金系、α 相和液相的质量,则液相、固相质量总和应等于合金的质量,即:

$$W_0 = W_\alpha + W_L \tag{4-7}$$

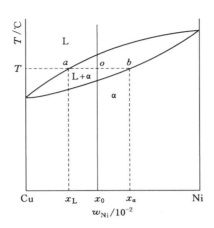

图 4-4　杠杆定理示意图

而液相与固相中所含溶质量的总和,应等于合金中的溶质总量,即:

$$W_0 \cdot x_0 = W_\alpha \cdot x_\alpha + W_L \cdot x_L \tag{4-8}$$

将式(4-7)代入式(4-8)可得:

$$W_\alpha(x_\alpha - x_0) = W_L(x_0 - x_L) \tag{4-9}$$

$(x_\alpha - x_0)$ 为图中 ob 段,$(x_0 - x_L)$ 为图中 ao 段,可见式(4-9)关系符合力学杠杆原理,即以合金成分为支点,以对应温度下两相平衡成分为杠杆端点,将 α 相和 L 相分别挂到各自的成分端点上,即能满足杠杆力学平衡,这就是杠杆定理。

将式(4-7)两边同乘 x_L,并减去式(4-8)可得:

$$W_0 \cdot (x_0 - x_L) = W_\alpha(x_\alpha - x_L) \tag{4-10}$$

则 α 相的相对量为:

$$\frac{W_\alpha}{W_0} = \frac{(x_0 - x_L)}{(x_\alpha - x_L)} = \frac{ao}{ab} \times 100\% \tag{4-11}$$

同理可得液相的相对量为:

$$\frac{W_L}{W_0} = \frac{(x_\alpha - x_0)}{(x_\alpha - x_L)} = \frac{ob}{ab} \times 100\% \tag{4-12}$$

尽管是由匀晶相图推导而来,杠杆定理也适用于其他类型的两相平衡相对量计算,但应该注意的是,杠杆定理只能在两相平衡状态下使用。

4.2.2　固溶体的非平衡凝固

固溶体的凝固过程中,液、固两相的成分始终在不断变化,平衡结晶时,由于冷却速度足够慢,原子有充分的时间扩散,在每一温度下,液、固两相都能达到相应的平衡浓度(沿液、固相线变化),固相的长大也相当充分。但在实际生产条件下,如合金溶液浇铸后的冷却速度较快,原子来不及充分扩散,合金成分也达不到完全的均匀一致,这种凝固过程偏离了平衡条件,称为非平衡凝固。

4.2.2.1 非平衡凝固过程

图 4-5 表明了成分为 X_0 的 Cu-Ni 合金非平衡凝固时液、固两相成分及组织变化。合金在温度 T_1 开始凝固,此时固相成分为 α_1,而固液界面处液相的成分为 L_1。冷却到更低的温度 T_2 时,若为平衡冷却,新形成的固相成分应为 α_2,原有固相成分也应该通过原子扩散改变为 α_2,而液相平衡成分则改变至 L_2。但由于冷却较快,液相和固相,尤其是固相中的扩散不充分,其内部成分来不及由 α_1 转变为 α_2,因此固体的内部和外层成分不一致,整个结晶固体的平均成分 α_2' 应在 α_1 和 α_2 之间;同理,液相的成分也来不及由 L_1 转变为 L_2,其平均成分 L_2' 应在 L_1 和 L_2 之间。若是平衡凝固,合金冷却到 T_3 温度时应该凝固完毕。在非平衡冷却条件下,此时固相平均成分为 α_3',与合金原始成分 X_0 不同,凝固不可能就此结束。只有当温度降到 T_4,固溶体平均成分变至 α_4' 与合金成分相同时,凝固才能结束,因此非平衡凝固的凝固终止温度总是低于平衡凝固的终止温度。连接每一温度下的固相平均成分点,得到图 4-5(a) 中的虚线 $\alpha_1\alpha_2'\alpha_3'\alpha_4'$,即固相平均成分线。在相图的实际应用中,可以把它看成非平衡条件下的固相线,它与平衡相图上的固相线有一定偏差,偏离程度随冷却速度的增大而增大。同理,$L_1L_2'L_3'L_4'$ 为液相平均成分线,但由于液相中的扩散比固相容易,其偏离程度相对较小。

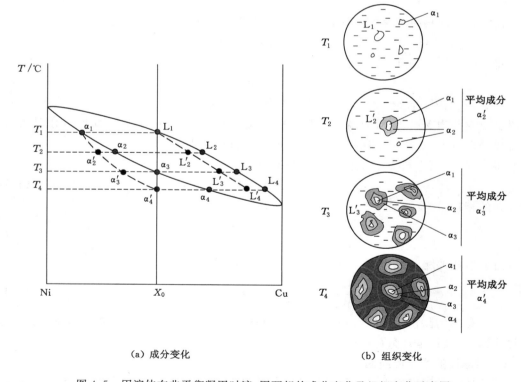

(a) 成分变化　　　　　　　　(b) 组织变化

图 4-5　固溶体在非平衡凝固时液、固两相的成分变化及组织变化示意图

4.2.2.2　固溶体非平衡凝固特点

固溶体非平衡凝固具有以下特点。

（1）固相平均成分线和液相平均成分线偏离平衡相图中的固、液相线，冷却速度越快，偏离越严重，但固液界面处的浓度依然沿着平衡液固相线变化。

（2）凝固时具有滞后性，非平衡凝固的终结温度总是低于平衡凝固的终结温度。

（3）固溶体非平衡凝固时，先结晶部分总是富含高熔点组元，后结晶的部分则富低熔点组元，并且没有足够时间使成分扩散均匀，使得非平衡结晶固溶体具有成分不均匀现象，即成分偏析。在一个晶粒内部的成分不均匀现象称为晶内偏析或微观偏析。

以 Cu-Ni 合金为例，它在非平衡凝固后的组织如图 4-6 所示。图中的 α 固溶体呈树枝状，枝干与枝间显著的颜色差别说明它们的成分有明显差异。电子探针测定成分表明，枝干是富镍的（不易浸蚀而呈白色）；树枝之间是富铜的（易受浸蚀而呈黑色）。这种非平衡凝固导致先结晶的枝干和后结晶的枝间成分不同的现象，称为枝晶偏析。

枝晶偏析会导致晶粒内部性能不均匀，降低铸件的力学性能和耐腐蚀性能，生产上需设法消除或改善。由于枝晶偏析是非平衡凝固产物，在热力学上是不稳定的，将其加热到高温（低于固相线 100～200 ℃），长时间保温使原子充分扩散，以达到成分均匀化的目的，这种处理方法称为扩散退火或均匀化退火。图 4-7 是经扩散退火后的 Cu-Ni 合金的显微组织，其树枝状形态已消失，组织与平衡凝固组织基本相同。

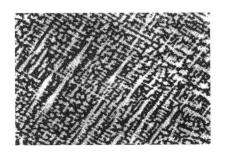 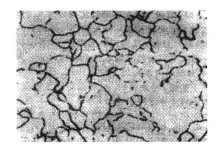

图 4-6　Cu-Ni 合金组织——树枝晶图　　　　图 4-7　经扩散退火后的 Cu-Ni 合金组织

4.2.3　宏观偏析与成分过冷

固溶体非平衡凝固所形成的微观偏析，是指一个晶粒内部成分的不均匀现象；而固溶体的宏观偏析是指沿散热（结晶）方向产生的大范围成分分布不均匀的现象。宏观偏析会直接影响铸件的产品质量及热加工工艺，且无法通过热处理消除，而大部分合金凝固时都会经历匀晶转变过程，因此需要掌握固溶体非平衡凝固过程中宏观偏析的形成规律。

4.2.3.1　平衡分配系数

固溶体宏观偏析的出现，是由于凝固时从液相中结晶出的固相与母相的成分不同，随固-液界面向液相推进，液相与固相内溶质原子重新分布所造成。重新分布的程度可用平衡分配系数 k_0 表示，其定义为一定温度下，固、液两平衡相的溶质浓度的比值，即：

$$k_0 = \frac{C_S}{C_L} \tag{4-13}$$

式中，C_S 和 C_L 分别为固相和液相中溶质的平衡浓度。

如果把液相线与固相线近似为直线，如图 4-8 所示，尽管不同温度下固、液两相平衡浓度不同,但两相平衡成分比值 k_0 却保持为常数。图 4-8(a)是 $k_0 < 1$ 的情况,即随溶质增加,合金凝固的开始温度和终结温度降低;$k_0 > 1$ 时情况相反。k_0 越接近 1,表明该合金凝固所得固溶体成分与原合金成分越接近,即溶质重新分布程度越小。

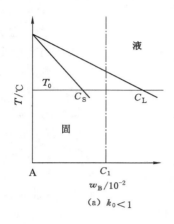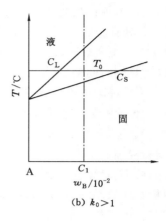

图 4-8　两种 k_0 情况

　　为了便于研究,将成分为 C_0 的固溶体合金溶体置于圆棒形模具内由左向右进行定向凝固,固-液界面保持平直。在平衡凝固条件下,液、固相内的溶质都能完全混合,已凝固的固相成分总是均匀的,对应于相应温度下的固相线成分;凝固终结时各部分固相成分都变为 C_0,不产生成分偏析,如图 4-9 中 a 所示。但在非平衡凝固时,没有足够时间使成分扩散均匀,已凝固的固相成分随着凝固的先后而变化。最先凝固的液体成分与合金原始成分 C_0 相同,而凝固出的固体平衡浓度则为 $C_S = k_0 C_0$。在 $k_0 < 1$ 的情况下,多余的溶质将排入固液界面前沿的液体中,因此界面前沿的液相成分与其他液相部位出现差异。通过对流和扩散,这种差异会有所减小。凝固条件不同,剩余液相的均匀程度不同,凝固所得固体中宏观偏析程度也不同。按液相混合程度,可分为完全混合、完全不混合及部分混合三种情况。

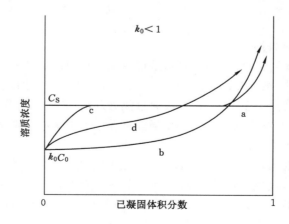

a—平衡凝固;b—液相中溶质完全混合;c—液相中溶质完全不混合;d—液相中溶质部分混合。

图 4-9　原始浓度为 C_0 的合金在凝固后的溶质分布曲线

4.2.3.2　液相完全混合时的溶质分布

固溶体凝固时,若冷却速度较慢,通过扩散、对流甚至搅拌而使液相中溶质成分均匀一致,这种情况称为完全混合,现以 6 个假设条件分析固溶体凝固后的溶质分布情况:

① 忽略固相内的扩散;

② 液相完全混合,成分处处均匀;

③ 液-固界面平直;

④ 固-液界面处维持局部平衡,即界面处固、液相成分符合平衡浓度;

⑤ 固液相平衡分配系数 $k_0 < 1$,且为常数;

⑥ 固相和液相密度相同。

已知合金的溶质含量为 C_0(体积浓度),合金棒截面积为 A,长度为 l。开始凝固后,从左端首先结晶出浓度为 $k_0 C_0$ 的固体。在 $k_0 < 1$ 时,多余溶质将排入固液界面前沿的液体,由于液相完全混合,则剩余液相溶质含量将均匀升高,浓度超过 C_0,相应的结晶出的固相浓度也随之升高,当结晶至 z 位置时,固、液相浓度分布如图 4-10(b)所示。

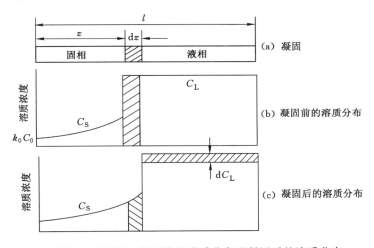

图 4-10　体积元 $\mathrm{d}z$ 的凝固,凝固前的溶质分布及凝固后的溶质分布

若 L/S 界面继续向固相推进 $\mathrm{d}z$ 距离,如图 4-10(b)中所示的阴影区,设凝固前该微体积中的溶质原子质量为 $\mathrm{d}M$,凝固时该微体积中排出的多余溶质使液相浓度升高了 $\mathrm{d}C_L$,则:

凝固前:
$$\mathrm{d}M = C_L \cdot A \mathrm{d}z \tag{4-14}$$

凝固后:
$$\mathrm{d}M = C_S \cdot A \mathrm{d}z + A(l - z - \mathrm{d}z)\mathrm{d}C_L \tag{4-15}$$

C_S 和 C_L 有如下关系: $C_S = k_0 C_L$。

由质量守恒,式(4-14)和式(4-15)应相等,忽略高阶小量 $\mathrm{d}z \cdot \mathrm{d}C_L$,经整理后可得:
$$(1 - k_0) \cdot C_L \cdot \mathrm{d}z = (l - z)\mathrm{d}C_L \tag{4-16}$$

对上式分离变量,并按边界条件($z = 0$ 时,$C_L = C_0$)进行积分:
$$\int_0^z \frac{1 - k_0}{l - z}\mathrm{d}z = \int_{C_0}^{C_L} \frac{1}{C_L} \cdot \mathrm{d}C_L \tag{4-17}$$

求解可得液、固相浓度随凝固距离 z 的变化规律表达式为：

$$C_L = C_0 (1 - \frac{z}{l})^{k_0 - 1} \qquad (4\text{-}18)$$

$$C_S = k_0 C_0 (1 - \frac{z}{l})^{k_0 - 1} \qquad (4\text{-}19)$$

式(4-19)即为液相完全混合结晶条件下，固溶体圆棒顺序凝固后的成分分布方程，其溶质分布如图 4-9 中 b 所示，这符合一般铸锭中浓度的分布，因此称为正常凝固。在缓慢结晶条件下，$k_0 < 1$ 的合金凝固后成分沿结晶方向变化，先结晶的左端纯化，溶质原子含量低于合金平均成分 C_0；后结晶的右端则富集溶质组元，成分远高于 C_0。这种溶质浓度由铸锭表面向中心逐渐增加的不均匀分布称为正偏析，是宏观偏析的一种。而且 k_0 越小，这种正偏析越严重。

利用正常凝固的固溶体溶质分布特点，研发出了区域熔炼技术，可对金属进行提纯。即以感应加热方法将金属棒逐步熔化，如图 4-11 所示，金属棒从一端到另一端进行局部熔化，凝固过程也随之逐步进行。熔化区从始端移动到末端，杂质元素就富集于末端，重复移动多次，金属棒始端纯度将大大提高，如图 4-12 所示。目前很多高纯材料都是由区域提纯来获得，如将锗经区域提纯，可得到 1×10^7 个锗原子中只含小于 1 个杂质原子的高纯锗，作为半导体整流器的元件。由此可见，区域提纯是应用固溶体凝固理论的一个突出成就。

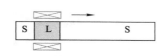

图 4-11　区域熔炼示意图　　　　图 4-12　多次($n > 1$)区域提纯成分变化示意图

4.2.3.3　液相完全不混合时的溶质分布

若固溶体的凝固速度很快，且液相中没有搅拌、对流，而只有扩散时，称为液相完全不混合。这种情况下，凝固中从固相中排出的溶质原子不能快速传输到远处，而是堆积在固液界面处液相一侧，造成边界层溶质原子迅速堆积，而远离界面的大体积液相仍保持原始浓度 C_0，凝固过程中溶质原子的浓度变化可分为 3 个阶段，如图 4-13 所示。

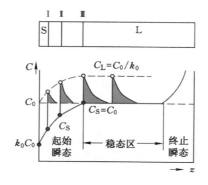

图 4-13　液相中仅有扩散时的溶质分布图

（1）起始瞬态

凝固开始,由于固液界面推进很快,边界层溶质的富集浓度迅速上升,根据固液界面平衡浓度关系,固相浓度也随之升高。

（2）稳态生长

当界面前沿液相浓度达到 C_0/k_0 时,则界面处固相浓度升高到 C_0,此时,由固相中排出的溶质量与从界面处液相中扩散开的溶质量相等,界面处两相成分不变,建立稳定状态。达到稳定状态后,结晶出的固相成分总是 C_0,液相在界面上的浓度始终保持为 C_0/k_0,一直持续到末端只剩下很少一部分液体。

（3）终止瞬态

凝固的最后阶段,剩余的液体量很少,溶质原子的扩散使液体中溶质浓度升高超过 C_0,此时液体中浓度梯度降低,扩散减慢,界面浓度迅速增高,与之平衡的固相浓度也提高,形成一个终端瞬态区。液相完全不混合条件下,凝固后固溶体合金棒成分分布如图 4-9 中 c 所示。

4.2.3.4　液相部分混合时的溶质分布

以上讨论的是两种极端情况,实际的合金凝固过程往往介于两者之间,既有扩散也有对流,造成液相中溶质部分混合。因为一方面,液相成分完全均匀是极难达到的;另一方面,液相中也不可能只发生扩散而无对流,因为液态金属充型过程产生的液相对流不会在充型结束后马上停顿,且温度分布的不均匀性及凝固收缩力等都可引起液相对流。

根据流体力学,液体在管道内流动时紧靠管壁的薄层流速为零,这个薄层称为边界层。而固液界面处存在同样的边界层,边界层中液相不发生对流,只能通过扩散进行混合。由于扩散速度较慢,不能及时把凝固时所排出的溶质原子都输送到边界层以外对流的液体中,结果在靠近界面的液相(边界层)中造成溶质原子的富集。在界面处液、固两相一直保持局部平衡,即 $(C_S)_i = k_0 \cdot (C_L)_i$,如图 4-14 所示。随固液界面不断推进,界面处溶质原子越来越富集,使 $(C_L)_i$ 提高;与其平衡的固相浓度 $(C_S)_i$ 也迅速上升;而边界层中浓度梯度逐渐加大,使得溶质原子通过扩散穿越边界层的传输速率不断增加,直到在边界层中输入和输出之间建立起平衡为止,此时,边界层溶质富集程度不再上升,达到稳定阶段,即界面处液相浓度与远处的液相体浓度之比 $(C_L)_i/(C_L)_B$ 为常数,稳定后的凝固过程称为稳态凝固,定义有效分配系数 k_e 表征稳态凝固时液体中的混合程度,即：

$$k_e = (C_S)_i/(C_L)_B \tag{4-20}$$

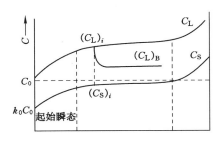

图 4-14　液相部分混合时的溶质分布

有效分配系数 k_e 的大小主要取决于凝固速度 R，对边界层的扩散方程求解可导出：

$$k_e = \frac{k_0}{k_0 + (1 - k_0)e^{-R/\delta D}}$$ (4-21)

式中　　δ——边界层厚度；

　　　　D——溶质扩散系数。

当凝固速度极快时，$R \to \infty$，则 $k_e = 1$，它表示了液相完全不混合的情况，其原因是边界层外的液体对流被抑制，仅靠扩散无法使溶质得到混合。当凝固速度极其缓慢，即 $R \to 0$ 时，$k_e = k_0$，属于完全混合状态，液体中的充分对流使边界层不存在，从而导致溶质完全混合。当凝固速度处于上述两者之间时，则 $k_0 < k_e < 1$ 为液相部分混合状态，即边界层外的液体在凝固中有时间进行一定对流，使溶质得到部分混合，此时固溶体中溶质浓度分布可用式(4-22)表示，其浓度分布如图 4-9 中 d 所示。

$$C_S = k_0 C_0 (1 - z/L)^{k_e - 1}$$ (4-22)

综上所述，固溶体合金棒凝固速度不同，溶质在液相中的混合情况不同，凝固后的宏观偏析程度也不同。实际生产中，凝固速度越慢，液相中溶质混合越充分，凝固后溶质分布越不均匀，宏观偏析越严重；只有在极快的结晶条件下，宏观偏析才很小甚至没有。

4.2.3.5　成分过冷与固溶体的组织

4.2.3.5.1　成分过冷的概念

纯金属凝固时的理论凝固温度(T_m)不变，当液态金属中的实际温度低于 T_m 时，就引起过冷，这种过冷称为热温过冷，它完全取决于实际的温度分布。而固溶体合金凝固时，由于液相中溶质分布发生变化，液相的凝固温度也随之改变，因此可能导致界面前沿液体中的实际温度低于由溶质分布所决定的凝固温度，从而产生过冷，这种由于固-液界面前沿溶质再分配引起的过冷现象，称为成分过冷。

4.2.3.5.2　成分过冷的形成

设固溶体合金原始浓度为 C_0，如图 4-15(a)所示，平衡分配系数 $k_0 < 1$。在液相完全不混合的情况下，液相中的溶质分布如图 4-15(c)所示，远离界面处液相浓度保持为 C_0，界面附近为溶质原子富集区，越靠近界面，液相溶质浓度越高。由每一点的溶质含量 C_L，可在相图上找到对应的凝固温度 T_L，T_L 随距离变化曲线如图 4-15(d)所示，可见界面处的凝固温度最低，随距界面距离的增加，T_L 不断升高，达到一定距离后，保持原始成分的凝固温度。

固液界面前沿的液相通常具有正的温度梯度，如图 4-15(b)所示，将其叠加到图 4-15(d)上，就得到图 4-15(e)中阴影线所示的成分过冷区。由图可见，成分过冷区是两端小而中间大，其垂直方向表示过冷度的大小，水平方向表示成分过冷区的宽度。尽管液相实际温度在界面处最低，但由于此处液相熔点也最低，结果使界面处液相过冷度极小，而距离界面稍远处的液相反而具有较大的过冷度。这种特殊的过冷现象就是成分过冷，成分过冷决定了固溶体晶体的生长方式。

4.2.3.5.3　产生成分过冷的临界条件

在液相中只有扩散，不发生对流的情况下，距界面 z 处的液相成分为：

$$C_L = C_0 (1 + \frac{1 - k_0}{k_0} e^{-Rz/D})$$ (4-23)

假设液相线为直线，其斜率为 m，k_0 为常数，纯组元熔点为 T_A，由图 4-15(a)可得液相

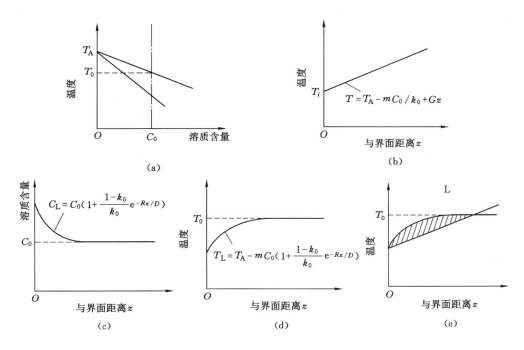

图 4-15　合金成分的过冷示意图($k_0 < 1$)

的理论结晶温度为：

$$T_{L} = T_{A} - m \cdot C_{L} = T_{A} - mC_0\left(1 + \frac{1-k_0}{k_0}e^{-Rz/D}\right) \tag{4-24}$$

式(4-24)即为图 4-15(d)中曲线的数学表达式,式中 T_L 是浓度为 C_L 合金的开始凝固温度。

假设液相中的温度梯度为 G,界面温度为 T_i,则距离界面 z 处液体的实际温度 T 为：

$$T = T_i + Gz \tag{4-25}$$

界面温度 T_i 就是 $z=0$ 时的 T_L 温度,在液相完全不混合的情况下,固液界面处固相成分浓度为 C_0,液相成分浓度为 $\dfrac{C_0}{k_0}$,则界面温度 T_i 就是浓度为 $\dfrac{C_0}{k_0}$ 液相的凝固温度,则：

$$T_i = (T_L)_{z=0} = T_A - m \cdot C_0/k_0 \tag{4-26}$$

当液相的实际温度低于其理论凝固温度,即 $T < T_L$ 时,出现成分过冷,将式(4-24)、式(4-25)、式(4-26)代入可得：

$$T_{A} - mC_0/k_0 + Gz < T_{A} - mC_0\left(1 + \frac{1-k_0}{k_0}e^{-Rz/D}\right) \tag{4-27}$$

由式(4-27)可推导出产生成分过冷的临界条件为：

$$\frac{G}{R} < \frac{mC_0}{D} \cdot \frac{1-k_0}{k_0} \tag{4-28}$$

式(4-28)的右边是反映合金性质的参数,而左边则是受外界条件控制的参数。从合金性质来看,液相线斜率 m 越大,k_0 越小($k_0 < 1$ 时),越易产生成分过冷;随着溶质含量 C_0 的增加,成分过冷倾向越大,反之成分越接近纯金属的合金越不易产生成分过冷;此外,扩散系

数 D 越小,边界层中溶质越易聚集,也有利于成分过冷。而从外界条件看,实际温度梯度越小,对一定的合金和凝固速度,图 4-15(e)中的阴影区面积越大,成分过冷倾向增大;若凝固速度增大,则液体的混合程度减小,边界层的溶质聚集增大,这也有利于成分过冷。对于一定的合金系,m、k_0、D 为常数,有利于产生成分过冷的条件是:液相中低的温度梯度,大的凝固速度和高的溶质浓度。

上面推导是假定液体完全不混合,即 $k_e=1$,其基本结论同样适用于 $k_0<k_e<1$ 的液体部分混合情况;而在液体完全混合的情况下($k_e=k_0$),由于固液界面前沿没有溶质的聚集,故不会出现成分过冷。

4.2.3.5.4　成分过冷对固溶体生长形态的影响

在正温度梯度下,单相固溶体晶体的生长方式取决于成分过冷程度。由于温度梯度的不同,成分过冷程度可以分为 3 个区,如图 4-16 所示。在不同成分过冷区,晶体生长方式不同。

在第 Ⅰ 区,液相温度梯度很大,使 $T>T_L$,故不产生成分过冷。离开界面,过冷度减小,液相内部处于过热状态。此时固溶体晶体以平界面方式生长,界面上偶然有小的凸起伸入进过热区,会使其熔化消失,故形成稳定的平界面,凝固后的组织是一个一个的等轴晶粒。

在第 Ⅱ 区,液相温度梯度减小,产生小的成分过冷区,此时,平界面不稳定,界面上的偶然凸起会进入过冷液体,会加速凸起超前生长,但因过冷区窄,超前生长的最大距离不能超过成分过冷区(一般为 0.1～1.0 mm),使界面呈胞状形态,其生长示意如图 4-17 所示。最后形成胞状组织,纵截面为长条形,横截面接近蜂窝状,如图 4-18 所示。

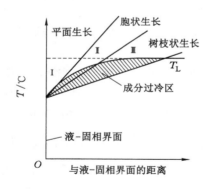

图 4-16　成分过冷对组织形态的影响

图 4-17　胞状生长示意图

在第 Ⅲ 区,当液相温度梯度更为平缓,成分过冷程度很大,液相很大范围处于过冷状态,类似负温度梯度条件,则界面上的凸出伸向过冷液相后可以快速生长,同时在侧面不断产生分枝,形成树枝状组织,如图 4-19 所示。

在实际生产中,这些组织形态主要受温度梯度与结晶速度所控制,合金铸锭或铸件的凝固速度 R 一般较大,但温度梯度 G 不大,故而实际合金在通常的凝固中不可避免要出现成分过冷,即固溶体合金凝固通常是形成胞状组织或树枝晶。

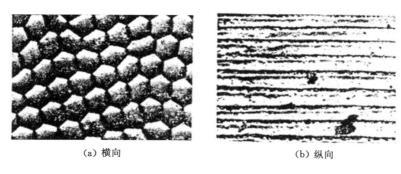

(a) 横向　　　　　　　　　　　　　(b) 纵向

图 4-18　规则的胞状组织(未抛光,未浸蚀,150×)

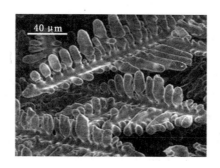

图 4-19　Al-Cu 合金枝晶组织

4.3　二元共晶相图及其合金凝固

　　共晶反应是具有一定成分的液相在恒温下同时结晶出两个成分、结构不同的固相的过程,所形成的两相混合物称为共晶组织或共晶体。当两个组元在液态下无限互溶,而固态互不相溶或有限互溶,并具有共晶转变的二元合金系所构成的相图称为二元共晶相图。Al-Si、Pb-Sb、Pb-Sn、Ag-Cu 等合金系的相图都属于共晶相图,Fe-C、Al-Mg 等相图中也包含有共晶部分。与纯金属相比,共晶合金具有更低的熔点和更好的流动性等优点,在铸造工业中具有重要意义。

4.3.1　相图分析与共晶系平衡凝固

4.3.1.1　相图分析

　　图 4-20 所示的 Pb-Sn 相图是典型的二元共晶相图,相图中有 3 个基本相,即液相 L、固溶体相 α 及 β。液相 L 是 Pb 和 Sn 在高温下无限互溶形成的液溶体,α 相是 Sn 溶于 Pb 中形成的固溶体,β 相是 Pb 溶于 Sn 形成的固溶体。相图中的点、相线、相区分析如下:

　　(1) 点

　　T_A、T_B 点:分别代表纯组元 Pb 和 Sn 的熔点,分别为 327.5 ℃ 和 231.9 ℃。

　　E 点:共晶点,为两条液相线交点,具有该点成分的合金在 183 ℃ 发生共晶转变。

　　M、N 点:分别为 α 固溶体和 β 固溶体的最大溶解度点。

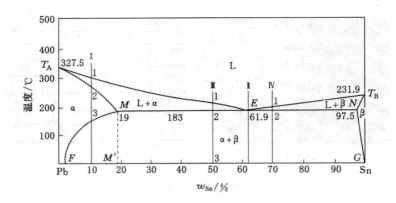

图 4-20　Pb-Sn 相图

F、G 点：分别为 α 固溶体和 β 固溶体在室温下的溶解度点。

（2）相线

$T_A E T_B$ 为液相线，$T_A M E N T_B$ 为固相线。

MF 为 Sn 在 Pb 中的溶解度曲线，也叫固溶度曲线，NG 为 Pb 在 Sn 中的溶解度曲线，分别表示 α 和 β 固溶体的溶解度随温度降低而减少的变化。

MEN 水平线为共晶线，表示 L、α、β 三相共存的温度和三相平衡成分。共晶线显示出 E 成分的液相 L_E 在该温度将同时结晶出 M 成分的固相 $α_M$ 和 N 成分的固相 $β_N$，$(α_M + β_N)$ 两相混合组织称为共晶组织，该共晶反应可写成：$L_E \xrightarrow{T_E} α_M + β_N$。

（3）相区

单相区：液相线以上为单相 L 液相区，$T_A MF$ 线左边为单相 α 固溶体区，$T_B NG$ 线以右为单相 β 固溶体区。

双相区：有 3 个两相区，即 L＋α，L＋β，α＋β；每个双相区都与两个单相区以边相邻，其组成相包含相邻单相区中的相，如 $T_A EMT_A$ 区为 L＋α 相区，与 L 相区及 α 相区相邻，故可由此判断双相区的平衡相。

三相区：MEN 共晶线为 L＋α＋β 三相共存区，与三个单相区以点相邻，L 相区在共晶线上部的中间，α 相区和 β 相区分别位于共晶线的两端。根据相律，二元系三相共存时，自由度 $f＝2－3＋1＝0$，表明二元共晶转变是恒温转变，故而共晶线为水平线，且三相平衡成分均为定值。

4.3.1.2　共晶系合金的平衡凝固

按照相变特点和组织特征，可将共晶系合金分为四类：共晶相图中对应于共晶点成分的合金，称为共晶合金；成分位于共晶点以左，M 点以右的合金，称为亚共晶合金；成分位于共晶点以右，N 点以左的合金，称为过共晶合金；成分位于 M 点以左和 N 点以右的合金，称为端际固溶体合金。现以 Pb-Sn 合金为例，分别讨论各种典型成分合金的平衡凝固及其显微组织。

4.3.1.2.1　端际固溶体（合金 I，$w_{Sn}＝10\%$）

由图 4-20 可见，当合金 I 缓慢冷却到 1 点时，开始发生匀晶转变从液相中结晶出 α 固溶体。随着温度降低，初生 α 固溶体的量不断增多，而液相量逐渐减少，液相和固相的成分

分别沿液相线 T_AE 和固相线 T_AM 变化。冷却到 2 点时,合金凝固结束,全部转变为单相 α 固溶体,其成分与原始的液相成分相同。这一过程与匀晶系合金的平衡结晶过程完全相同。

继续冷却,在 2~3 点温度范围内,α 固溶体不发生变化。当温度下降到 3 点以下时,Sn 在 α 固溶体中呈过饱和状态,因此,多余的 Sn 以 β 固溶体的形式从 α 固溶体中析出,称为次生 β 固溶体,用 $β_{II}$ 表示,以区别于从液相中直接结晶出的初生 β 固溶体。随着温度的继续降低,α 固溶体的溶解度逐渐减小,因此这一析出过程不断进行,$β_{II}$ 不断增多,而 α 和 $β_{II}$ 相的平衡成分将分别沿 MF 和 NG 溶解度曲线变化,最终的室温组织为 α+$β_{II}$。这种由固溶体中析出另一个固相的过程称为脱溶过程,即过饱和固溶体的分解过程,次生 β 相通常优先沿初生 α 固溶体相的晶界或晶内的缺陷处析出。由于固态下原子的扩散能力小,析出的二次相不易长大,一般都比较细小。

图 4-21 为合金 I 的平衡凝固过程示意图,成分位于 M 点和 F 点之间的所有端际固溶体合金都具有相似的平衡凝固过程,室温平衡组织均为 α+$β_{II}$,只是两相的相对量不同,合金成分越靠近 M 点,$β_{II}$ 的含量越高,两相具体相对量可由杠杆法则确定。

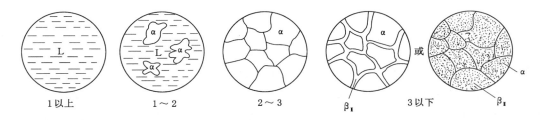

图 4-21　$w_{Sn}=10\%$ 的 Pb-Sn 合金平衡凝固示意图

4.3.1.2.2　共晶合金(合金 II,$w_{Sn}=61.9\%$)

当 Pb-Sn 共晶合金从液态缓冷至温度 T_E(183 ℃)时,发生共晶转变,液相同时结晶出 α 和 β 两种固溶体,这一过程在恒温下进行,直至凝固结束,所得组织为 $α_M$ 和 $β_N$ 两相混合物,即共晶组织,可以写成$(α+β)_{共晶}$。共晶体中 $α_M$ 和 $β_N$ 两相的相对量可分别用杠杆定律计算:

$$α_M \text{ 的相对量为:} \frac{EN}{MN} \times 100\% = \frac{97.5 - 61.9}{97.5 - 19} \times 100\% \approx 45.4\%$$

$$β_N \text{ 的相对量为:} \frac{ME}{MN} \times 100\% = \frac{61.9 - 19}{97.5 - 19} \times 100\% \approx 54.6\%$$

继续冷却时,共晶体中 α 相和 β 相将分别沿 MF 和 NG 溶解度曲线变化而改变其固溶度,即从 α 和 β 中分别析出 $β_{II}$ 和 $α_{II}$。由于共晶体中脱溶的次生相常依附在共晶体中的同类相析出,所以在显微镜下难以辨别,且对共晶体的性能影响也不大,故常忽略共晶体中的二次相,共晶合金的室温组织可直接表示为$(α+β)_{共晶}$。图 4-22 为 Pb-Sn 共晶合金的显微组织,其中黑色为 α 相,白色为 β 相,两相呈层片状交替分布,这是一种典型的共晶组织形貌。

4.3.1.2.3　亚共晶合金(合金 III,$w_{Sn}=50\%$)

下面以含锡量 $w_{Sn}=50\%$ 的合金 III 为例,分析亚共晶合金的平衡凝固过程。

合金 III 缓冷至 1 点时,开始发生匀晶转变,从液相中结晶出初生 α 相。随着温度从 1 点向 2 点缓慢下降,α 固溶体的量不断增加,其成分沿 T_AM 固相线变化;液相的量则不断减

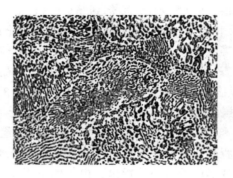

图 4-22　Pb-Sn 共晶组织（250×）

少，其成分沿 T_AE 液相线变化。当温度降至 2 点时，α 相与液相的成分分别到达 M 点和 E 点，两相的含量分别为：

$$w_\alpha = \frac{E\,\mathrm{III}_2}{ME} \times 100\% = \frac{61.9-50}{61.9-19} \times 100\% \approx 27.7\%$$

$$w_L = \frac{M\,\mathrm{III}_2}{ME} \times 100\% = \frac{50-19}{61.9-19} \times 100\% \approx 72.3\%$$

在 T_E 温度，E 点的液相发生共晶转变，直到剩余液相全部转变为共晶组织。共晶转变前形成的 α 固溶体称为初始晶 α 或先共晶体 α，共晶转变结束后，合金的平衡组织由先共晶体 α 和共晶体组成，可表示为 $\alpha_{初} + (\alpha+\beta)_{共晶}$。其中共晶组织的相对量与其母相相同，即为温度刚到达 T_E 温度时液相的量（72.3%）。

在 T_E 温度以下继续冷却，α 相（包括初始晶 α 和共晶体中的 α）和 β 相都要发生脱溶转变，分别析出 β_{II} 和 α_{II}。合金的室温组织为：$\alpha_{初} + (\alpha+\beta)_{共晶} + \alpha_{II} + \beta_{II}$。在显微镜下，只有从初始晶 α 相中析出的 β_{II} 可能观察到，由于共晶组织中的二次相一般不必标出，室温组织通常可写为 $\alpha_{初} + (\alpha+\beta)_{共晶} + \beta_{II}$。图 4-23 为合金 III 的显微组织，图中暗黑色树枝状和卵状组织（两种形态是因截取方向不同所致）为先共晶 α 相，由于是从液体中直接凝固形成，比较粗大，其内部细小的白色颗粒为 β_{II}，黑白相间分布的是共晶组织。

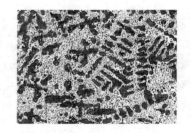

图 4-23　Pb-Sn 亚共晶组织

在分析显微组织时，应该注意组织组成物与相组成物的区别。相组成物是指组成合金显微组织的基本相。组织组成物是按组织形貌的特征来划分构成合金的基本单元，组织不仅反映相的结构差异，而且反映相的形态不同。同一种相，若形成于不同的转变阶段，会具有不同的显微形态特征而成为不同的组织，例如先共晶 α 和脱溶相 α_{II}，就是两种不同的组织。

图 4-24 为亚共晶合金的平衡凝固示意图，可见该合金的室温相组成为 α 和 β 两相，它们的相对量分别为：$\dfrac{\mathrm{III}_3 G}{FG} \times 100\%$ 和 $\dfrac{F\,\mathrm{III}_3}{FG} \times 100\%$。

计算中的 α 组成相包括初始晶 α 和共晶体中的 α 相。合金的组织组成物则为 $\alpha_{初} + (\alpha+\beta)_{共晶} + \beta_{II}$，各种组织的相对量也可进行分析计算。由前计算已知，共晶反应刚结束时 $w_\alpha =$

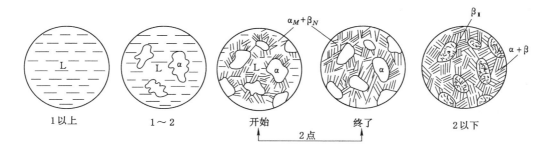

图 4-24　亚共晶合金的平衡凝固示意图

27.7%、$w_L = 72.3\%$，在随后的冷却中，共晶体的平均成分及相对量保持不变，而 $\alpha_{初M}$ 的成分会从 M 点变到 F 点，并脱溶出 β_{II} 使其相对量下降，因此需要计算 β_{II} 的析出量。已知脱溶反应伊始，$\alpha_{初M}$ 成分在 M 点，这里可以把其看作是成分为 M 点的合金，冷却到室温由 α 和 β 两相组成（即 $\alpha_{初F} + \beta_{II}$），两相的相对量可由杠杆定律计算，α 相和 β 相的相对量为 $\dfrac{M'G}{FG} \times 100\%$ 和 $\dfrac{FM'}{FG} \times 100\%$。

则室温下 β_{II} 和 $\alpha_{初}$ 在整个合金中的相对量为 $\dfrac{FM'}{FG} \times 100\% \times 27.7\%$ 和 $\dfrac{M'G}{FG} \times 100\% \times 27.7\%$。

不同成分的亚共晶合金，其室温组织组成物相同，但随成分的不同，各组织的相对量不同，越接近共晶成分 E 点的亚共晶合金，共晶体越多；反之，成分越接近 α 相成分 M 点，则初生 α 相越多，相应的 β_{II} 也增加。

上述分析强调了运用杠杆定律计算组织组成物相对量的方法。其关键在于理解各种组织的形成过程，明确冷却过程中各相的成分变化路径，并理解组织和相之间的联系。若为复相组织（如共晶组织），则无法直接运用杠杆定律，这时可以通过计算其母相如液相的相对量来进行计算。

4.3.1.2.4　过共晶合金

成分位于 E, N 两点之间的合金称为过共晶合金。其平衡凝固过程及平衡组织与亚共晶合金相似，只是初生相为 β 固溶体而不是 α 固溶体，脱溶的二次相则为 α_{II}。室温时的组织为 $\beta_{初} + (\alpha+\beta)_{共晶} + \alpha_{II}$，见图 4-25。

综上所述，共晶系合金的平衡凝固可分为两种类型：固溶体合金和共晶型合金。固溶体合金的凝固过程主要为匀晶转变 + 脱溶转变，室温组织为初生固溶体 + 脱溶二次相；

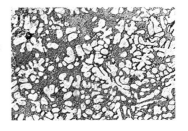

图 4-25　Pb-Sn 合金过共晶组织

成分在共晶线范围内的合金都属于共晶型合金，其凝固时均有共晶转变发生，形成共晶体，室温组织为初生固溶体 + 共晶体 + 脱溶二次相。尽管不同成分的合金具有不同的显微组织，但室温下 FG 范围内的合金组织均由 α 和 β 两个基本相构成。所以，两相合金的显微组织实际上是通过组成相的不同形态，以及其数量、大小和分布等形式体现出来的，由此得到不同性能的合金。

4.3.2 共晶体的形成机制

4.3.2.1 共晶体的形核与长大

和纯金属及固溶体合金的凝固过程一样,共晶转变同样要经历形核与长大过程,由于共晶转变时液相要结晶出两种固相,在形核时两个相中总有一个在先一个在后,首先形核的相叫领先相。Pb-Sn 系中的 α 相为领先相,由于 α 相中的含 Sn 量比液相中的低,则 α 相形核后将排出多余的 Sn,使界面前沿液相中 Sn 组元浓度升高,这就给富 Sn 的 β 相的形核在成分上创造了条件,且 α 相的界面也可作为 β 相形核的基底,促进 β 相的形成,这样就形成共晶两相晶核。而 β 相的形核又要排出多余的 Pb,使界面前沿液相中 Pb 量富集,这又给 α 相的继续形核创造了成分条件,于是两相就交替地形核和长大,构成了共晶组织。

研究表明,共晶体中的两相都不是孤立的,α 片与 α 片、β 片与 β 片分别相互联系,共同构成一个共晶领域,或称为共晶团。这样,两相的交替生长就不需要反复形核,很可能是由图 4-26 所示的"搭桥"方式来形成层片状共晶的。共晶晶核形成后,α 相与 β 相将沿层片纵向长大,并分别向液相中排出 B 和 A 组元,造成两相界面前沿液相成分的不均匀,从而引起液相内的短程扩散,B 组元自液相中 α 相前沿扩散向 β 相前沿,A 组元则从 β 相前沿向 α 相前沿扩散,如图 4-27 中箭头所示。液相中的短程扩散破坏了 α-L 和 β-L 的界面平衡,但又为 α 相与 β 相的继续长大创造了条件,而两相的继续长大,则促使界面恢复平衡,如此循环往复,α 相与 β 相不断长大,最后长成 β 相与 α 相层片相间且每个层片近似平行的共晶领域。在共晶合金凝固过程中,可以形成很多共晶晶核,每个共晶晶核各自长大成一个共晶领域,直至各个共晶领域彼此相遇,液相全部消失为止。

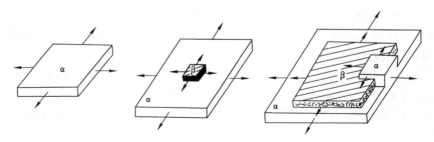

图 4-26　层片状共晶形核的搭桥机制

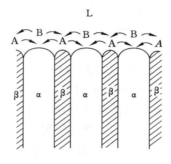

图 4-27　层片状共晶凝固时的横向扩散示意图

4.3.2.2　共晶组织形态

共晶组织的形貌多样,按其中两相的分布形态,可将其大致归类为层片状、棒状(条状或纤维状)、球状、针状和螺旋状等,如图 4-28 所示。图 4-29 是三种常见共晶组织的立体模型。

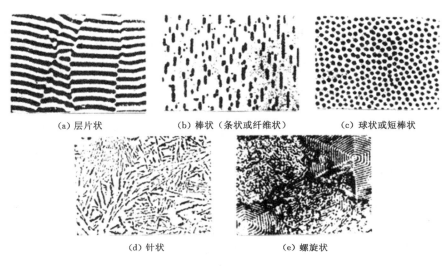

(a) 层片状　　　　(b) 棒状（条状或纤维状）　　　　(c) 球状或短棒状

(d) 针状　　　　　　　　(e) 螺旋状

图 4-28　典型的共晶组织形态

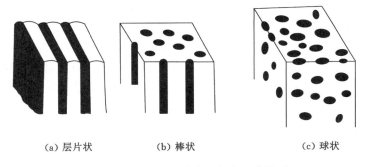

(a) 层片状　　　　　(b) 棒状　　　　　(c) 球状

图 4-29　三种常见共晶组织的立体模型

共晶组织的形貌受多种因素的影响,而共晶体中两个组成相的本质是其形态的决定性因素。与纯金属凝固类似,共晶体的生长形态也与两相的固液界面结构有关。金属的界面为粗糙界面,半金属和非金属为光滑界面,据此可将共晶体区分为金属-金属型、金属-非金属型和非金属-非金属型。

4.3.2.2.1　金属-金属型共晶体(粗糙-粗糙界面)

金属-金属型共晶体大多为规则的层片状或棒状,如 Pb-Cd、Cd-Zn、Zn-Sn、Pb-Sn 等。其具体形貌主要取决于下面两个因素。

(1) 两组成相的体积分数

从热力学角度分析,共晶体中两相的形态和分布,应尽量使它们的界面面积减小,从而使界面能减小。在体积相同的条件下,则界面积小、界面能低的形态在热力学上更为稳定。而界面积大小与组成相的体积分数有关。经过数学推导可知,如果片层间距或棒之间的中

心距离 λ 相同,并且两相中的一相(设为 α 相)体积分数小于 30% 时,有利于形成棒状共晶;反之,有利于形成层片状共晶。

(2) 两相界面的比界面能

由于系统总的界面能由总的界面面积与单位面积界面能(比界面能)的乘积所决定,因此,共晶体形态不仅与不同形态下界面面积的变化有关,并因不同形态下比界面能的变化而异。当共晶的两组成相以一定取向关系互相配合,例如在 Al-CuAl$_2$ 共晶中 $(111)_{Al}$ ∥ $(211)_{CuAl_2}$,$[101]_{Al}$ ∥ $[120]_{CuAl_2}$,这种取向关系,使两相界面上的比界面能降低。但要维持这种有利取向,两相只能以层片状分布。

因此,当共晶中的一相体积分数在 30% 以下时,其形态就要视是降低界面面积还是降低比界面能更有利于降低体系的能量而定。若为前者,倾向于得到棒状共晶;若为后者,将形成层片状共晶,如 Sn-Zn、Pb-Cd 及 Cd-Zn 系的共晶中,体积分数小的一相分别占 8%、15% 和 23%,但仍保持层片状共晶的形态。

4.3.2.2.2　金属-非金属型共晶体(粗糙-光滑界面)

金属-非金属型共晶体常具有复杂形态,表现为树枝状或针片状等,如 Al-Ge、Pb-Sb、Al-Si、Fe-C(石墨)等合金共晶都属于此类。经扫描电镜观察,这类共晶体每个共晶领域内的针或片并非完全孤立,它们也是互相连成整体的。

对于金属-非金属型共晶形态的解释,存在着不同的观点。有人认为,形成这种形貌的原因,可能是由于非金属相具有较高的熔化熵和长大时明显的各向异性,以铝硅合金为例,铝硅共晶体中的硅易于长成以 {111} 晶面族为界面的薄带,因而形成辐射状或花朵状。树枝状共晶形成的另一可能原因是光滑与粗糙两种界面的动态过冷度有明显差异。金属型粗糙界面前沿液相的动态过冷度约为 0.02 ℃,而非金属型光滑界面前沿必须有较大的过冷度(1~2 ℃)才能向前长大,因此金属相将领先形核并超前长大,并可能在液相中向任意方向发展,从而迫使滞后生长的非金属相分枝化或迫使其停止生长,从而得到不规则形态的显微组织。

在金属-金属型共晶中适当加入第三组元,共晶组织可能发生很大变化。例如在 Al-Si 合金中加入少量的钠盐,可使 β(Si) 相细化,分枝增多;在铸铁中加入少量镁和稀土元素,可使片状石墨球化,这种方法称为"变质处理"。变质处理是一种经济、实用的改善共晶合金组织与性能的方法,因此在生产中得到了广泛应用。

4.3.2.2.3　非金属-非金属型共晶体(光滑-光滑界面)

非金属-非金属型共晶属于光滑-光滑界面共晶,两相长大过程难以实现耦合的共生生长,所得到的组织为两相的不规则混合物,这类组织在金属系中比较少见,目前还缺乏深入研究。

4.3.3　共晶系合金的非平衡凝固

4.3.3.1　伪共晶

平衡凝固时,只有共晶成分的液相才能发生共晶转变,任何偏离这一成分的合金,平衡凝固后都不能获得百分之百的共晶组织。然而在非平衡凝固条件下,成分在共晶点附近的亚共晶或过共晶合金,凝固后的组织也可能全部为共晶组织,这种由非共晶成分的合金所得到的共晶组织称为伪共晶,其形态特征与共晶组织完全相同,只是合金成分不同。

伪共晶的形成可由图 4-30 来说明,位于共晶点附近的 I 合金在平衡冷却时,组织为 $\alpha_{初}+(\alpha+\beta)_{共晶}+\beta_{II}$。在非平衡冷却条件下,I 合金如果过冷到 T_1 温度才开始结晶,则

形成 α 初 的过程被抑制。此时的过冷液相既在结晶出 α 相的液相线之下,也位于结晶出 β 相的液相线之下,故同时被 α 和 β 两相所饱和,因此两相将同时结晶,即发生共晶转变,形成伪共晶。实际上,对于具有共晶转变的合金,凡是合金溶液过冷到两条液相线的延长线所包围的影线区(见图 4-30)内才开始凝固的,都能得到伪共晶组织,而在影线区外,则是共晶体加先共晶相的显微组织。该影线区称为伪共晶区。随着过冷度的增加,伪共晶区也扩大。

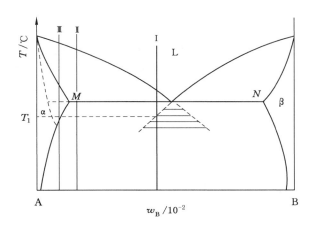

图 4-30　共晶系合金的不平衡凝固

值得注意的是,伪共晶区并不只是简单地由两液相线的延长线所构成,其形状和位置对于不同合金可能有很大差别。若合金中两组元熔点相近,共晶点的位置一般接近共晶线的中间,此时两组成相的生长速度差别不大,因此伪共晶区一般呈图 4-30 中的对称分布;若合金中两组元熔点相差很大,共晶点位置一般偏向低熔点组元,而伪共晶区则偏向高熔点组元一侧,如图 4-31 所示的 Al-Si 合金的伪共晶区。在这种情况下,共晶点附近液相形成以低熔点组元为基的组成相要更加容易,因为其成分更接近液相成分,容易通过扩散而满足其成分起伏条件,因此结晶速度较大。所以,在共晶点偏向低熔点时,为了满足两组成相形成对扩散的要求,伪共晶区的位置必须偏向高熔点相一侧。

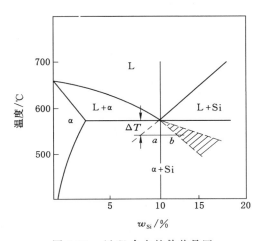

图 4-31　Al-Si 合金的伪共晶区

伪共晶区在相图中的位置和大小,对于正确解释合金中的非平衡组织是非常重要的。例如在 Al-Si 合金中,共晶成分的 Al-Si 合金在快冷条件下得到的组织不是共晶组织,而是亚共晶组织。这种异常现象可由图 4-31 来说明:由于伪共晶区偏向 Si 一侧,共晶成分的过冷液体不会落在伪共晶区,故先结晶出 α 而使液相成分右移至 b 点,再发生共晶转变,因此 Al-Si 共晶合金凝固后得到了亚共晶组织。同理,过共晶成分的 Al-Si 合金则可能得到共晶或亚共晶组织。

4.3.3.2　离异共晶

在先共晶相数量较多而共晶相组织很少的情况下,有时共晶组织中与先共晶相相同的那一相,会依附于先共晶相上生长,剩下的另一相则单独存在于先共晶相晶界处,从而使共晶组织的特征消失,这种两相分离的共晶体被称为离异共晶。离异共晶可以在平衡条件下获得,也可以在非平衡条件下获得。

如图 4-30 中 II 合金为亚共晶合金,其成分偏离共晶点很远,它的共晶转变是在已经存在大量先共晶相的条件下进行的,此时若冷却速度非常缓慢,过冷度很小时,则共晶中的 α 相在已有的先共晶 α 相上长大,要比重新形核再长大要容易得多。这样共晶 α 相易于和先共晶 α 合为一体,而 β 相则存在于 α 相的晶界处。亚(过)共晶合金成分越接近 M 点或 N 点,越易在慢冷时得到离异共晶。

对于 M 点以左的合金 III,在平衡冷却时结晶组织中不可能存在共晶组织,但是在非平衡凝固条件下,匀晶转变形成 α 固溶体时将出现微观偏析,其平均成分将偏离平衡固相线,如图 4-30 中虚线所示。则该合金冷却到固相线时还未结晶完毕,仍剩下少量液体。继续冷却到共晶温度时,剩余液相的成分达到共晶成分而发生共晶转变,形成非平衡共晶组织。但此时的先共晶相数量很多,共晶组织量很少,因此极易形成离异共晶。例如,$w_{Cu}=4\%$ 的 Al-Cu 合金,在铸造状态下,非平衡共晶体中的 α 相有可能依附在初生相 α 上生长,剩下共晶体中的另一相 $CuAl_2$ 分布在晶界或枝晶间而得到离异共晶,如图 4-32 所示。

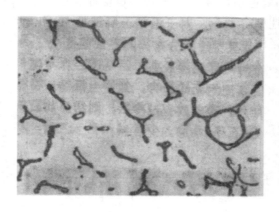

图 4-32　Al-Cu 合金的离异共晶组织(300×)

离异共晶的出现将严重影响材料的性能,应该消除之。对于非平衡凝固所出现的这种组织,在热力学上是不稳定的,可在稍低于共晶温度下进行均匀化退火来消除非平衡共晶组织和固溶体的枝晶偏析,得到均匀单相 α 固溶体组织。

4.4　包晶相图及其合金凝固

4.4.1　相图分析与包晶系合金平衡凝固

两组元在液态无限互溶,在固态时有限互溶,并发生包晶转变的二元合金系所构成的相图称为包晶相图。包晶转变就是已结晶的固相与剩余液相反应形成另一固相的恒温转变。具有包晶相图的二元合金系有 Sn-Sb、Al-Pt、Ag-Sn、Ag-Pt 等,此外,在 Fe-C、Cu-Zn 等复杂二元相图中也包含有包晶转变部分。

4.4.1.1　相图分析

Pt-Ag 相图是典型的二元包晶相图,如图 4-33 所示,相图中的基本相为 L、α 和 β,其中 α 相是 Ag 溶于 Pt 中形成的固溶体,β 相是 Pt 溶于 Ag 中形成的固溶体。图中的点、相线、相区分析如下。

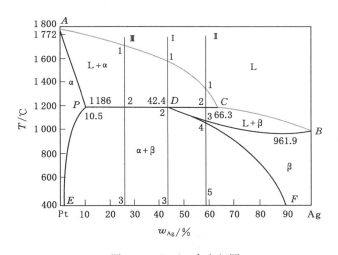

图 4-33　Pt-Ag 合金相图

（1）点

A、B 点:分别代表纯组元 Pt、Ag 的熔点,分别为 1 772 ℃和 961.9 ℃。

C 点:包晶转变时,液相的平衡成分点。

D 点:包晶点,具有该点成分的合金在恒温下发生包晶转变,D 点也是 Pt 在 Ag 中的最大溶解度点。

P 点:Ag 在 Pt 中的最大溶解度点,也是包晶转变时 α 相的平衡成分点。

（2）相线

ACB 是液相线,$APDB$ 是固相线。

PE 是 Ag 在 Pt 为基的 α 固溶体的溶解度曲线,DF 是 Pt 在 Ag 为基的 β 固溶体的溶解度曲线。

水平线 PDC 是包晶转变线,成分在 PDC 范围内的合金在该温度都将发生包晶转变:

$$L_C + \alpha_P \xrightarrow{\ T_D\ } \beta_D$$

（3）相区

单相区：ACB 液相线以上为液相区，APE 线以左为 α 相区，BDF 线右下方为 β 相区。

双相区：有 3 个，即 L＋α、L＋β、α＋β，$ACPA$ 区为 L＋α 相区，$BCDB$ 区为 L＋β 相区，$EPDFE$ 区为 α＋β 相区。

三相线：PDC 包晶线为 L＋α＋β 三相平衡共存区。

4.4.1.2 包晶系合金的平衡凝固

由相图可以看出，成分在 P 点以左、C 点以右的合金，在平衡凝固时不发生包晶转变，其凝固过程与共晶相图中的端际固溶体合金完全相同，因此这里着重分析具有包晶转变合金的平衡凝固过程。

4.4.1.2.1 $w_{Ag}＝42.4\%$ 的 Pt-Ag 合金（合金 I）

由图 4-33 可见，合金自高温液态缓慢冷至与液相线相交的 1 点时，开始结晶出初生相 α。在继续冷却的过程中，α 相逐渐增多，液相量不断减少，α 相和液相的成分分别沿固相线 AP 和液相线 AC 变化。当温度降至包晶反应温度 1 186 ℃时，合金中初生相 α 的成分达到 P 点，液相成分达到 C 点。两相的相对量可由杠杆定律求出：

$$w_L = \frac{PD}{PC} \times 100\% = \frac{42.4 - 10.5}{66.3 - 10.5} \times 100\% \approx 57.2\%$$

$$w_\alpha = \frac{DC}{PC} \times 100\% = \frac{66.3 - 42.4}{66.3 - 10.5} \times 100\% \approx 42.8\%$$

温度 T_D 时，液相 L 和固相 α 发生包晶转变：$L_C + \alpha_P \xrightarrow{T_D} \beta_D$，该合金包晶转变结束时，液相和 α 相正好全部转变为 β 固溶体。继续冷却，由于 Pt 在 β 相中的溶解度随温度降低而沿 PF 线不断减小，将不断从 β 固溶体中析出二次相 α_{II}。因此该合金的室温平衡组织为 $\beta + \alpha_{II}$，其平衡凝固过程如图 4-34 所示。

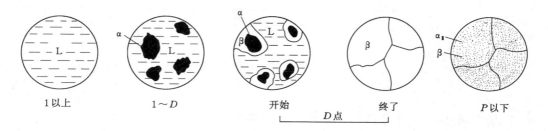

图 4-34　合金 I 的平衡凝固示意图

包晶转变是液相 L_C 和固相 α_P 发生反应而形成新相的过程，这种转变首先发生在 L_C 和 α_P 的相界面上，因此 β 相倾向于依附在 α 相的表面形核并长大，逐渐将 α 相包围起来，故称之为包晶转变。但当 α 相被新生的 β 相包围以后，L 相和 α 相就被 β 相分隔开了，无法直接接触，两相之间的进一步反应只有通过 β 进行原子的互扩散才可以进行。由发生包晶转变时三相的平衡成分可知，对于 Ag 含量，液相＞β 相＞α 相，因此液相中 Ag 原子不断通过 β 相而向 α 相扩散；对于 Pt 含量，α 相＞β 相＞液相，则 α 相中的 Pt 原子以反方向通过 β 相向液相中扩散，这一过程示于图 4-35 中。这样，β 相将不断消耗着液相和 α 相而生长，随着时间延长，β 相越来越厚，扩散距离越来越远，包晶转变也必将越加困难。因此，包晶转变需要花费相当长的时间,直至把液相和 α 相全部消耗完毕为止。

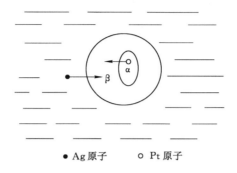

● Ag 原子　　○ Pt 原子

图 4-35　包晶反应时原子迁移示意图

4.4.1.2.2　42.4％＜w_{Ag}＜66.3％ 的 Pt-Ag(合金Ⅱ)

合金Ⅱ在 1～2 点温度范围内发生匀晶转变,析出初始晶 α 相。冷却到 2 点时,发生包晶转变,用杠杆定律可以计算出,合金Ⅱ中的液相的相对量大于包晶转变所需的相对量,所以包晶转变结束后,仍有液相存在。剩余的液相在继续冷却过程中(2～3 点),将按匀晶转变方式继续结晶出 β 相,其成分沿 CB 液相线变化,而 β 相的成分沿 DB 线变化,温度降至 3 点时凝固结束,得到 β 相单相组织,成分为原合金成分。在 3～4 点之间的温度范围内,单相 β 无任何变化。在 4 点以下,随着温度下降,从 β 相中不断地析出 $α_Ⅱ$。因此,该合金的室温平衡组织为 β＋$α_Ⅱ$。合金Ⅱ的平衡凝固过程如图 4-36 所示。

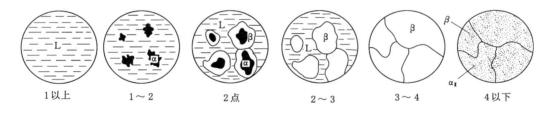

1以上　　　1～2　　　　2点　　　　2～3　　　　3～4　　　　4以下

图 4-36　合金Ⅱ的平衡凝固示意图

4.4.1.2.3　10.5％＜w_{Ag}＜42.4％ 的 Pt-Ag 合金(合金Ⅲ)

合金Ⅲ在包晶反应前的结晶情况与上述情况相似,但包晶转变前合金中 α 相的相对量大于包晶反应所需的量,所以包晶反应后,除了新形成的 β 相外,还有剩余的 α 相存在。包晶温度以下,β 相中将析出 $α_Ⅱ$,而 α 相中析出 $β_Ⅱ$,因此该合金的室温平衡组织为 α＋β＋$α_Ⅱ$＋$β_Ⅱ$,图 4-37 是合金Ⅲ的平衡凝固示意图。

4.4.2　包晶系合金的非平衡凝固

如前所述,包晶转变的产物 β 相包围着初生相 α,使液相与 α 相隔开,阻止了液相和 α 相中原子之间直接地相互扩散,而必须通过 β 相,而固相中原子的扩散比液相中困难得多,这就导致了包晶转变的速度非常缓慢。实际生产中的冷速较快,包晶反应所依赖的固体中的原子扩散往往不能充分进行,导致包晶反应的不完全性,即在低于包晶温度下,将同时存在参与转变的液相和 α 相,剩余的液相在继续冷却过程中可能直接结晶出 β 相或参与其他反

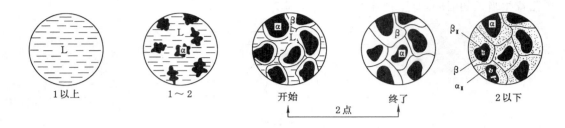

图 4-37　合金Ⅲ的平衡凝固示意图

应,而未转变的 α 相则保留在 β 相的芯部,形成包晶反应的非平衡组织。

图 4-38(a)所示为富 Sn 端的 Cu-Sn 相图,对于 w_{Sn} 为 65% 的 Sn-Cu 合金,若平衡凝固,冷却到 415 ℃时发生 L+ε→η 的包晶转变,剩余的液相 L 冷至 227 ℃又发生共晶转变,所以最终的平衡组织为 η+(η+Sn)_{共晶}。当冷速较快时,将得到如图 4-38(b)所示的非平衡组织,其中保留了相当数量的初生相 ε(灰色),包围它的是 η 相(白色),而外面则是黑色的共晶组织,即为 ε_初+η+(η+Sn)_{共晶},其中的 ε_初即为包晶反应不完全的残留相。

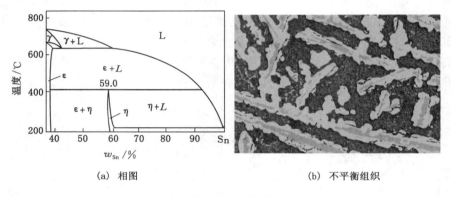

(a) 相图　　　　　　　　　(b) 不平衡组织

图 4-38　Cu-Sn 合金部分相图及其不平衡组织

这种由于包晶转变不完全而产生的组织变化与成分偏析现象,称为包晶偏析,容易出现在包晶转变温度较低的合金中。与非平衡共晶组织一样,包晶转变产生的非平衡组织也可通过扩散退火消除。

4.5　其他类型二元相图

4.5.1　具有其他类型三相平衡恒温转变的相图

4.5.1.1　具有熔晶转变的相图

合金在一定温度下,由一个固相,分解成一个液相和另一个固相,即发生固相的再熔现象,这种转变称为熔晶转变。图 4-39 是具有熔晶转变的 Fe-B 二元相图,含微量硼的 Fe-B 合金在 1 381 ℃时发生熔晶转变,即:

$$\delta \xrightarrow{1\ 381\ ℃} \gamma + L$$

此外,在 Fe-S、Cu-Sb 等合金系中也存在熔晶转变。

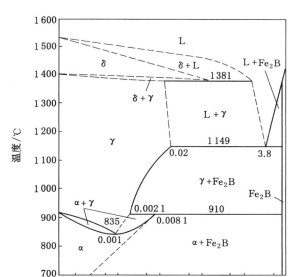

图 4-39　具有熔晶转变的相图

4.5.1.2　具有偏晶转变的相图

偏晶转变是由一个液相 L_1 分解为一个固相和另一成分液相 L_2 的恒温转变。具有偏晶转变的相图,在一定的成分和温度范围内,两组元在液态下也只能有限互溶,存在两种浓度不同的液相 L_1 和 L_2。图 4-40 是 Cu-Pb 二元相图,在 955 ℃发生偏晶转变:

$$L_{0.36} \longrightarrow L_{0.87} + Cu$$

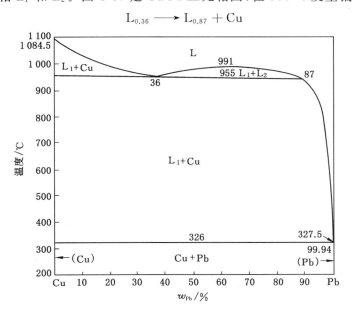

图 4-40　具有偏晶转变的相图

图 4-40 中的 955 ℃等温线称为偏晶线，$w_{Pb}=36\%$ 的成分点称为偏晶点。具有偏晶转变的二元系有 Cu-S、Mn-Pb、Cu-O、Fe-O 等。

4.5.1.3 具有合晶转变的相图

两组元在液态有限互溶，存在不溶合线，不溶合线以下的两个液相 L_1 和 L_2 在恒定温度下相互作用形成一个固相的转变，称为合晶转变。具有这类转变的合金很少，如 Na-Zn，K-Zn等。图 4-41 表明 Na-Zn 系合金在 557 ℃发生合金转变：

$$L_1 + L_2 \xrightarrow{557\ ℃} \beta$$

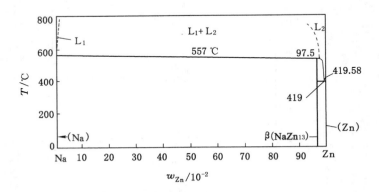

图 4-41 具有合晶转变的相图

4.5.1.4 具有共析转变的相图

类似于共晶转变，共析转变是一个固相在恒温下同时转变为另外两个固相，如图 4-42 所示的 Cu-Sn 相图，该相图存在 4 个共析转变：

$$Ⅳ:\beta \leftrightarrows \alpha + \gamma$$
$$Ⅴ:\gamma \leftrightarrows \alpha + \delta$$
$$Ⅵ:\delta \leftrightarrows \alpha + \varepsilon$$
$$Ⅶ:\zeta \leftrightarrows \delta + \varepsilon$$

共析转变与共晶转变的区别在于它属于固态相变，因此其原子扩散比共晶转变时困难，需要较大的过冷。共析转变组织也是两相交替排列的混合物，但比共晶组织细密。

4.5.1.5 具有包析转变的相图

包析转变相似于包晶转变，但为一个固相与另一个固相反应形成第三个固相的恒温转变。如图 4-42 的 Cu-Sn 合金相图中，有两个包析转变：

$$Ⅷ:\gamma + \varepsilon \leftrightarrows \zeta$$
$$Ⅸ:\gamma + \zeta \leftrightarrows \delta$$

具有包析转变的相图还有 Fe-Sn、Al-Cu、U-Si 等。

4.5.2 形成化合物的二元相图

在某些二元系中，可形成一个或几个化合物，由于它们位于相图中间，故又称中间相。根据化合物的稳定性可分为稳定化合物和不稳定化合物，两类化合物在相图中有着不同的特征。

4.5.2.1 形成稳定化合物的相图

稳定化合物是指有确定的熔点，在熔点以下保持其固有结构而不发生分解，即可熔化成

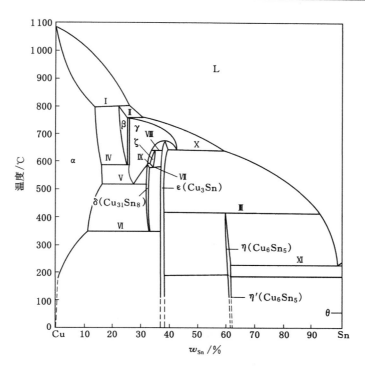

图 4-42　Cu-Sn 相图

与固态相同成分液体的化合物。

对组元没有溶解度的稳定化合物在相图中是一条垂线，它表示该化合物的单相区，这样可把它看作为一个独立组元而把相图分为两个独立部分。图 4-43 是 Mg-Si 相图，在 $w_{Si}=36.6\%$ 时形成稳定化合物 Mg_2Si。它具有确定的熔点（1 087 ℃），熔化后的 Si 含量不变。所以可把稳定化合物 Mg_2Si 看作一个独立组元，把 Mg-Si 相图分成 Mg-Mg_2Si 和 Mg_2Si-Si 两个独立二元相图进行分析。

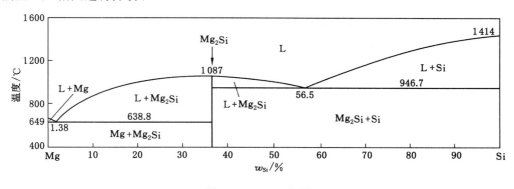

图 4-43　Mg-Si 相图

如果所形成的稳定化合物对组元有一定的溶解度，即形成以化合物为基的固溶体，则化合物在相图中有一定的成分范围，此时，可用对应熔点的虚线（垂线）为界来划分相图。如图 4-44 所示的 Cd-Sb 相图，图中稳定化合物 β 相有一定的成分范围，以该化合物熔点（456 ℃）对应的成分向横坐标作垂线（如图中虚线），可把相图分成两个独立的相图。

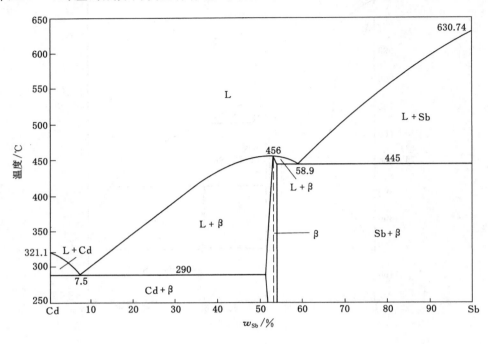

图 4-44　Cd-Sb 相图

具有稳定化合物的二元系还有很多，如 Cu-Mg、Fe-P、Mn-Si、Cu-Th 等，陶瓷系有 Na_2SiO_3-SiO_2、BeO-Al_2O_3、SiO_2-MgO 等。

4.5.2.2　形成不稳定化合物的相图

不稳定化合物没有固定熔点，加热到一定温度便发生分解，形成一个液相和一个固相。如图 4-45 所示 K-Na 合金相图，钠含量 w_{Na} ＝ 54.4％时 K-Na 形成不稳定化合物 KNa_2，其成分固定，故在相图中以一条垂直线表示，实际上它是由包晶转变 L＋Na→KNa_2 得到的。当 KNa_2 被加热到 6.9 ℃，便会分解为成分与之不同的液相和 Na 晶体，所以不稳定化合物不能当作一个独立组元来划分相图。

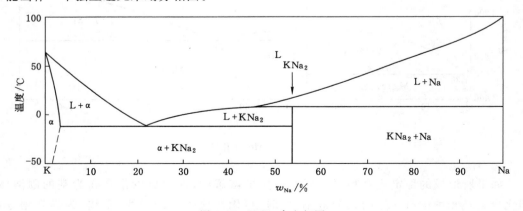

图 4-45　K-Na 合金相图

同样,不稳定化合物也可能有一定的溶解度,则在相图上表现为具有一定成分宽度的区域。如图 4-46 所示的 Cu-Zn 相图中 β、γ、δ、ε 均为不稳定化合物。具有不稳定化合物的其他二元合金相图有 Al-Mn、Be-Ce、Mn-P 等,二元陶瓷相图有 SiO₂-MgO、ZrO₂-CaO、BaO-TiO₂ 等。

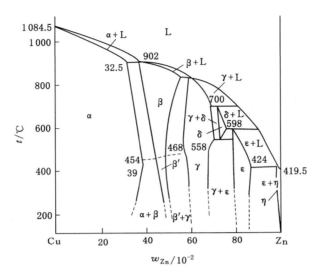

图 4-46　Cu-Zn 相图

4.5.3　具有固态转变的二元相图

许多金属及陶瓷在固态下可以发生转变,前面介绍的共析转变和包析转变即属于固态相变,此外,还有一些常见的固态转变。

4.5.3.1　具有固溶体多晶型转变的相图

当体系中组元具有同素异构转变时,则以组元为基的固溶体也常有同素异构转变。例如图 4-47 所示 Fe-Ti 二元相图中,Fe 和 Ti 在固态均发生同素异构转变,故相图在靠近 Ti 的一边有 β 相(体心立方)→α 相(密排六方)的固溶体多晶型转变;而在靠近 Fe 的一边有 α(体心立方)→γ(面心立方)的固溶体多晶型转变。

4.5.3.2　具有脱溶转变的相图

在共晶和包晶相图中,已经学习了固溶体的脱溶转变,即固溶体常因固溶度随温度降低,而在冷却过程中脱溶析出第二相的过程。如图 4-42 的 Cu-Sn 相图所示,α 固溶体在 350 ℃时具有最大的溶解度:w_{Sn} 为 11.0%,随着温度降低,溶解度不断减小,冷至室温 α 固溶体几乎不固溶 Sn,因此,在 350 ℃以下 α 固溶体在降温过程中要不断地析出 ε 相(Cu₃Sn),这个过程即为脱溶过程。

4.5.3.3　具有有序-无序转变的相图

有些合金在一定成分和一定温度范围内会发生有序-无序转变。

一级相变的无序固溶体转变为有序固溶体时,相图上两个单相区之间应有两相区隔开,如图 4-48 所示的 Cu-Au 相图,w_{Au} 为 51% 的 Cu-Au 合金,在 390 ℃以上为无序固溶体(α),而在 390 ℃以下形成有序固溶体 α′(AuCu₃),除此以外,α″₁(AuCu I)、α″₂(AuCu II)和 α″(Au₃Cu)也是有序固溶体。

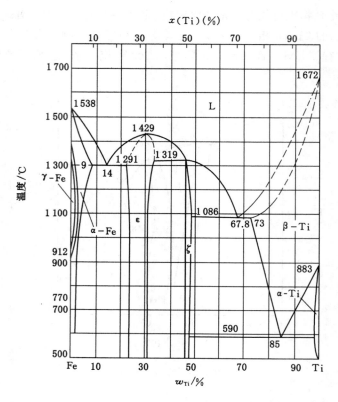

图 4-47　Fe-Ti 合金相图

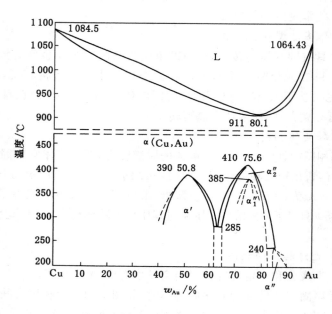

图 4-48　Cu-Au 相图

二级相变的无序固溶体转变为有序固溶体,则两个固溶体之间没有两相区间隔,而用一条虚线或细直线表示,如图 4-42 的 Cu-Sn 相图中,η-η' 的无序-有序转变仅用一条细直线隔开,但也有人认为,该转变属一级相变,两者之间应有两相区隔开。

所谓一级相变,就是新、旧两相的化学势相等,但化学势的一次偏导数不等的相变;而二级相变定义为相变时两相化学势相等,一次偏导数也相等,但二次偏导数不等;即一级相变时有体积效应和热效应,但二级相变没有。可证明,在二元系中,如果是二级相变,则两个单相区之间只被一条单线所隔开,即在任一平衡温度和浓度下,两平衡相的成分相同。

4.5.3.4　具有磁性转变的相图

合金中的某些相会因温度改变而发生磁性转变,磁性转变属于二级相变,固溶体或纯组元在高温时为顺磁性,在 T_c 温度以下呈铁磁性,T_c 温度称为居里温度,在相图上一般以虚线表示。

4.6　二元相图的分析方法

二元相图是研究材料的重要工具,它反映了二元材料的相组成与温度、成分间的关系,利用二元相图可以大致判断合金凝固后的组织与性能。实际的二元合金相图往往线条繁多,看起来非常复杂,但任何复杂相图都是由前述的基本相图组合而成的,只要掌握各类基本相图的特点和转变规律,就能化繁为简。

4.6.1　相图基本形式特点

前述二元相图的基本形式和反应特点见表 4-1。

表 4-1　二元相图的基本形式和反应特点

序号	名称	图形特点	反应特点	合金实例
1	匀晶	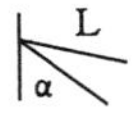	$L \rightarrow \alpha$	Cu-Ni
2	共晶	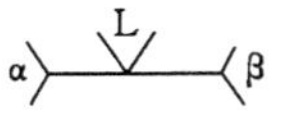	$L \rightarrow \alpha + \beta$	Pb-Sn
3	包晶	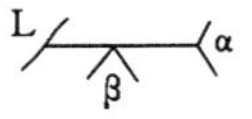	$L + \alpha \rightarrow \beta$	Cu-Zn
4	共析	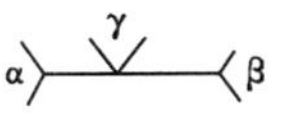	$\gamma \rightarrow \alpha + \beta$	Cu-Al
5	包析	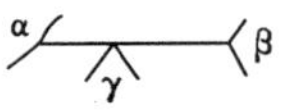	$\alpha + \beta \rightarrow \gamma$	Fe-W
6	偏晶	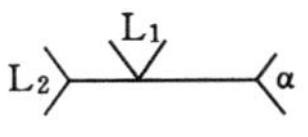	$L_1 \rightarrow L_2 + \alpha$	Cu-Pb

表 4-1(续)

序号	名称	图形特点	反应特点	合金实例
7	合晶	L_1+L_2 / γ	$L_1+L_2\rightarrow\gamma$	Fe-Sn
8	熔晶	γ / α L	$\gamma\rightarrow\alpha+L$	Fe-S
9	单析	γ_2 γ_1 α	$\gamma_1\rightarrow\gamma_2+\alpha$	Al-Zn
10	稳定化合物 不稳定化合物	L A_mB_n α A_mB_n	$L\rightarrow A_mB_n$ $L+\alpha\rightarrow A_mB_n$	

4.6.2 相区接触法则

如前所述,二元相图中的相线将其划分不同的相区,包括有单相区、两相区和三相水平线,这些相区以一定规律进行分布,遵循相区接触法则,即相图中相邻相区的相数目差值与接触几何特征间的关系,有如下规律(常压下):

$$\Delta P=C-n \tag{4-29}$$

式中　ΔP——相邻相区的相数目的差值;

　　　C——组元数;

　　　n——相邻相区接触的维数,如 $n=0$ 时为零维接触(点接触),$n=1$ 时为一维接触(线接触),$n=2$ 时为二维接触(面接触)。

对于二元系($C=2$),可演化出下列规则:

(1) 以点相邻的相区($n=0$),相数差 2;

(2) 以边相邻的相区($n=1$),相数差 1;

(3) 多相区包含相邻相区中的相。

例如二元共晶相图中(图 4-20),三相水平线与三个单相区以点相邻,相数差 2,而该三相区中的三个平衡相即为相邻的三个单相区中的三个相;共晶线还与三个两相区($L+\alpha$,$L+\beta$,$\alpha+\beta$)以边相邻,相数差 1,同时也包含了三个双相区中所有的相。

很多相图往往只标注单相区,而利用相区接触法则,在明确了相图中的单相区后,可以判断其他所有相区中的平衡相组成,因此是分析相图的重要法则。

4.6.3 相图分析步骤

(1) 首先看相图中是否存在稳定化合物,如有,则以稳定化合物为界,把相图分成几个区域进行分析。

(2) 确定单相区。再根据相区接触法则,判断其他相区的平衡相组成。

第4章 二元合金相图及合金凝固

（3）找出三相共存水平线以及与其点接触的三个单相区,从这三个单相区与水平线相互配置位置,可以确定三相平衡转变的性质。由于转变前后成分守恒,可将成分在中间的相单独放在反应式的一边,如果该相为高温相（即相区位于三相水平线上）则为反应物,将其放在反应式的左边,为分解型的三相反应,如共晶转变;如果该相为低温相（即相区位于三相水平线下）则为转变产物,将其放在反应式的右边,进行的是合成型三相反应,如包晶反应。由此则很容易写出三相反应式。表4-1中也列出了二元系各类三相恒温转变的图形,可用以帮助分析。

（4）应用相图分析具体合金随温度改变而发生的相转变和组织变化规律。在单相区,该相的成分与原合金相同;在两相区,不同温度下两相成分分别沿其相界线而变。根据转变温度画出连接线,其两端分别与两条相界相交,再由杠杆法则可求出两相的相对量。三相共存时,三个相的成分是固定的,可用杠杆法则求出恒温转变前、后组成相的相对量。

掌握了以上规律和相图分析方法,就可以对各种相图进行分析,下面以Cu-Sn相图为例进行分析。

图4-49为Cu-Sn二元相图。可以看出,图中只有不稳定化合物,没有稳定化合物,因此无法划分相图。Cu-Sn两个组元可形成7种单相,包括液相L、α相为Cu基固溶体相、γ为Cu_3Sn、δ为$Cu_{31}Sn_8$、ε为Cu_3Sn、ζ为$Cu_{20}Sn_6$、η和η'为Cu_6Sn_5,它们都可固溶一定组元。

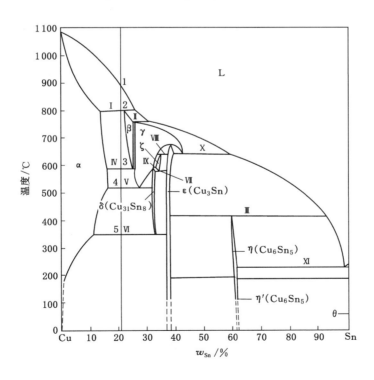

图4-49 Cu-Sn相图

图中共有11条水平线,表示存在下列三相恒温反应:
Ⅰ包晶反应:$L+\alpha \rightarrow \beta$。
Ⅱ包晶反应:$L+\beta \rightarrow \gamma$。

· 101 ·

Ⅲ包晶反应：$L+\varepsilon\rightarrow\eta$。

Ⅳ共析反应：$\beta\rightarrow\alpha+\gamma$。

Ⅴ共析反应：$\gamma\rightarrow\alpha+\delta$。

Ⅵ共析反应：$\delta\rightarrow\alpha+\varepsilon$。

Ⅶ共析反应：$\xi\rightarrow\delta+\varepsilon$。

Ⅷ包析反应：$\gamma+\varepsilon\rightarrow\xi$。

Ⅸ包析反应：$\gamma+\xi\rightarrow\delta$。

Ⅹ熔晶反应：$\gamma\rightarrow L+\varepsilon$。

Ⅺ共晶反应：$L\rightarrow\eta+\theta$。

相图中的垂线所示的 Cu-Sn 合金的平衡结晶过程如图 4-50 所示。分析平衡结晶过程，也可采用"走相区"的方式，如图 4-50 中垂线所示，Cu-Sn 合金从高温液相冷却至室温过程中，将从液相单相区开始，依次穿越多个相区，而每当进入一个新相区（除了单相区），都有新的转变进行，再根据相区特征写出对应的转变，最后写出室温组织，如下所示：

$$L \xrightarrow[L\rightarrow\alpha]{T_1\sim T_2} L+\alpha \xrightarrow[L+\alpha\rightarrow\beta]{T_2} L+\alpha+\beta \xrightarrow[\beta\rightarrow\alpha]{T_2\sim T_3} \alpha+\beta \xrightarrow[\beta\rightarrow\alpha+\gamma]{T_3}$$

$$\alpha+\beta+\gamma \xrightarrow[\gamma\rightarrow\alpha]{T_3\sim T_4} \alpha+\gamma \xrightarrow[\gamma\rightarrow\alpha+\delta]{T_4} \alpha+\gamma+\delta \xrightarrow[\alpha\rightarrow\delta]{T_4\sim T_5}$$

$$\alpha+\delta \xrightarrow[\delta\rightarrow\alpha+\varepsilon]{T_5} \alpha+\delta+\varepsilon \xrightarrow[\alpha\rightarrow\varepsilon]{T<T_5} \alpha+\varepsilon$$

从平衡结晶过程可得出该合金室温下相组成为 $\alpha+\varepsilon$，室温组织则为 $\alpha_{初}+\varepsilon_{II}+(\alpha+\varepsilon)_{共析}$。

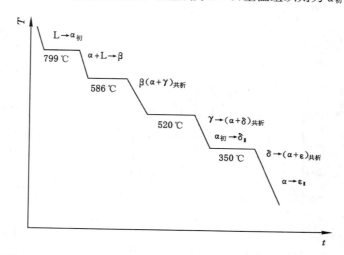

图 4-50 Cu-Sn 合金的冷却曲线及平衡结晶过程（$w_{Sn}=20\%$）

4.6.4 相图与合金性能关系

相图是反映合金成分、组织与温度的关系图，而合金的力学性能及物理性能主要取决于其组成相的本质、相对含量及组织形态，故由相图可以对这些性能进行一定程度的预测。此外，相图还反映了不同合金的结晶特点，所以相图与合金的铸造性能也有一定的联系。因此，利用相图可以大致判断合金的使用性能（力学和物理性能等）和工艺性能（铸造性能，压力加工性能,热处理性能等),对于研究与实际生产有一定的借鉴作用。

4.6.4.1 相图与合金的使用性能

图 4-51 表示了几类基本型二元合金相图与合金力学性能和物理性能之间的关系。如图所示,在匀晶系中,固溶体合金的强度 σ 随溶质组元含量的增加而提高。若 A、B 两组元的强度大致相同,则合金的最高强度出现在 $w_B \approx 50\%$ 处;若其中一个组元强度明显更高,则强度最大值稍偏向强度高的组元一侧。合金塑性的变化规律正好与上述相反,固溶体的塑性随溶质组元含量的增加而降低。强度与塑性的变化规律,正是固溶强化的现象。固溶体合金的电导率 ρ 也随溶质含量增加而上升,这是由于溶质组元的增加,使晶格畸变增加,增大了合金中自由电子的运动阻力。同理,热导率的变化规律与电导率相同。

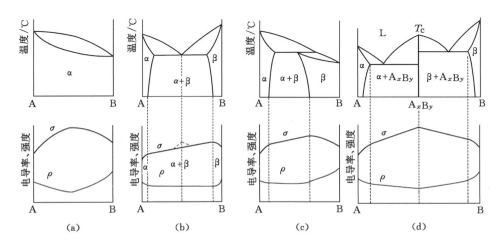

图 4-51 相图与合金硬度、强度及电导率之间的关系

共晶相图和包晶相图的左右端部均为固溶体,其性能与成分间的关系已如前所述,相图的中间部分为两相混合物。由图可见,在平衡状态下,形成两相机械混合物的合金,其性能是两组成相性能的算术平均值,即性能与成分呈线性关系。需要注意的是,由于共晶组织的组成相较为细小分散,特别是出现伪共晶时,其强度和硬度将偏离直线关系而出现峰值,如图 4-51(b)中虚线所示。

当形成稳定化合物(中间相)时,其性能在曲线上出现奇异点(即升高点或降低点),如图 4-51(d)所示。

4.6.4.2 相图与合金的工艺性能

图 4-52 表示了相图与合金铸造性能的关系。合金的铸造性能主要指合金的流动性(即液体充填铸型的能力)和缩孔性。

对于固溶体合金而言,这些性能主要取决于合金相图上液相线与固相线的水平距离与垂直距离,即凝固的成分间隔与温度间隔,这两个间隔越大,合金的流动性越差,因此固溶体合金的流动性比不上纯金属和共晶合金。这是因为具有宽的成分间隔时,固液界面前沿的液体中很容易产生宽的成分过冷区,使整个液体都可以形核,并呈枝晶向四周均匀生长,形成较宽的固液两相混合区,这些树枝晶阻碍了液相的流动;而凝固的温度范围越大,则给树枝晶的长大提供了更多时间,使枝晶粗大且彼此错综交叉,严重妨碍合金流动,由此导致分

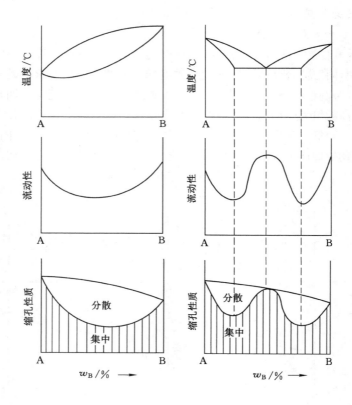

图 4-52　合金的流动性、缩孔性质与相图之间的关系

散缩孔多，合金不致密，而且先后结晶区域易产生成分偏析。因此，单相固溶体合金一般不采用铸造成型，多采用塑性成型。

纯金属和共晶合金都是恒温下凝固，且凝固时各相成分固定，不易产生成分偏析；其中共晶合金具有更低的熔点，所以溶体的流动性好，凝固后容易形成集中缩孔，合金致密，因此，铸造合金宜选择接近共晶成分的合金。

适合压力加工的合金通常是单相固溶体，因为固溶体的强度低、塑性好、变形均匀；而两相混合物强度不同、变形不均匀，变形大时，两相的界面也易开裂，尤其是存在的脆性中间相对压力加工更为不利，因此，需要压力加工的合金通常是取单相固溶体或接近单相固溶体只含少量第二相的合金。

4.7　二元相图应用——铁碳相图

碳钢和铸铁都是铁碳二元合金，也是使用最为广泛的金属材料。铁碳相图是研究钢铁材料的重要工具，掌握铁碳合金相图，对于了解钢铁材料的成分、组织与性能之间关系，制定其热加工与热处理工艺，具有极其重要的意义。

铁碳合金是由过渡族金属 Fe 与非金属元素 C 组成的二元合金，因 C 原子半径小，它与 Fe 组成合金时，能溶入 Fe 的晶格间隙中，与 Fe 形成间隙固溶体。而间隙固溶体只能是有限固溶体,因此当碳含量超过 Fe 的极限溶解度后,C 将与 Fe 形成一系列化合物,即 Fe_3C、Fe_2C、FeC 等。而实际使用的铁碳合金,其碳含量都不超过 6.69%,即为 Fe_3C 的碳含量,这是因为碳含量超过 6.69% 的铁碳合金脆性很大,几乎没有实用价值,并且 Fe_3C 是一个稳定化合物,可以将其看作一个组元,它与 Fe 组成的相图,就是铁碳相图中具有实际意义的部分——$Fe-Fe_3C$ 相图,如图 4-53 所示。

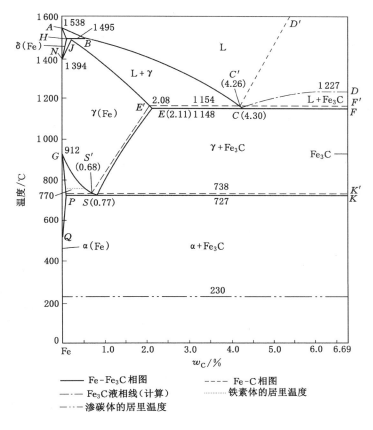

图 4-53　$Fe-Fe_3C$ 相图

4.7.1　基本相

在 $Fe-Fe_3C$ 相图中,铁与碳在液态能无限互溶形成均匀溶体 L,在固态主要形成下列基本相。

4.7.1.1　Fe-C 固溶体

纯铁具有同素异构转变,在 1 538 ℃凝固为体心立方的 δ-Fe;继续冷却,在 1 394 ℃转变为面心立方的 γ-Fe;然后在 912 ℃又转变为体心立方的 α-Fe。碳可固溶于 Fe 的这三种同素异构体中,形成三种不同的固溶体相。

(1)铁素体(α 相)

铁素体是碳溶于 α-Fe 中形成的间隙固溶体,为体心立方晶格,通常用符号 α 或 F 表示。由于 α-Fe 的点阵常数 $a = 0.287$ nm,晶格间隙较小,碳原子溶于 α-Fe 的八面体间隙中,最大固溶度(质量分数)只有 0.021 8%。铁素体为铁磁相,但在居里点 770 ℃(A_2 温度)以上会发生磁性转变成为顺磁相。

（2）奥氏体（γ相）

奥氏体是碳溶入 γ-Fe 中形成的间隙固溶体，通常用符号 γ 或 A 表示。由于 γ-Fe 点阵常数较大（$a=0.366$ nm），且面心立方八面体间隙也较大，γ 相的最大固溶度（质量分数）远高于 α 相，可达 2.11%。奥氏体的强度、硬度较低，塑性、韧性较高，是塑性相，奥氏体具有顺磁性。

（3）高温铁素体（δ 相）

碳在 δ-Fe 中的间隙固溶体也称为铁素体，或称为高温铁素体，通常用符号 δ 表示。尽管结构相同，但 δ-Fe 的点阵常数（$a=0.293$ nm）略大于 α-Fe，因此 δ 的最大固溶度（质量分数）为 0.09%，高于 α 相。

4.7.1.2 渗碳体 Fe₃C

渗碳体是 Fe 与 C 形成的间隙化合物，碳含量为 6.69%，用符号 C_m 表示。渗碳体的晶体结构复杂，属于正交晶系，其点阵常数为：$a=0.4524$ nm，$b=0.5089$ nm，$c=0.6743$ nm。渗碳体是一种稳定化合物，固定熔点为 1227 ℃（计算值），在 230 ℃ 以下具有铁磁性，通常用 A_0 表示这个临界点。渗碳体的性能为硬而脆（HB 约为 800），塑性很差，延伸率接近于零。

由于碳以石墨形式存在时，热力学稳定性高于 Fe₃C，所以渗碳体在一定条件下可以分解为铁和石墨，即 Fe₃C→3Fe＋C（石墨）。因此，铁碳相图可有两种形式：Fe-Fe₃C 亚稳系相图（$w_C=0\%\sim6.69\%$）和 Fe-C 稳定系相图（$w_C=0\%\sim100\%$），为了便于应用，通常将两者碳含量相同的部分画在一起，前者以实线表示，后者以虚线表示，称为铁碳双重相图，无虚线的左端为两个相图所共有，如图 4-53 所示。尽管 Fe₃C 是亚稳相，而石墨是稳定相，但石墨的表面能很高，形核需要克服很高的能垒，因此在通常情况下，铁碳合金是按 Fe-Fe₃C 系进行转变的，故本教材主要介绍 Fe-Fe₃C 相图。

4.7.2 相图分析

4.7.2.1 特性点

Fe-Fe₃C 相图中的特性点列于表 4-2。

表 4-2 Fe-Fe₃C 相图中的特性点

特性点	$T/℃$	$w_C/10^{-2}$	意义
A	1538	0	纯铁的熔点
B	1495	0.53	包晶转变时液相的成分
C	1148	4.30	共晶点
D	1227	6.69	渗碳体的熔点
E	1148	2.11	碳在奥氏体中的最大溶解度（质量分数）
F	1148	6.69	共晶渗碳体的成分点
G	912	0	α-Fe↔γ-Fe 同素异构转变点
H	1495	0.09	碳在 δ 体中的最大溶解度（质量分数）
J	1495	0.17	包晶产物的成分点

表 4-2(续)

特性点	$T/℃$	$w_C/10^{-2}$	意义
K	727	6.69	共析渗碳体的成分点
N	1 394	0	$\gamma\text{-Fe} \leftrightarrow \delta\text{-Fe}$ 同素异构转变点
P	727	0.021 8	碳在铁素体中的最大溶解度(质量分数)
S	727	0.77	共析点
Q	600	0.008	碳在铁素体中的溶解度(质量分数)

4.7.2.2　特性线

Fe-Fe$_3$C 相图中的特性线列于表 4-3。

表 4-3　Fe-Fe$_3$C 相图中的特性线

特性线	名称	特性线的含义
$ABCD$	液相线	AB 是 L 相→(匀晶、冷却)δ 相的开始线 BC 是 L 相→(匀晶、凝固)γ 相的开始线 CD 是 L 相→(匀晶、凝固)Fe$_3$C$_I$ 的开始线
$AHJECF$	固相线	AH 是 L 相→(匀晶、凝固)δ 相的终止线 JE 是 L 相→(匀晶)γ 相的终止线 ECF 是共晶线 L_1→(1 148 ℃)γ_E＋Fe$_3$C
HJB	包晶转变线	$L_B+\delta_H$→(1 495 ℃)γ_J
HN	同素异构转变线	δ 相→γ 相的开始线
JN	同素异构转变线	δ 相→γ 相的终止线
ES	固溶线	碳在 γ-Fe 中的溶解度极限线(A_{cm} 线) γ→(析出)Fe$_3$C$_{II}$
GS	同素异构转变线	γ 相→α 相的开始线(A_3 线)
GP	同素异构转变线	γ 相→α 相的终止线
PSK	共析转变线	γ_s→(727 ℃)α_p＋Fe$_3$C(A_1 线)
PQ	固溶线	碳在 α-Fe 中的溶解度极限线 γ→(析出)Fe$_3$C$_{III}$
770 ℃ 虚线	磁性转变线	A_2 线对应的温度为 770 ℃,有如下关系:α 相无磁性线＞A_2 线＞α 相铁磁性线
230 ℃ 虚线	磁性转变线	A_0 线对应的温度为 230 ℃,有如下关系:Fe$_3$C 无磁性线＞A_0＞Fe$_3$C 铁磁性线

4.7.2.3　相区

（1）单相区

Fe-Fe$_3$C 相图中有 5 个单相区:$ABCD$ 以上——液相区(L)。

$AHNA$——δ 固溶体区(δ)。

$NJESGN$——奥氏体区(γ)。

$GPQG$——铁素体区(α)。

DFK——渗碳体区(Fe$_3$C 或 C$_m$)。

（2）双相区

Fe-Fe$_3$C 相图中有 7 个双相区,它们分别存在于相邻的两个单相区之间。这些两相区分别是:L+δ、L+γ、L+Fe$_3$C、δ+γ、α+γ、γ+Fe$_3$C 及 α+Fe$_3$C。

（3）三相区

Fe-Fe$_3$C 相图中有 3 个三相区,对应于相图中的三条水平线,HJB 线为 L+δ+γ 三相共存,ECF 线为 L+γ+Fe$_3$C 三相共存;PSK 线为 γ+Fe$_3$C+α 三相共存。

3 条三相线代表了 3 个重要的三相恒温转变,即在 1 495 ℃(HJB 线)发生的包晶转变,由 $w_C=0.53\%$ 的液相与 $w_C=0.09\%$ 的 δ 相反应形成 $w_C=0.17\%$ 的 γ 相,其反应式为:$L_B+\delta_H \xrightarrow{1\,495\,℃} \gamma_J$;在 1 148 ℃($ECF$ 线)发生的共晶转变,由 $w_C=4.3\%$ 的液相转变为 $w_C=2.11\%$ 的 γ 相与 Fe$_3$C 组成的共晶体,其反应式为:$L_C \xrightarrow{1\,148\,℃} \gamma_E+Fe_3C$,转变产物被称为莱氏体,用 Ld 表示;在 727 ℃ 发生共析转变,由 $w_C=0.77\%$ 的 γ 相转变为 $w_C=0.021\,8\%$ 的 α 相与 Fe$_3$C 组成的共析组织,其反应式为:$\gamma_S \xrightarrow{727\,℃} \alpha_P+Fe_3C$,转变产物被称为珠光体,用 P 表示。

4.7.2.4 三条重要的固态转变线

（1）GS 线

GS 线又称为 A_3 线,它是奥氏体中开始析出铁素体(降温时)或铁素体全部溶入奥氏体(升温时)的转变线。实际上,GS 线是由 G 点(A_3 点)演变而来,随着碳含量的增加,奥氏体向铁素体的多形性转变温度逐渐下降,使得 A_3 点变成了 A_3 线。

（2）ES 线

ES 线又称为 A_{cm} 线,是碳在奥氏体中的溶解度曲线。当温度低于此曲线,奥氏体中将脱溶析出渗碳体,称为二次渗碳体,用 Fe$_3$C$_{II}$ 表示,以区别于从液体中经 CD 线结晶出的一次渗碳体 Fe$_3$C$_I$。

（3）PQ 线

PQ 线是碳在铁素体中的溶解度曲线。铁素体中的最大溶碳量,在 727 ℃ 达到最大值 $w_C=0.021\,8\%$。随着温度的降低,铁素体的溶碳量逐渐降低,平衡成分沿 PQ 线变化,并脱溶析出渗碳体,称之为三次渗碳体 Fe$_3$C$_{III}$。

4.7.3 典型铁碳合金结晶过程及其组织

铁碳合金通常可按含碳量及其室温平衡组织分为三大类:工业纯铁、碳钢和铸铁。碳钢和铸铁是按有无共晶转变来区分的,无共晶转变即无莱氏体的铁碳合金称为碳钢。碳钢又分为亚共析钢、共析钢及过共析钢;而有共晶转变的称为铸铁。

根据组织特征,将铁碳合金按含碳量划分为 7 种类型:

（1）工业纯铁,$w_C \leqslant 0.021\,8\%$。

（2）共析钢,$w_C=0.77\%$。

（3）亚共析钢,$0.021\,8\% < w_C < 0.77\%$。

（4）过共析钢,$0.77\% < w_C \leqslant 2.11\%$。

（5）共晶白口铸铁,$w_C=4.30\%$。

（6）亚共晶白口铸铁,$2.11\% < w_C < 4.30\%$。

（7）过共晶白口铸铁,$4.30\% < w_C < 6.69\%$。

现从每种类型中选择一个合金来分析其平衡凝固时的转变过程和室温组织,如图 4-54 所示。

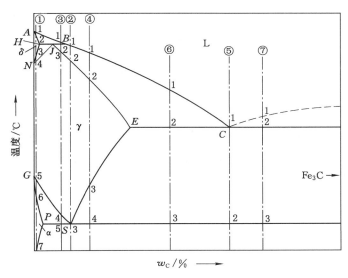

图 4-54　典型铁碳合金冷却时的组织转变过程分析

4.7.3.1　工业纯铁

以 $w_C = 0.01\%$ 的工业纯铁为例,如图 4-54 中合金①所示。合金溶液冷至 1～2 点之间由匀晶转变 L→δ 结晶出 δ 固溶体,2～3 点之间为单相固溶体 δ,从 3 点开始发生多晶型转变 δ→γ,γ 相不断在 δ 相的晶界上形核并长大,直至 4 点结束,合金转变为单相奥氏体。奥氏体冷至 5 点时又发生多晶型转变 γ→α,变为铁素体,同样是在奥氏体晶界上优先形核并长大,直至 6 点转变为单相铁素体。铁素体冷至 7 点以下时,将从铁素体中析出三次渗碳体 Fe_3C_{III}。工业纯铁的结晶过程示意图及室温组织如图 4-55 所示。

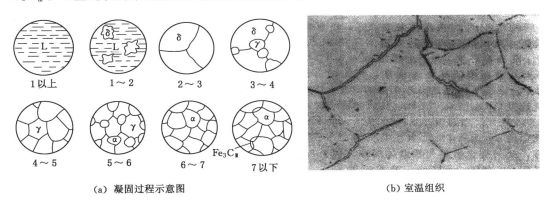

(a) 凝固过程示意图　　　　　　　　　　(b) 室温组织

图 4-55　工业纯铁的凝固过程示意图及室温组织

在室温下,三次渗碳体含量最高的工业纯铁 $w_C = 0.021\,8\%$,其含量可用杠杆定理求出:

$$w_{Fe_3C_{III}} = \frac{0.021\,8}{6.69} \times 100\% \approx 0.33\%$$

4.7.3.2 共析钢

共析钢的碳含量 $w_C = 0.77\%$，合金位置如图 4-54 中②所示。合金溶液冷却到 1 点时发生匀晶转变，结晶出奥氏体，直至 2 点凝固结束，全部转变成单相奥氏体。2～3 点间保持单相奥氏体状态，当温度冷至 3 点温度（727 ℃），在恒温下进行共析转变 $\gamma_{0.77} \rightarrow \alpha_{0.0218} + Fe_3C$，转变产物是铁素体与渗碳体的层片交替重叠的混合物，即珠光体（P），珠光体中的渗碳体称为共析渗碳体。共析转变结束后，温度继续降低，铁素体含碳量沿 PQ 线减少，于是从珠光体中的铁素体析出三次渗碳体 Fe_3C_{III}，但 Fe_3C_{III} 一般与共析渗碳体长在一起无法辨认，其数量也很少，对珠光体的组织和性能几乎没有影响，一般可以忽略不计。所以共析钢的室温组织可以认为是 100% 的珠光体（图 4-56），而相组成为 $\alpha + Fe_3C$，两相相对量可由杠杆定律计算。

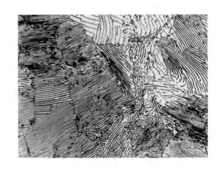

图 4-56　珠光体的光学显微组织

4.7.3.3 亚共析钢

以 $w_C = 0.40\%$ 的亚共析钢为例，见图 4-54 中合金③，其凝固过程示意图如图 4-57 所示。合金在 1～2 点间按匀晶转变 $L \rightarrow \delta$ 结晶出 δ 固溶体，随温度降低，液相成分沿液相线 AB 变化，δ 相成分沿固相线 AH 变化。冷至 2 点（1 495 ℃）时，液相成分为 $w_C = 0.53\%$，δ 相成分为 $w_C = 0.09\%$，两相在恒温下发生包晶反应形成 γ 相（$w_C = 0.17\%$），即 $L_{0.53} + \delta_{0.09} \xrightarrow{\ 1\ 495\ ℃\ } \gamma_{0.17}$。由于该合金的碳含量大于包晶点的成分（0.17%），所以包晶转变结束后，还有剩余液相。2～3 点间，液相继续发生匀晶转变 $L \rightarrow \gamma$ 形成 γ 相，γ 相相对量不断增加，同时 γ 相（包括包晶转变得到的 γ 相和匀晶转变得到的 γ 相）的成分沿着固相线 JE 变化。温度降至 3 点，匀晶转变结束，得到 $w_C = 0.40\%$ 的单相奥氏体组织。3～4 点间，单相奥氏体不变，冷却到 4 点时，开始发生多晶型转变，析出铁素体。随着温度下降，铁素体不断增多，其含碳量沿 GP 线变化，而奥氏体不断减少，其碳含量则沿 GS 线变化。当温度达到 5 点（727 ℃）时，剩余奥氏体的碳含量达到 0.77%，会发生共析转变形成珠光体。在 5 点以下，先共析铁素体中将析出三次渗碳体，但其数量很少，一般可忽略。

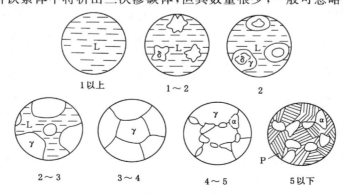

图 4-57　亚共析钢的凝固过程示意图

该亚共析钢的室温组织由先共析铁素体和珠光体组成,如图 4-58(b)所示,其中白色组织为先共析铁素体,黑色组织为珠光体。利用杠杆定律可以计算亚共析钢组织组成物(F+P)的含量,由于珠光体是由 $w_C=0.77\%$ 的奥氏体转变而来,因此其相对量与温度刚达到 5 点时剩余奥氏体的相对量相同。P 的相对量为 $\dfrac{0.4-0.021\,8}{0.77-0.021\,8}\times100\%\approx50.5\%$,剩下 F 的相对量为 $1-50.5\%=49.5\%$。

由上述讨论结合相图可见,$0.17\%<w_C<0.53\%$ 的亚共析钢的平衡凝固过程都与合金③一致,而 $0.53\%<w_C<0.77\%$ 的亚共析钢,平衡凝固时不发生包晶转变;所有亚共析钢的室温组织均由铁素体+珠光体组成,不同的是,钢的碳含量越高,组织中的珠光体越多。图 4-58 给出了 $w_C=0.20\%$、$w_C=0.45\%$ 和 $w_C=0.60\%$ 的亚共析钢的显微组织,清晰地呈现了这一变化规律。

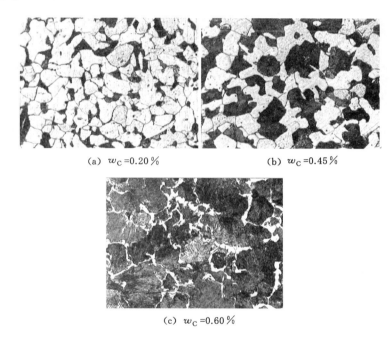

(a)　$w_C=0.20\%$　　　　　　　(b)　$w_C=0.45\%$

(c)　$w_C=0.60\%$

图 4-58　亚共析钢的室温组织

4.7.3.4　过共析钢

以 $w_C=1.2\%$ 的过共析钢为例,见图 4-54 中合金④,其凝固过程示意图如图 4-59 所示。合金在 1 点开始发生匀晶转变形成奥氏体,冷至 2 点获得单相奥氏体组织。2～3 点之间,单相奥氏体的成分结构不变,为简单冷却过程。冷却到 3 点时,与固溶线 ES 相交,奥氏体碳含量达到过饱和,开始发生脱溶转变,沿奥氏体晶界析出二次渗碳体,故二次渗碳体一般呈网状分布,又称网状渗碳体。随脱溶转变的进行,奥氏体相对量逐渐减少,其碳含量沿 ES 线逐渐降低,冷至 4 点温度(727 ℃)时,剩余奥氏体的 w_C 降至共析成分 0.77%,这部分奥氏体进而发生恒温下的共析转变。忽略珠光体中三次渗碳体的析出,最后得到的室温组织为网状的二次渗碳体和珠光体,如图 4-60 所示。

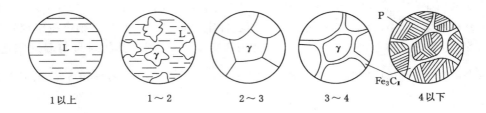

图 4-59　过共析钢平衡凝固过程示意图

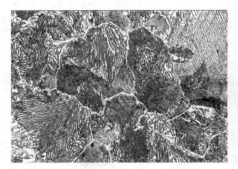

(a)　硝酸酒精浸蚀,白色网状相为二次渗碳体,　　　(b)　苦味酸钠浸蚀,黑色为二次渗碳体,
　　　暗黑色为珠光体　　　　　　　　　　　　　　　　浅白色为珠光体

图 4-60　含碳 1.2% 的过共析钢缓冷后的组织

4.7.3.5　共晶白口铸铁

共晶白口铸铁的碳含量 $w_C = 4.3\%$,见图 4-54 中合金⑤,其凝固过程示意图如图 4-61(a)所示。合金溶液冷至 1 点(1 148 ℃)时,发生共晶转变:$L_{4.30} \rightarrow \gamma_{2.11} + Fe_3C$,形成莱氏体,莱氏体中的 Fe_3C 被称为共晶渗碳体,莱氏体中的 γ 相被称为共晶奥氏体。继续冷却至 1~2 点间,共晶奥氏体的含碳量沿 ES 线逐渐下降,过饱和的碳以二次渗碳体的形式脱溶析出,它通常依附在共晶渗碳体上而不能分辨。当温度降至 2 点(727 ℃)时,共晶奥氏体的碳含量降至共析点成分 0.77%,此时在恒温下发生共析转变,形成珠光体。忽略 2 点以下冷却时析出的 Fe_3C_{III},最后得到的组织是珠光体分布在共晶渗碳体的基体上,称为室温莱氏体,又叫变态莱氏体用 Ld' 表示。室温莱氏体保持了原莱氏体的形态特征,只是共晶奥氏体已转变为珠光体,如图 4-61(b)所示,其中白色基体是共晶渗碳体,黑色部分是由共晶奥氏体转变而来的珠光体。

4.7.3.6　亚共晶白口铸铁

以 $w_C = 3.0\%$ 的亚共晶白口铸铁为例,见图 4-54 中合金⑥,其凝固过程示意图如图 4-62(a)所示。合金溶液在 1~2 点发生匀晶转变 L→γ 形成初晶(或先共晶)奥氏体,此时液相成分按 BC 线变化,而奥氏体成分沿 JE 线变化。当温度降至 2 点(1 148 ℃)时,液相成分达到共晶点 $C(w_C = 4.3\%)$,此时发生共晶转变 $L_{4.30} \xrightarrow{1\ 480\ ℃} \gamma_{2.11} + Fe_3C$,形成莱氏体。冷至 2~3 点温度区间,奥氏体(包括初晶奥氏体和共晶奥氏体)中析出二次渗碳体,奥氏体的碳含量随之沿 ES 线降低。当温度到达 3 点(727 ℃)时,所有奥氏体的成分都到达 S

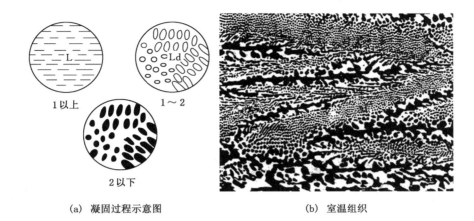

(a)　凝固过程示意图　　　　　　　　　(b)　室温组织

图 4-61　共晶白口铸铁的凝固过程示意图及室温组织

点，然后在恒温下发生共析转变成为珠光体。所有亚共晶白口铸铁的凝固过程都与该合金相同，采用"走相区"方式对亚共晶白口铸铁的凝固过程分析如下：

$$\mathrm{L} \xrightarrow[\mathrm{L} \to \gamma]{T_1 \sim T_2} \mathrm{L} + \gamma \xrightarrow[\mathrm{L} \to \gamma + \mathrm{Fe_3C}]{T_2} \mathrm{L} + \gamma + \mathrm{Fe_3C} \xrightarrow[\gamma \to \mathrm{Fe_3C_{II}}]{T_2 \sim T_3} \gamma + \mathrm{Fe_3C} \xrightarrow[\gamma \to \alpha + \mathrm{Fe_3C}]{T_3} \gamma +$$

$$\mathrm{Fe_3C} + \alpha \xrightarrow[\alpha \to \mathrm{Fe_3C_{III}}]{T < T_3} \alpha + \mathrm{Fe_3C}$$

图 4-62 是该合金的室温组织，即 $\mathrm{Ld'} + \mathrm{P} + \mathrm{Fe_3C_{II}}$，图中树枝状及卵状的大块黑色部分是由初晶奥氏体转变成的珠光体，仍保留了初晶奥氏体的枝晶特征；其余部分为变态莱氏体；由先共晶奥氏体中析出的二次渗碳体依附在共晶渗碳体上而难以分辨。

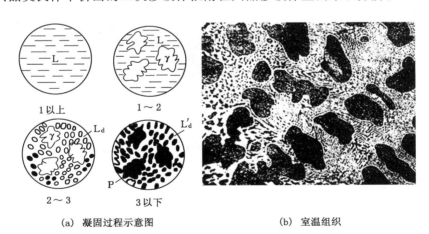

(a)　凝固过程示意图　　　　　　　　　(b)　室温组织

图 4-62　亚共晶白口铸铁的凝固过程示意图及室温组织

根据杠杆定律计算 $w_\mathrm{C} = 3.0\%$ 的亚共晶白口铸铁的组织组成物的相对量，由前述分析已知，在共晶转变结束后，该合金组织为 $\mathrm{A_{初}} + \mathrm{Ld}$，其中初晶奥氏体的相对量为 $\dfrac{4.3 - 3.0}{4.3 - 2.11} \times$

$100\% \approx 59.4\%$，莱氏体的相对量为 $\dfrac{3.0-2.11}{4.3-2.11} \times 100\% \approx 40.6\%$。

之后从初晶奥氏体中析出二次渗碳体，其相对量为 $\dfrac{2.11-0.77}{6.69-0.77} \times 59.4\% \approx 13.4\%$，则剩余的初晶奥氏体相对量为 $59.4\%-13.4\%=46\%$。

因此最终室温组织中珠光体相对量与剩余初晶奥氏体的量相同为 46%，变态莱氏体相对量与莱氏体一致为 40.6%，二次渗碳体相对量则为 13.4%。

4.7.3.7 过共晶白口铸铁

以 $w_C=5.0\%$ 的过共晶白口铸铁为例，见图 4-54 中合金⑦，其凝固过程示意图如图 4-63(a) 所示。合金溶液冷至 1～2 点之间发生匀晶转变 $L \rightarrow Fe_3C_I$，凝固出长条状的一次渗碳体，随着 Fe_3C_I 的析出，剩余液相碳含量沿液相线 DC 线下降。温度降至 2 点时，液相成分到达共晶点 D 并发生共晶转变，之后转变同共晶白口铸铁的转变过程相同。过共晶白口铸铁的室温组织为一次渗碳体和变态莱氏体（Fe_3C_I+Ld'），如图 4-63(b) 所示。其他成分过共晶白口铸铁具有相同的转变过程，不同的是，随碳含量增加，室温组织中一次渗碳体相对量增加。

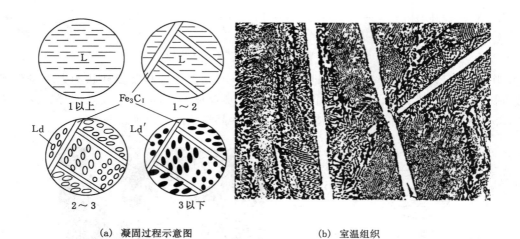

|（a） 凝固过程示意图|（b） 室温组织|

图 4-63　过共晶白口铸铁的凝固过程示意图及室温组织

4.7.4　碳含量对铁碳合金组织和性能的影响

4.7.4.1 碳含量对平衡组织的影响

根据以上对各类铁碳合金平衡凝固过程的分析，可将 $Fe-Fe_3C$ 相图中的相区按组织加以标注，如图 4-64 所示。随着碳含量的增加，铁碳合金的室温组织发生以下的变化：

$$\alpha+Fe_3C_{III} \rightarrow \alpha+P \rightarrow P \rightarrow P+Fe_3C_{II} \rightarrow P+Fe_3C_{II}+Ld' \rightarrow Ld' \rightarrow Ld'+Fe_3C_I$$

从相组成的角度来看，室温下铁碳合金的平衡组织均由铁素体和渗碳体两相所组成。随含碳量升高，铁素体的相对量从 100% 下降至零，而渗碳体量则从 0% 直线上升至 100%，两相的形态也随之发生变化。对于铁素体，有大块游离状的先共析铁素体和层片状的共析铁素体；渗碳体则表现出更加丰富的形态，随碳含量的增加，其形态变化为：

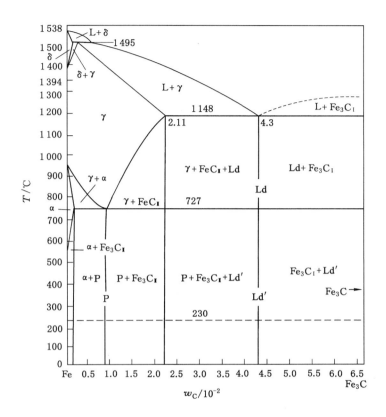

图 4-64　按组织分区的铁碳合金相图

$$\text{Fe}_3\text{C}_{\text{III}}(\text{薄片状}) \rightarrow \text{共析 Fe}_3\text{C}(\text{层片状}) \rightarrow \text{Fe}_3\text{C}_{\text{II}}(\text{网状}) \rightarrow \text{共晶 Fe}_3\text{C}(\text{连续基体}) \rightarrow$$
$$\text{Fe}_3\text{C}_{\text{I}}(\text{粗大条状})$$

4.7.4.2　碳含量对性能的影响

碳含量对钢的力学性能的影响,主要是通过改变显微组织及其组织中各组成相的相对量及形态分布来实现的。前面已经提到,铁素体为软韧相,渗碳体是硬脆相,珠光体是由铁素体和渗碳体两相组成的机械混合物,细片状的渗碳体分布在铁素体基体上,起到了强化作用,因此其强度比铁素体高,而塑性和韧性比渗碳体高,而且珠光体的强度随珠光体的层片间距减小而提高。

图 4-65 显示了碳含量对退火碳钢(近平衡态)力学性能的影响。由图可见,随碳含量的增加,钢的硬度(布氏硬度,HBS)增加,但塑性(延伸率 δ,断面收缩率 φ)、韧性(冲击韧性 A_{h})降低,这说明硬脆相渗碳体量的增加,对这三个性能产生了显著影响。而强度(强度极限 σ_{b})随碳含量的增加呈现先增后减的变化趋势,在碳含量 w_{C} 接近 1% 时强度达到峰值。这主要是由于渗碳体的形态变化所致,当 $w_{\text{C}} < 1\%$ 时,渗碳体主要以片状共析渗碳体形式分布在铁素体基体上,起到了较好的强化相作用,因此渗碳体越多,合金的强度越高;当 $w_{\text{C}} > 1\%$ 后,过共析钢中的 $\text{Fe}_3\text{C}_{\text{II}}$ 逐渐沿晶界形成连续网状分布,严重破坏了铁素体的连续性,使钢的脆性大大增加,强度则明显下降;当渗碳体成为连续基体后(白口铸铁),则合金变得硬而脆。

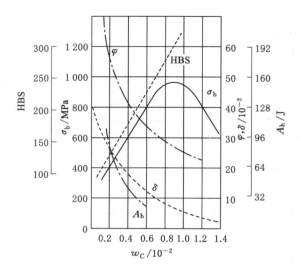

图 4-65　碳含量对退火碳钢力学性能的影响

4.8　合金凝固理论应用——铸锭(件)的组织与偏析

　　生产实际中,液态合金在一定几何形状与尺寸的铸模中直接凝固成型的制品,称为铸件,而铸造后还要进行塑性加工的称为铸锭。对于铸件来说,铸态的组织直接影响它的力学性能;对于铸锭来说,铸态组织直接影响它的加工性能,并间接影响最终制品的力学性能。因此,研究合金铸件(或铸锭)的宏观组织特征,对于大部分合金制品的性能与质量都具有重要的意义。

4.8.1　铸锭(件)的宏观组织

　　金属和合金凝固后的晶粒一般较为粗大,通常是宏观可见的,图 4-66 为不同铸造条件下工业纯铝铸锭的宏观组织,可以清晰地观察到铸锭组织的形貌特征。

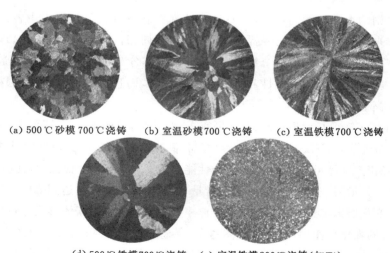

(a) 500℃砂模 700℃浇铸　　　(b) 室温砂模 700℃浇铸　　　(c) 室温铁模 700℃浇铸

(d) 500℃铁模 700℃浇铸　　　(e) 室温铁模 800℃浇铸(加 Ti)

图 4-66　不同铸造条件下工业纯铝铸锭的宏观组织

图 4-67 是铸锭的典型宏观组织示意图,铸锭的晶粒组织通常由 3 个区域组成:最外层由非常细小的等轴晶粒组成,称为表层细晶粒区;接着细晶区生长的是垂直于模壁、长而粗的柱状晶区;中心部分也是由等轴晶组成,但是比表层等轴晶要粗大,称为中心等轴晶区。三个晶区的形成原因,可以根据凝固理论进行解释。

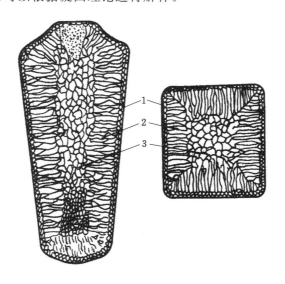

1—表层等轴细晶区;2—柱状晶区;3—中心等轴粗晶区。

图 4-67　铸锭的 3 个晶区示意图

4.8.1.1　表层等轴晶区

当液态金属注入温度远低于其熔点的铸模后,由于模壁温度低,与模壁接触的很薄一层溶液产生强烈过冷,而且模壁可作为非均匀形核的基底,因而可以大量形核,并迅速长大至互相接触,形成由细小等轴晶粒组成的表层细晶区。

4.8.1.2　柱状晶区

随着"细晶区"外壳形成,型壁被溶液加热而不断升温,使剩余液体的冷却变慢,并且由于结晶时释放潜热,故细晶区前沿液体的过冷度减小,形核变得困难。凝固的继续进行,只有依靠细晶区中现有的晶体向液体中生长,但只有一次轴(即生长速度最快的晶向)垂直于模壁(散热最快方向)的晶体才能得到优先生长,而其他取向的晶粒,由于受邻近晶粒的限制而不能发展,因此,这些晶体将垂直模壁择优生长而形成比较粗大的柱状晶区。由于这些平行柱状晶的取向几乎完全一致,如立方晶系的各柱状晶的长轴方向为⟨100⟩方向,这种晶体学位向一致的铸态组织称为"铸造织构"或择优取向。

纯金属凝固时,结晶前沿的液体具有正的温度梯度,无成分过冷区,故柱状晶前沿大致呈平面状生长。对于合金来说,当柱状晶前沿液相中有较大成分过冷区时,柱状晶便以树枝状方式生长,但是,柱状树枝晶的一次轴仍垂直于型壁,沿着散热最快的反方向生长。

4.8.1.3　中心等轴晶区

柱状晶生长到一定程度,随着固相层增厚,向外散热的速度逐渐减慢,使剩余液相中的温差逐渐减小,会出现溶液温度整体降至熔点以下的情况,这将有利于液相中形成新的晶核。另一方面,在柱状晶生长阶段,由于固液界面前沿液相中溶质原子的富集,引起成分过冷,且成分过冷区随柱状晶的发展而不断向溶液中心延伸,进一步促进中心区晶核的大量形成并向各方向生长而成为等轴晶,这样就阻碍了柱状晶的发展,形成中心等轴晶区。

需要指出的是,中心区等轴晶晶核的来源,也可能是由于枝晶局部重熔所产生的仔晶。当合金铸锭的柱状晶呈树枝状生长时,枝晶的二次晶通常在根部较细,这些"细颈"处发生局部重熔(由于温度的波动)使二次轴成为碎片,漂移到液体中心,成为"仔晶"而长大成为中心等轴晶。还有一种情况,是激冷层中的枝晶被液体对流冲刷,可能将某些细晶带入中心液体,作为仔晶而生长成为中心等轴晶。

4.8.2 铸锭(件)宏观组织的性能及控制

4.8.2.1 铸锭(件)中3个典型晶区的性能特点

铸锭中的3个典型晶区,因组织形态上的差异,使其性能上有明显的不同。其中表层等轴细晶区组织致密晶粒细小,故具有良好的力学性能,但由于细晶区层总是很薄,对铸件性能影响不大。对于柱状晶区,由于柱状晶彼此之间界面平直,组织非常致密,可以利用此特点来提高合金的力学性能;但两组相邻柱状晶的交界面处却是脆弱面,常聚集易熔杂质和非金属夹杂物,所以铸锭轧制时极易沿这些脆弱面开裂,或铸件在使用时也易在这些地方断裂。

中心等轴晶区由于在结晶时没有择优取向,各方向上的力学性能基本均匀一致,但由于各个等轴晶在生长过程中互相交叉,有可能形成许多封闭小区,当封闭小区内的液体结晶收缩时,由于得不到外界液体的补充,就形成了很多微小的缩孔(缩松),导致等轴晶区的组织比较疏松,但不存在柱状晶中的"脆弱面",因此中心等轴晶具有较好的热加工性能。

4.8.2.2 铸锭(件)宏观组织的控制

所谓铸锭组织的控制,主要是对柱状晶区和中心等轴晶区进行控制。对于塑性较好的铝合金一类有色金属铸锭,希望获得致密的柱状晶组织;而对塑性较差的合金(例如钢铁材料),则要求获得等轴晶区,而尽量避免柱状晶区;在铸件中,一般都希望得到主要由细小的中心等轴晶构成的组织。不同的浇铸条件可使铸锭件的晶区结构有所变化,甚至可使其中一个或两个晶区完全消失,如图4-66所示,不同铸造条件下工业纯铝铸锭具有完全不同的晶区结构。

要获得大的柱状晶区,关键是液相中不要出现大的成分过冷区,以避免液相中心的形核,这需要在结晶过程中保持较大的温度梯度,生产上经常采用导热性较好与热容量较大的铸模材料,并增大铸模的厚度以及降低预热温度,都可以增大柱状晶区。此外,熔化温度和浇铸温度越高,液态金属的过热度越大,非金属夹杂物熔解越多,则非均匀形核率越低,有利于柱状晶区的发展。如图4-66(b)、图4-66(c)所示,将工业纯铝在700 ℃浇铸到室温的砂模中时,铸锭中心保留了等轴晶区,而浇铸到室温的铁模中,则得到完全的柱状晶组织(穿晶)。

要获得等轴晶区,关键是提高液相中各处的形核率。对于较小尺寸的铸件,可以选择冷却能力大的铸模,这样整个铸件都可以在很大的过冷度下结晶,处处形核,不但抑制柱状晶的生长,而且促进等轴晶区的发展。如连续浇铸时,采用水冷结晶器,就可以使铸锭全部获得细小的等轴晶粒。对于较大的铸件,采用低的熔化温度和浇铸温度,在液态金属浇铸前加入有效的形核剂或进行搅动等均可增加液态金属的形核率,阻碍柱状晶区生长,促进中心等轴晶区的发展。如图4-66(e)所示,在工业纯铝中加入Ti作为形核剂后,虽然是浇铸到室温铁模中,但依然得到了细小的等轴晶组织。

4.8.3　铸锭(件)中的偏析

合金铸件在不同程度上均存在着偏析,这是由合金结晶过程的特点所决定的。对于正常凝固,总是含溶质量少的液体先凝固,后凝固的液相中溶质和杂质的含量越来越多,导致先凝固与后凝固部位的成分不均匀,产生成分偏析。如前所述,偏析有宏观偏析和微观偏析两种,其中微观偏析可以用扩散退火的方法来消除,但宏观偏析不能,故本节仅讨论宏观偏析。

宏观偏析又称区域偏析。宏观偏析按其所呈现的不同现象又可分为正常偏析、反偏析和比重偏析 3 类。

4.8.3.1　正常偏析(正偏析)

讨论固溶体合金凝固时曾指出,当合金的分配系数 $k_0<1$ 时,先凝固的外层中溶质含量较后凝固的内层为低,因此合金铸件中心含溶质浓度较高的现象是凝固过程的正常现象,这种偏析称为正常偏析。

正常偏析的程度与铸件大小、冷速快慢及结晶过程中液体的混合程度有关。一般大件中心部位正常偏析较大,这是最后结晶部分,因而溶质浓度高,有时甚至会出现不平衡的第二相,如碳化物等。正常偏析一般难以完全避免,它的存在对铸件力学性能的均匀性有一定的影响,使铸件性能不良。随后的热加工和扩散退火处理也难以根本改善,故应在浇铸时采取适当的控制措施。

4.8.3.2　反偏析

反偏析与正偏析恰好相反,即在 $k_0<1$ 的合金铸锭中,在其表层的一定范围内先凝固的外层溶质含量反而比后凝固的内层高,如图 4-68(a) 所示。目前认为反偏析形成的主要原因与铸模中心的液体倒流有关:某些合金树枝晶沿其树枝主干方向长大较快,凝固形成的树枝晶细而长,当树枝晶主干已经延伸到液体纵深处时,因已凝固部分的收缩,在枝晶之间产生空隙和负压,使铸模中心富集溶质的溶液被吸至铸锭外层,因此凝固后形成反偏析,如图 4-68(b) 所示。通常相图上液相线和固相线间隔大,凝固时收缩较大的铝、镁、铜等合金容易产生反偏析。由于高浓度液相的熔点较低,Cu-Sn 合金铸件凝固时往往在表面出现"锡汗"现象,这就是反偏析的结果。

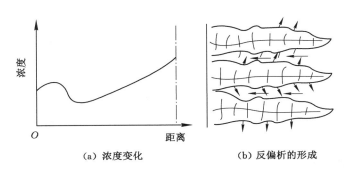

(a) 浓度变化　　　　　　(b) 反偏析的形成

图 4-68　反偏析示意图

扩大铸件内中心等轴晶带,阻止柱状晶的发展,使富集溶质的液体不易从中心排向表层;减少液体中的气体含量等都是一些控制反偏析形成的途径。

4.8.3.3 比重偏析

比重偏析是由于合金凝固时形成的初生相与液相之间密度相差悬殊,轻者上浮,重者下沉,从而导致铸锭(件)上下成分不均匀的一种宏观偏析。这种宏观偏析主要存在于共晶系和偏晶系合金中,并在缓慢冷却的条件下产生。

例如 Cu-Pb 合金在 955 ℃发生偏晶转变 $L_{w_{Pb}=0.36} \xrightarrow{955\ ℃} L_{w_{Pb}=0.87} ＋Cu$,生成的 Cu 晶体因密度较小而上浮。凝固后的铸锭上部分含 Cu 多,下部分含 Cu 少,形成比重偏析。铸铁中的石墨漂浮也是一种比重偏析。

防止或减轻比重偏析的方法有:增大铸件的冷却速度,使初生相来不及上浮或下沉;或者加入第三种合金元素,形成熔点较高的,密度与液相接近的树枝晶化合物在结晶初期形成树枝骨架,以阻挡密度小的相上浮或密度大的相下沉。如在 Cu-Pb 合金中加入 Ni 或 S(形成高熔点的 Cu-Ni 固溶体或 Cu_2S)能有效地防止比重偏析。

4.9 相图热力学基础

相图通常是通过大量的实验测定后绘制出来的,但其理论基础却是热力学,合金在平衡状态下相的状态,包括相的数目及相成分,都由热力学条件决定,所存在稳定的相的状态是系统吉布斯自由能最低的状态。因此,掌握相图热力学的基本原理,对于正确理解分析和应用相图具有重要意义。

4.9.1 单相溶体的自由能-成分曲线

溶体是指两种以上组元形成的均匀单相物质,如液溶体和固溶体。溶体的吉布斯自由能比纯金属更为复杂,不仅随温度变化,而且因成分而不同。设在某温度 T 时,B 原子溶入 A 原子中形成 1 mol 溶体,其吉布斯自由能 G_m 的一般表达式为:

$$G_m = H_m - TS_m \tag{4-30}$$

两组元在混合前,系统总的吉布斯自由能为:

$$G_0 = H_0 - TS_0 \tag{4-31}$$

则 A、B 组元混合形成溶体时引起的自由能变化为:

$$\Delta G_m = G_m - G_0 = \Delta H_m - T\Delta S_m \tag{4-32}$$

式中,$\Delta H_m = H_m - H_0$,为混合焓;$\Delta S_m = S_m - S_0$,为混合熵。由式(4-32)可得出溶体的吉布斯自由能为:

$$G_m = G_0 + \Delta H_m - T\Delta S_m \tag{4-33}$$

即溶体的吉布斯自由能由三部分组成:① 两个纯组元在混合前的总吉布斯自由能 G_0;② 混合焓引起的吉布斯自由能变化 ΔH_m;③ 混合熵引起的吉布斯自由能变化 ΔS_m。这三项均与成分有关。

4.9.1.1 理想溶体的自由能

如果是理想溶体,由于形成时没有热效应,故热焓的增量 $\Delta H_m = 0$,则理想溶体的吉布斯自由能:

$$G_m = G_0 - T\Delta S_m \tag{4-34}$$

对于 G_0,设 A 组元的摩尔分数为 x_A,B 组元的摩尔分数为 x_B,$x_A + x_B = 1$;G_A 和 G_B 分别

为纯 A 和纯 B 组元在温度 T 时的摩尔自由能。则两组元在混合前的总的吉布斯自由能为：

$$G_0 = x_A \cdot G_A + x_B \cdot G_B \tag{4-35}$$

ΔS_m 为混合熵，即形成溶体后系统熵的增量，由熵的统计热力学定义：$S = k \ln W$，ΔS_m 可以表示为：

$$\Delta S_m = S_m - S_0 = k \ln W_m - k \ln W_0 \tag{4-36}$$

式中 W_m——溶体中 N_A 个 A 原子和 N_B 个 B 原子互相混合的任意排列方式的总数目。

则有：

$$W_m = \frac{N!}{N_A N_B!} \tag{4-37}$$

式中 N——原子总数，$N = N_A + N_B$。由于所讨论的为 1 mol 溶体，即 $N = N_0$（阿伏加德罗常数）。

W_0 指混合前原子排列的可能方式的总数，由于混合前 A、B 原子都是同类原子的排列，只有一种排列方式，即 $W_0 = 1$，故：

$$S_0 = k \ln W_0 = 0 \tag{4-38}$$

将式（4-37）、式（4-38）式代入式（4-36）可得：

$$\Delta S_m = k \ln \frac{N!}{N_A! \ N_B!} = k \ln \frac{(N_A + N_B)!}{N_A! \ N_B!} \tag{4-39}$$

按斯特林公式：$\ln x! = x \ln x - x$ 简化上式可得：

$$\begin{aligned} \Delta S_m &= -(N_A + N_B)k\left(\frac{N_A}{N_A + N_B}\ln\frac{N_A}{N_A + N_B} + \frac{N_B}{N_A + N_B}\ln\frac{N_B}{N_A + N_B}\right) \\ &= -R(x_A \ln x_A + x_B \ln x_B) \end{aligned} \tag{4-40}$$

式中 R——气体常数，$R = N_0 k$。

将式（4-35）、式（4-40）代入式（4-34），即得理想溶体的吉布斯自由能：

$$G_m = x_A \cdot G_A + x_B \cdot G_B + RT(x_A \ln x_A + x_B \ln x_B) \tag{4-41}$$

由式可得理想溶体的自由能-成分曲线，如图 4-69 所示。图中虚直线显示了 A、B 组元混合前系统自由能 G_0 与成分关系，虚曲线反映了 $-T\Delta S_m$ 与成分关系，两者叠加即得温度 T 时理想溶体的自由能与成分关系曲线（图 4-69 中实曲线），该曲线具有抛物线下凹形状。当温度升高时，G_A、G_B 将降低，即 G_0 会降低；$-T\Delta S_m$ 也同时降低；则理想溶体的自由能曲线随温度的升高而下降，形状不变。

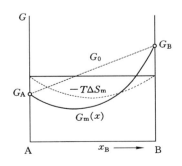

图 4-69 $\Delta H_m = 0$ 时二元溶体的吉布斯自由能-成分曲线

　　稀薄固溶体一般可以作为理想溶体来考虑。一般而言,溶质的微量增加对内能的影响很小,但却可以使熵值显著增加。这意味着两组元间相互完全不溶解的情况是很难存在的,同时也说明纯物质是很难得到的。

4.9.1.2　实际溶体的自由能

　　实际溶体一般都偏离理想情况,即 A、B 组元混合时会产生热效应。对于 A、B 组元相互作用引起的混合熵 ΔH_m,若忽略混合时的体积变化,则混合时熵的变化主要反映在内能的变化上,而内能的变化是由最近邻原子的结合能的变化所引起的,有:

$$\Delta H_m = \Omega x_A x_B \tag{4-42}$$

式中　Ω——A、B 原子相互作用参数,与原子间的结合能有关。

$$\Omega = N_0 Z \left(\varepsilon_{AB} - \frac{\varepsilon_{AA} + \varepsilon_{BB}}{2} \right) \tag{4-43}$$

式中　Z——配位数(计算时只考虑最近邻的原子);

　　　　ε——原子对间的结合能(<0,越低说明该原子对结合越稳定)。

　　则实际溶体的吉布斯自由能为:

$$G_m = G_0 + \Delta H_m - T\Delta S_m = x_A \cdot G_A + x_B \cdot G_B + \Omega x_A x_B + RT(x_A \ln x_A + x_B \ln x_B) \tag{4-44}$$

因 Ω 值不同,决定了 ΔH_m 不同,对应的固溶体中原子分布特征不同,有以下三种情况。

　　(1) $\Delta H_m = 0$

　　$\Omega = 0$,$\Delta H_m = 0$,说明异类 A-B 原子对的结合能与同类 A-A 和 B-B 原子对的平均结合能相同($\varepsilon_{AB} = \frac{\varepsilon_{AA} + \varepsilon_{BB}}{2}$)。即 A、B 两种原子混乱、随机任意排列,其能量不变,因此易形成无序固溶体,其自由能-成分曲线特征与理想溶体相同。

　　(2) $\Delta H_m < 0$

　　$\Omega < 0$,$\Delta H_m < 0$,即 A、B 组元混合形成溶体时会放热,说明异类 A-B 原子对的结合能比同类 A-A 和 B-B 原子对的平均结合能更低($|\varepsilon_{AB}| > \left| \frac{\varepsilon_{AA} + \varepsilon_{BB}}{2} \right|$),异类原子间的结合更为稳定。溶体中异类原子相互吸引,易于形成短程有序甚至长程有序的固溶体,或者是形成金属间化合物。

　　$\Delta H_m < 0$ 时二元溶体的吉布斯自由能-成分曲线如图 4-70 所示,与无序固溶体相比,G_0 曲线及 $-T\Delta S_m$ 曲线相同,仅增加一条代表 ΔH_m 的下凹曲线,三条曲线叠加后得到的 $G_m(x)$ 曲线,仍然为抛物线下凹曲线。

　　(3) $\Delta H_m > 0$

　　$\Omega > 0$,$\Delta H_m > 0$,即 A、B 两种原子混合形成溶体时需要吸热,说明异类 A-B 原子对的结合能比同类 A-A 和 B-B 原子对的平均结合能更高($|\varepsilon_{AB}| < \left| \frac{\varepsilon_{AA} + \varepsilon_{BB}}{2} \right|$),同类原子间的结合更为稳定。因此易发生同类原子的偏聚,形成偏聚固溶体,甚至有分解成两种固溶体的倾向。

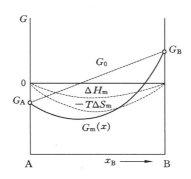

图 4-70　$\Delta H_m < 0$ 时二元溶体的吉布斯自由能-成分曲线

$\Delta H_m > 0$ 时溶体的自由能-成分曲线如图 4-71 所示,当 $\Delta H_m > 0$ 时,溶体的自由能-成分曲线为波浪形,曲线上出现两个极小值,说明在两个极小值成分范围内的合金都要分解为两个成分不同的固溶体。

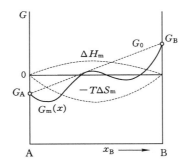

图 4-71　$\Delta H_m > 0$ 时二元溶体的吉布斯自由能-成分曲线

4.9.2　双相合金的吉布斯自由能

已知某 A-B 二元合金,在温度 T 时由 α 和 β 两相组成,已知两相平衡成分分别为 x_α 和 x_β,两相的摩尔吉布斯自由能分别为 G_α 和 G_β,而两相相对量分别为 w_α 和 w_β($w_\alpha + w_\beta = 1$),可由杠杆定律求出,则该合金的成分为:

$$x = x_\alpha \cdot w_\alpha + x_\beta \cdot w_\beta \tag{4-45}$$

合金的摩尔吉布斯自由能为:

$$G_m = G_\alpha \cdot w_\alpha + G_\beta \cdot w_\beta \tag{4-46}$$

由上两式可得:

$$\frac{G_m - G_\alpha}{x - x_\alpha} = \frac{G_\beta - G_m}{x_\beta - x} \tag{4-47}$$

式(4-47)表明,合金的摩尔吉布斯自由能 G_m 应和两组成相 α 和 β 的摩尔吉布斯自由能 G_α 和 G_β 在同一直线上,如图 4-72 所示。

在温度 T 下,已知 α、β 两相的自由能-成分曲线如图 4-73 所示。对于成分为 x 的合金,若以单相 α 存在,则其自由能为 G_1;若以单相 β 存在,则其自由能为 G_2;若以 α、β 两相共存,则其自由能可由两相自由能连接线与表示合金成分 x 的垂线交点确定。显然,G_1 和 G_2 能量较高,系统不稳定,只有以两条曲线公切线切点成分的 α 与 β 两相共存时,合金体系的吉布斯自由能 G_m 最低,为平衡状态。

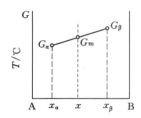

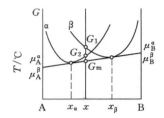

图 4-72　两相混合物的自由能　　　　　图 4-73　两相平衡的自由能-成分曲线

因此,二元系中的自由能-成分曲线,不仅可以表示各种相态的稳定性,而且当形成多相平衡时,可以利用这些曲线来确定各种相态存在的成分范围及多相平衡时各相的平衡成分。例如图 4-73 中,当二元系的成分 $x_\alpha < x < x_\beta$,即合金成分位于两条曲线公切线的两公切点之间时,以切点成分的 α 与 β 两相共存时体系能量最低,两相平衡成分不变,两相相对量随合金的成分 x 而变,可由杠杆定律求出;当二元系的成分位于两公切点以外时,为单相组织,当 $x \leqslant x_\alpha$ 时,α 固溶体的摩尔吉布斯自由能低于 β 固溶体,故 α 相为稳定相,即体系处于单相 α 状态;当 $x \geqslant x_\beta$ 时,β 相的摩尔吉布斯自由能低于 α 相,则体系处于单相 β 状态。

4.9.3　相平衡的公切线法则

在温度 T 下,α 相的自由能-成分曲线如图 4-74 所示,成分为 x 的 α 相自由能为 $G(x)$,过该点作自由能曲线的切线,切线两端分别与两个纵轴相交于 P、Q 两点,P 点在 A 组元纵轴上的截距代表 A 组元在 α 相(成分为 x)中的化学位 μ_A^α,而 Q 点在 B 组元纵轴上的截距代表 B 组元在 α 相(成分为 x)中的化学位 μ_B^α。即:$G(x) = x_A \mu_A^\alpha + x_B \mu_B^\alpha$,$x_A$、$x_B$ 分别代表 A、B 组元的含量,$x_A + x_B = 1$。

如前所述,合金系中相平衡的热力学条件是每个组元在各相中的化学位相等。在二元系中,当两相(如 α 相和 β 相)平衡时,热力学条件为 $\mu_A^\alpha = \mu_A^\beta$,$\mu_B^\alpha = \mu_B^\beta$ 即两组元分别在两相中的化学势相等,因此,两相平衡时的成分由两相自由能-成分曲线的公切线所确定,如图 4-73 所示。

同理,A-B 二元合金系在一定温度 T 下,可处于三相平衡(如 L、α 和 β 相),其相平衡热力学条件为:A、B 组元在三相中的化学位相等,$\mu_A^L = \mu_A^\alpha = \mu_A^\beta$,$\mu_B^L = \mu_B^\alpha = \mu_B^\beta$。作 L、$\alpha$ 和 β 三相吉布斯自由能曲线的公切线,公切点成分的三相平衡即可满足此热力学条件。如图 4-75 所示,公切线在代表 A 组元的纵轴上截出 P 点,代表 A 组元在 L 相、α 相和 β 相中的化学位,显然 $\mu_A^L = \mu_A^\alpha = \mu_A^\beta$;公切线在代表 B 组元的纵轴上截出 Q 点,代表 B 组元在 L 相、α 相和

β 相中的化学位,显然 $\mu_B^L = \mu_B^a = \mu_B^\beta$。由公切线的 3 个切点可确定平衡相 L、α 和 β 的成分 x_L、x_a 及 x_β。所有成分在 x_a 和 x_β 之间的合金在温度 T 下,都可达到 L、α、β 三相平衡;而成分在 x_a 和 x_β 之外的合金,无法作三相公切线,故无法达到三相平衡。

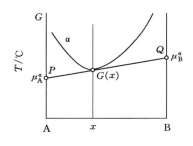 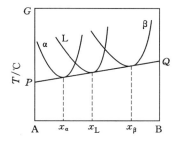

图 4-74　由切线确定 α 相中两组元的化学粒　　图 4-75　二元系中三相平衡时的自由能-成分曲线

这种当系统为多相平衡时,对平衡相的自由能曲线作公切线,求取多相平衡的成分范围及平衡相成分点的方法,被称为公切线法则。

4.9.4　自由能-成分曲线与二元相图

恒温恒压条件下,若已知二元系中各相的吉布斯自由能曲线,即可以根据公切线法则确定该体系中各成分合金的平衡相态及平衡相的成分,然后将它们对应地画在温度-成分坐标系上,分析一系列温度下的自由能-成分曲线,就可以绘制出一个完整的二元相图。

图 4-76 表示由 T_1、T_2、T_3、T_4 及 T_5 温度下液相(L)和固相(α)的自由能-成分曲线求得 A、B 两组元完全互溶的匀晶相图。图 4-77 表示了由 5 个不同温度下 L、α 和 β 相的自由能-成分曲线建立 A-B 共晶相图的过程。

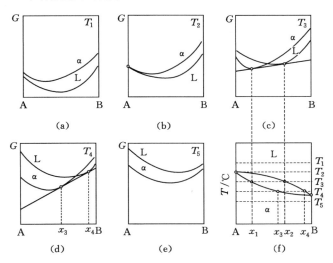

图 4-76　由一系列自由能曲线求得二元匀晶相图

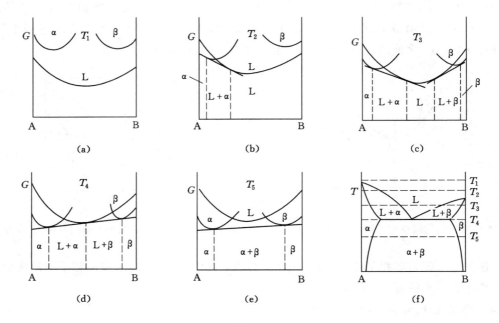

图 4-77 由一系列自由能-成分曲线求得二元共晶相图

第 5 章 三 元 相 图

实际应用的金属材料或陶瓷材料,大多由两种以上的组元构成。如 Fe-C-Cr、Al-Mg-Si 三元系合金,以及 Al_2O_3-SiO_2-MgO、Na_2O-CaO-SiO_2 三元系陶瓷。由于第三组元或第四组元的加入,不仅引起组元之间溶解度的改变,而且会因新组成相的出现致使组织转变过程和相图变得更加复杂。因此,研究多元系特别是三元系的成分、温度与相之间的关系非常必要。由于三元以上的相图过于复杂,测定和分析非常不便,故常将多元系作为伪三元系来处理。而对于二元合金,当考虑到杂质元素的影响时,也需作为三元合金考虑。因此,三元相图具有重要的实用价值。

5.1 相图基本知识

5.1.1 三元相图的表示方法

二元系只有一个成分变量,因此只需用一个直线坐标即可表示二元系的所有成分;三元系有三个组元,故有两个成分变量,因此表示成分的坐标轴应为两个,构成了浓度平面。表示三元系成分的点则位于两个坐标轴所限定的三角形内,这个三角形称为成分三角形或浓度三角形。通常采用等边三角形、等腰三角形及直角三角形等。

5.1.1.1 等边浓度三角形

如图 5-1 所示,等边三角形的三个顶点 A、B、C 分别表示 3 个纯组元对应的点;三边表示对应的二元合金成分,AB 代表 A-B 二元合金,BC 表示 B-C 二元合金,CA 表示 C-A 二元合金,各组元成分沿顺时针方向增加;位于三角形内的任一点都代表一个三元合金。

在等边三角形内任取一点 O,O 点成分确定方法为:过 O 作 A 点对边 BC 的平行线,与代表 A 组元含量的 CA 边交于 a 点,$Ca = x_A$,代表了 O 合金中 A 组元的质量分数。同理,过 O 点顺次引 CA 和 AB 的平行线段 Ob 和 Oc,可得 B,C 组元的质量分数 x_B、x_C。根据等边三角形的性质有 $Oa + Ob + Oc = AB = BC = CA = 100\%$,由此可确定三元合金中三组元的成分。反之,也可由已知三元合金的成分,找出其在浓度三角形中的相应位置。

5.1.1.2 等边浓度三角形中的特殊线

在等边浓度三角形中有下列具有特殊意义的线:

(1)平边线等浓度关系

平行于等边三角形某一边的直线(平边线)上的任一点,都含有等量的对面顶点组元。如图 5-2 所示,平行于 AC 边的 ef 线上的所有三元合金含 B 组元的质量分数都相等,$x_B = Ae$。

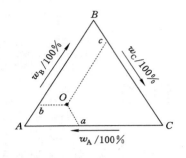

图 5-1　等边浓度三角形

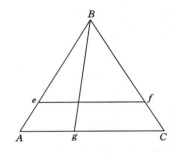

图 5-2　等边浓度三角形中的特殊线

（2）顶角线等比浓度关系

浓度三角形中某一顶点与其对边上任一点连线上的合金，所含此线两旁的另两顶点所代表的两组元含量的比值相等。如图 5-2 中 Bg 线上的所有三元合金含 A 和 C 两组元的质量分数的比值相等，$w_A/w_C=Cg/Ag$。

这两类直线对分析相图和测定相图都有较重要的实际意义，且在其他浓度三角形中也同样适用。

5.1.1.3　其他浓度三角形

5.1.1.3.1　等腰浓度三角形

等边浓度三角形应用较广，其优点是成分标尺处处都是一致的。但当三元系中某一组元含量较少，而另两个组元含量较多时，合金成分点将落到靠近等边三角形某一边的狭长带上，应用起来不方便。为了使该部分相图能清晰地表示出来，可将成分三角形两腰放大，成为等腰三角形。如图 5-3 所示，由于成分点 O 靠近底边，所以在实际应用中只取等腰梯形部分即可。O 点合金成分的确定与前述等边三角形的求法相同，即过 O 点分别作两腰的平行线，交 AC 边于 a、c 两点，则 $w_A=Ca=30\%$，$w_C=Ac=60\%$；而过 O 点作 AC 边的平行线，与腰相交于 b 点，则组元 B 的质量分数 $w_B=Ab=10\%$。

5.1.1.3.2　直角浓度三角形

当三元系成分以某一组元为主（例如 A 组元），其余两个组元含量很低时，合金成分点将靠近浓度三角形某一顶角，此时多采用直角三角形来表示成分，则可使该部分相图清楚地表示出来。一般用直角顶点代表高含量的组元 A，两个互相垂直的直角边即代表其他两个组元的成分，成分读法同一般直角坐标系，从 100% 中减去 B、C 组元的成分之和（x_B+x_C），即得 A 组元的质量分数。如图 5-4 中的 P 点成分为：$w_{Mn}=0.8\%$，$w_{Si}=0.6\%$，$w_{Fe}=100\%-0.8\%-0.6\%=98.6\%$。

5.1.2　相平衡定量法则

在二元系中，运用杠杆定律可以求解平衡两相的相对量；在三元系中也有相平衡定量法则，可以分析材料在不同温度的组成相成分及相对量。

5.1.2.1　直线法则

在一定温度下三元系两相平衡时，材料的成分点和两个平衡相的成分点必然位于成分三角形内的一条直线上，该规律称为直线法则。下面用直角成分三角形对这一法则进行

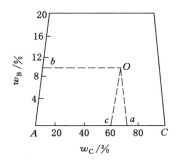

图 5-3 等腰浓度三角形

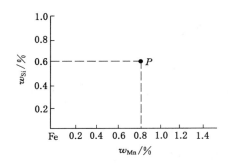

图 5-4 直角浓度三角形

证明。

如图 5-5 中,成分点为 O 的合金在一定温度下处于 $\alpha+\beta$ 两相平衡状态。α 相及 β 相的成分点分别为 a 及 b。由图中可读出合金 O,α 相及 β 相中 B 组元含量分别为 Ao_1、Aa_1 和 Ab_1;C 组元含量分别为 Ao_2、Aa_2 和 Ab_2。设此时 α 相的质量分数为 w_α,则 β 相的质量分数为 $(1-w_\alpha)$。α 相与 β 相中 B 组元质量之和及 C 组元质量之和应分别等于合金中 B、C 组元的质量。由此可以得到

$$Aa_1 \cdot w_\alpha + Ab_1 \cdot (1-w_\alpha) = Ao_1$$
$$Aa_2 \cdot w_\alpha + Ab_2 \cdot (1-w_\alpha) = Ao_2$$

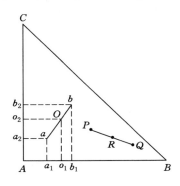

图 5-5 直线法则与杠杆定律示意图

移项整理得

$$w_\alpha(Ab_1 - Aa_1) = Ab_1 - Ao_1$$
$$w_\alpha(Ab_2 - Aa_2) = Ab_2 - Ao_2$$

上、下两式相除得

$$\frac{Ab_1 - Aa_1}{Ab_2 - Aa_2} = \frac{Ab_1 - Ao_1}{Ab_2 - Ao_2} \text{ 即 } \frac{a_1 b_1}{a_2 b_2} = \frac{o_1 b_1}{o_2 b_2}$$

这是解析几何中三点共线的关系式。由此证明 O、a、b 三点必在一条直线上。同样可证明,以等边三角形作成分三角形时,上述关系依然存在。

5.1.2.2 杠杆定律

由直线法则的推导中还可导出：

$$w_\alpha = \frac{Ab_1 - Ao_1}{Ab_1 - Aa_1} = \frac{o_1 b_1}{a_1 b_1} = \frac{Ob}{ab}, w_\beta = \frac{Oa}{ab}$$

即在三元系中，当合金处于两相平衡时，两相的相对量符合杠杆定律，反比于其成分线段，此即三元系中的杠杆定律。

由直线法则及杠杆定律可作出下列推论：已知成分的 P、Q 合金，熔配成新合金 R，其成分必在 PQ 连线上，且在质量重心上（见图 5-5）；当给定材料在一定温度下处于两相平衡状态时，若其中一相的成分给定，另一相的成分点必在两已知成分点连线的延长线上；若两个平衡相的成分点已知，材料的成分点必然位于此两个成分点的连线上。

5.1.2.3 重心定律

根据相律，三元系处于三相平衡时，自由度为1。因此在给定温度下这三个平衡相的成分应为确定值。合金成分点应位于三个平衡相的成分点所连成的三角形内，且在重量重心上。如图 5-6 所示，R 为合金的成分点，其组成相 α、β、γ 的成分点分别为 P、Q、N，设合金质量为 W_R，三相质量分别为 W_α、W_β、W_γ，则有如下关系：

$$W_\alpha \cdot RP = W_\beta \cdot RQ = W_\gamma \cdot RN$$

$$W_R \cdot RP = W_\alpha \cdot Pp, W_R \cdot Rq = W_\beta \cdot Qq, W_R \cdot Rn = W_\gamma \cdot Nn$$

三相的相对量分别为：$w_\alpha = \dfrac{W_\alpha}{W_R} = \dfrac{Rp}{Pp}, w_\beta = \dfrac{W_\beta}{W_R} = \dfrac{Rq}{Qq}, w_\gamma = \dfrac{W_\gamma}{W_R} = \dfrac{Rn}{Nn}$

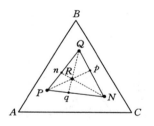

图 5-6　重心定律示意图

重心定律证明如下：计算 R 合金中各相相对含量时，可先把 α 和 β 相混合成一个新合金 n，根据直线法则，新合金 n 的成分点应在 PQ 线上，且在质量重心上。然后再把这个新合金 n 和 γ 相混合成合金 R，则合金 R 必然在 nN 线上，且在质量重心上，因此 R 点正好位于 $\triangle PQN$ 的质量重心上，按直线法则可求出 γ 相的相对量为 $w_\gamma = Rn/Nn$，同理可求出其余两相的相对量。

5.1.3 相区接触法则

三元相图中的相区接触法则，仍由 $\Delta P = C - n$（ΔP 为相邻相区的相数目的差值；C 为组元数；n 为相邻相区接触的维数）得出：

（1）以点相邻的相区（$n=0$），相数差3；

（2）以边相邻的相区（$n=1$），相数差2；

（3）以面相邻的相区（$n=2$），相数差 1；

（4）多相区包含相邻相区中的相。

在三元立体相图中，相邻的相区大多彼此以面为界，相区中相的数目差等于 1。而在等温截面图和垂直截面图上这些相区则彼此以边为界。因此，任何单相区总是和两相区以面相邻；两相区不是和单相区相邻，就是和三相区相邻；而四相区一定和三相区相邻，这可在图 5-18、图 5-19 和图 5-20 中清楚地看到。相区接触法则是理解三元相图构成，分析三元合金平衡结晶过程的重要工具。

5.2 三元匀晶相图

三个组元在液态和固态均能完全互溶，这样的三元相图称为三元匀晶相图。

5.2.1 立体图

图 5-7 为三元匀晶相图的立体模型，A、B、C 三组元组成的浓度三角形和温度轴构成了相图的框架，为一个三棱柱体。由于这三个组元在液态和固态都彼此完全互溶，所以立体图三个侧面均为二元匀晶相图。在三棱柱体内，以 3 个二元系的液相线作为边缘构成的向上凸的空间曲面是三元系的液相面，它表明不同成分的合金开始凝固的温度；以 3 个二元系的固相线作为边缘构成的下凹空间曲面是三元系的固相面，它表明不同成分的合金凝固终了的温度。由这一对空间曲面在三棱柱体内部分隔出若干相区，液相面以上的区域为液相区（L），固相面以下的区域为固相区（α），液相面与固相面之间为液固两相平衡区（L+α）。液相面与固相面为一对共轭曲面：即由液相和 α 固溶体达到平衡时一一对应的成分点共同组成的曲面。

5.2.2 截面图

匀晶相图是最简单的三元相图，即便如此，也是由一系列空间曲面所构成，故很难在纸面上清楚而准确地描绘出液相面和固相面的曲率变化，更难确定各个合金的相变温度。如果是复杂的三元系相图，则完全不可能做到这些。使三元相图能够实用的办法是使之平面化。

三元相图之所以为立体模型，是因为它反映的是三个变量之间的关系。如果能设法"减少"一个变量，使之只反映两个变量之间的关系，便可成为平面图形。例如可将温度固定，只剩下两个成分变量，所得的平面图表示一定温度下三元系状态随成分变化的规律；也可将一个成分变量固定，剩下一个成分变量和一个温度变量，所得的平面图表示温度与该成分变量组成的变化规律。不论选用哪种方法，得到的图形都是三维空间相图的一个截面，故称为截面图。

5.2.2.1 水平截面（等温截面）

水平截面是平行于浓度三角形在三元立体图形上所取的截面，也叫等温截面。等温截面可表示在恒定温度下，三元系不同成分合金所处相的状态。完整水平截面的外形应该与浓度三角形一致，截面图中的各条曲线是这个温度截面与立体模型中各个相界面相截而得到的相交线，即相界线。

如图 5-7 所示,匀晶相图三组元的熔点分别为 T_A、T_B、T_C,且 $T_A > T_B > T_C$。作温度 $T(T_A > T > T_B)$ 下的水平截面 $A'B'C'$ 如图 5-8 所示,该水平面显然已经截到了($L+\alpha$)两相平衡区,与液相面和固相面的交线分别为 ab 和 cd。立体相图中的液固共轭面在水平截面中表现为一对共轭线,ab 和 cd 分别为液相线和固相线,它们把这个水平截面划分为液相区 L、固相区 α 和液固两相平衡区 $L+\alpha$,两相区中的直线为不同成分的合金在温度 T 时两平衡相成分的连接线。

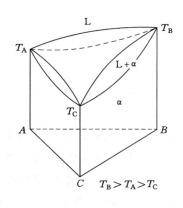

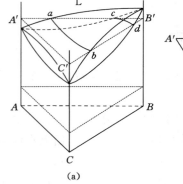

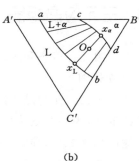

图 5-7　三元匀晶相图立体图　　　　　图 5-8　三元匀晶相图的等温截面图

图中成分为 O 点的合金在此温度下位于 $L+\alpha$ 两相区中,根据相律,三元合金处于两相平衡时自由度 $f = C - P + 1 = 3 - 2 + 1 = 2$。即两相平衡时有两个独立变量,除温度外,还有一个相的成分可变,而不影响平衡。若已知其中一个相的成分,则由直线法则可确定另一个相的成分。图 5-8 中 $x_a x_L$ 连线为两相平衡成分的连接线,O 点位于质量重心上,两相的相对量即可由杠杆定律确定。

实际的三元相图水平截面并非由立体模型截出,而是由实验测定。也只有通过实验才能画出水平截面上两相平衡区中的连接线。使用画有连接线的水平截面,可以求得处于两相平衡状态、已知成分合金中各平衡相的成分及质量分数。使用不同温度下测定的系列等温截面图也可分析给定合金的相转变过程。

5.2.2.2　垂直截面(变温截面)

固定一个成分变量并保留温度变量的截面图,必定与浓度三角形垂直,所以称为垂直截面,或称为变温截面。垂直截面可沿两种成分特性线截取,而实际使用的垂直截面图,一般是根据浓度三角形中的两条特性线,配制一系列合金,再用热分析法分别测定出各合金的冷却曲线,并将相同意义的相变点连接起来所得。

5.2.2.2.1　平边线垂直截面

如图 5-9(a)中的 KK' 垂直截面,图中直线 KK' 与成分三角形的 AC 边平行,截面图所取的一系列三元合金中,B 组元含量相同,A+C 组元的成分和为常数,沿成分坐标从左至右,C 组元含量增加。图 5-9(b)通过 KK' 平边线所作的垂直平面,分别与液相面和固相面相交,aa'、bb' 分别为液相线和固相线。这个截面图与二元匀晶相图很相似,但成分坐标轴两端代表的不是纯组元 A 和 C,而是 A-B 及 C-B 二元合金,因此两端为开口,即凝固是在一个温度范围内进行。

5.2.2.2.2 顶角线垂直截面

如图 5-9(a)中的 AP 垂直截面,图中 AP 线通过浓度三角形的顶角 A,截面图成分坐标特点为:B、C 组元成分比为常数,坐标左端点 A 组元含量为 100%,右端点 A 组元含量为 0,从左至右,(B+C)组元增加。

根据垂直截面图,可以确定给定合金的相变温度,分析其平衡结晶过程。如图 5-9(b)中的 O 合金,冷却至 T_1 温度时开始发生匀晶转变从液相中结晶出固溶体 α 相,到 T_2 温度凝固终了,室温组织为单相 α 固溶体。

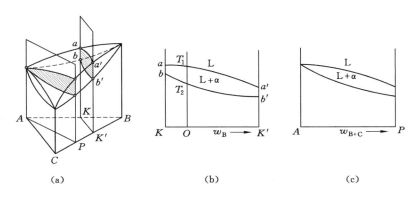

图 5-9 三元匀晶相图的垂直截面图

需指出的是,尽管三元相图的垂直截面与二元相图的形状很相似,但是它们之间存在着本质上的差别。二元相图的液相线与固相线可以表示合金在平衡凝固过程中液相与固相浓度随温度变化的规律,而三元相图的垂直截面无法表示相浓度随温度而变化的关系,垂直截面的液、固相线只是垂直截面与立体相图的相区分界面的交线,仅能用于了解冷却过程中的相变温度,因此不能应用直线法则来确定两相的质量分数,也不能用杠杆定律计算两相的相对量。

5.2.3 投影图及合金凝固

使三元立体相图平面化的另一种方法是投影图。把三元立体相图中所有相区的交线都垂直投影到浓度三角形中;或者把一系列不同温度的水平截面中的相界线投影到浓度三角形中,并在每一条投影上标明相应的温度,就得到了三元相图的投影图;为了使复杂三元相图的投影图更加简单明了,也可根据需要只把一部分相界面的等温线投影下来,经常用到的是液相面投影图或固相面投影图。

三元匀晶相图空间图形无曲面交线,投影图中也无交线的投影,但可给出不同等温截面($T_1 \sim T_5$)液、固相线的投影,如图 5-10 所示,其中实线为液相线,而虚线为固相线。由液、固线投影图可以确定不同成分合金的凝固开始温度和终了的温度范围。投影图也可显示某一成分的三元合金凝固中液、固两相连接线的变化,由图 5-10 可见,液、固相连接线端点变化的轨迹为一蝴蝶形的双弯线,说明了结晶过程中液、固相成分的变化规律。

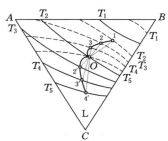

$$T_B > T_1 > T_2 > T_A > T_3 > T_4 > T_5 > T_C$$

图 5-10　三元匀晶相图投影图

图中 O 点成分的合金在 T_2 温度开始凝固,此时液相成分为原始 O 合金成分,α 固溶体成分由连接线可以确定为 1 点所示成分;随着温度降低,液相的量不断减少,固相的量不断增加,液相成分沿液相面变化,固相成分沿固相面变化;当温度降低到 T_3,液相成分到达 $2'$ 点,固相成分到达 2 点;冷到 T_4 时,液相成分到达 $3'$ 点,固相成分到达 3 点;T_5 温度时,O 点落在固相线上,代表凝固马上结束,最后一滴成分为 $4'$ 的液相结晶,得到成分为原始 O 点的单相 α 固溶体。整个凝固过程中,液相成分沿着 $O2'3'4'$ 曲线变化,固相成分沿 $123O$ 曲线变化。若将成分变化曲线加上温度参数,则表现为两条空间双弯曲线。

由上述分析可见,三元固溶体凝固与二元固溶体基本相同,两者都是选分结晶,凝固时会发生溶质的再分配。如果冷速缓慢,原子间的扩散能充分进行,便可得到成分均匀的固溶体,如果冷速较快,则与二元固溶体合金一样出现晶内偏析。

5.3　三元共晶相图

三元共晶相图是具有三元共晶转变($L \rightarrow \alpha + \beta + \gamma$)的三元相图,三组元在液态完全互溶,且其中任两个组元都组成二元共晶系。

5.3.1　固态互不溶解的三元共晶相图

5.3.1.1　立体图

三组元在液态完全互溶、固态互不溶解,相图的三个侧面分别为三个固态完全不熔的二元共晶相图,即 A-B 共晶、B-C 共晶和 A-C 共晶,如图 5-11 所示。图中 T_A、T_B、T_C 分别是纯组元 A、B、C 的熔点,且 $T_A > T_B > T_C$。随着其他组元的加入,合金的熔点逐渐降低,因此在三元相图中形成了三个向下汇聚的液相面。其中,$T_A e_1 E e_2 T_A$ 是组元 A 的初始结晶面;$T_B e_1 E e_3 T_B$ 是组元 B 的初始结晶面;$T_C e_2 E e_3 T_C$ 是组元 C 的初始结晶面,合金冷至低于液相面温度时,就开始结晶出相应的固相。

e_1、e_2、e_3 分别表示 A-B、A-C 和 B-C 的二元共晶点,且 $e_1 > e_2 > e_3$。由于第三组元的加入,二元共晶转变就不再于恒温、恒定成分下进行,而是在一定温度范围内连续进行,各个相的成分也随着温度做相应的改变。因此,3 个二元共晶点 e_1、e_2、e_3 在三元系中延伸成为三条二元共晶转变线 $e_1 E$、$e_2 E$、$e_3 E$。当液相成分达到这 3 条曲线时,分别发生二元共晶转变：e_1E：L→A+B，e_2E：L→A+C，e_3E：L→B+C。

　　3 条共晶转变线交汇于 E 点，即三元共晶点，成分为 E 的液相在该点温度 T_E 发生三元共晶转变：L_E→A+B+C，形成三相共晶组织（或称三相共晶体）。此时，合金处于四相平衡状态，自由度 $f=0$，因此温度及各平衡相成分均为定值，E 点与该温度下 3 个固相的成分点 a、b、c 组成的等温平面称为三元共晶面，此面也是该相图的固相面。

　　如图 5-11 和图 5-12 所示，该三元共晶相图中还有六个二元共晶曲面：$a_1aEe_1a_1$，$b_1bEe_1b_1$，$a_2aEe_2a_2$，$c_1cEe_2c_1$，$b_2bEe_3b_2$，$c_2cEe_3c_2$。它们位于液相面之下，三元共晶面之上。二元共晶曲面由一系列水平直线组成，这些水平直线实质上都是共轭线，其一端在纯组元温度轴上，另一端在二元共晶线上，分别代表了两相的平衡浓度。

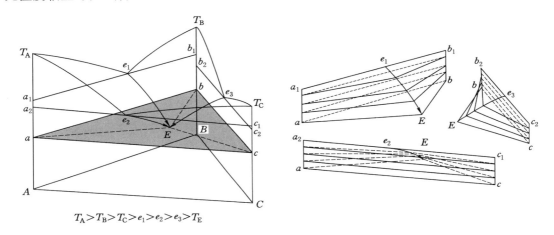

$T_A>T_B>T_C>e_1>e_2>e_3>T_E$

　　图 5-11　组元在固态完全不互溶的三元共晶相图　　　　图 5-12　三相平衡区和二元共晶面

　　综合以上分析可知，在固态完全互不溶解的三元共晶系中，三个液相面、六个二元共晶面和一个三元共晶平面把相图空间分割成九个相区：液相面以上区域为液相区 L；液相面和二元共晶面之间的空间分别为 L+A、L+B、L+C 三个两相区，这些两相区与 L 单相区以液相面相邻，相数差 1；二元共晶曲面和三元共晶平面之间的空间分别为 L+A+B、L+B+C、L+C+A 三个三相区，三相区与两相区以二元共晶面相邻；包含 E 点的三元共晶平面是 L+A+B+C 四相区，四相面之上有 3 个高温三相区（包含液相），相邻面分别为从 E 点划分的 3 个三角形△Eab、△Eac 和△Ebc，四相面之下是 A+B+C 三相区，相邻面为四相面△abc。

5.3.1.2　水平截面

　　图 5-13(a) 为该三元共晶相图在 T_1 温度时的水平截面，$T_A>T_B>T_1>T_C$，除了液相单相区 L，还截到 L+A、L+B 这两个双相区，图中两条曲线分别为水平截面与两个液相面的交线。当水平截面的温度 T_2 低于 e_1 但高于 e_2 时[图 5-13(b)]，在等温截面图上出现三个两相区 L+A、L+B、L+C，液相区 L，和一个三相区 L+A+B。当温度低于 e_3 但高于 T_E 时[图 5-13(c)]，水平截面上出现单相区 L 和 3 个三相区 L+A+B、L+B+C、L+A+C，由于包围三相区的二元共晶曲面是由一系列水平直线组成，因此高温三相区的等温截面

必然为一个直边三角形。若截面温度为 T_E 时,等温截面即为三元共晶面[图 5-13(d)]。当温度 T_4 低于 T_E 时,等温截面为三相区 A＋B＋C。利用这些截面图可以了解合金在不同温度所处的相平衡状态,以及分析各种成分的合金在平衡冷却时的凝固过程。如图 5-13 所示,合金 R,在 T_1 温度处于液相区,尚未结晶;T_2 温度进入 L＋B 两相区,发生匀晶转变 L→B,两相平衡浓度可由连接线确定;T_3 温度进入三相区 L＋B＋C,发生二元共晶转变 L→B＋C;T_4 温度下凝固已经完成,进入室温三相区 A＋B＋C。

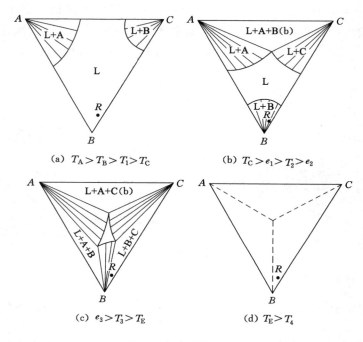

(a) $T_A > T_B > T_1 > T_C$　　　　　(b) $T_C > e_1 > T_2 > e_2$

(c) $e_3 > T_3 > T_E$　　　　　(d) $T_E > T_4$

图 5-13　水平截面图

5.3.1.3　投影图

固态完全不溶的三元共晶相图液相面投影如图 5-14(a)所示,图中 e_1E、e_2E 和 e_3E 是 3 条二元共晶转变线的投影,代表了随温度降低液相的成分变化走向,它们的交点 E 是三元共晶点的投影,这三条线把投影图划分成 3 个区域,分别为 3 个液相面的投影。AE、BE、CE 三条虚线是二元共晶曲面与三元共晶平面的交线。

投影图中也可给出不同温度水平截面液相线的投影,如图 5-14(b)中细实线所示。利用这个投影图分析合金的凝固过程,不仅可以确定相变临界温度,还能确定相的成分和相对含量。图中合金 O 冷却到 T_3 温度时与液相面 Ae_1Ee_2A 接触,开始凝固出初晶 A。随温度降低,液体中的组元 A 含量不断减少,根据直线法则,液相成分将沿 AOn 线由 $O→n$ 点逐渐变化。当液相成分改变到 e_1E 线上的 n 点,开始发生 L_n→A＋B 二元共晶转变。随温度继续下降不断凝固出两相共晶(A＋B)$_共$,液相成分则沿 nE 线变化。当液相成分达到 E 点,发生 L→A＋B＋C 四相平衡共晶转变。三元共晶反应结束后冷却到室温,不再发生其他转变。故合金在室温时的平衡组织是 $A_初$＋(A＋B)$_共$＋(A＋B＋C)$_共$。

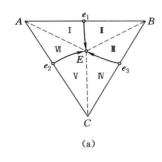 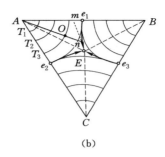

(a)   (b)

图 5-14 固态完全不溶的三元共晶相图投影图

合金组织组成物的相对含量可以利用杠杆定律或重心定律进行计算。如合金 O 刚要发生二元共晶转变时,液相成分为 n,初晶 A 和液相 L 的质量分数为:

$$w_A = \frac{On}{An} \times 100\% , w_L = \frac{AO}{An} \times 100\%$$

随着二元共晶转变的进行,剩余液相成分沿 e_1E 从 n 点刚刚变化到 E 点时,由重心定律可知,此时两相共晶体(A+B)的平均成分在 En 延长线与 AB 边的交点 m 处,此时剩余成分为 E 点的液相将全部转变为三相共晶体(A+B+C),其相对量为:

$$w_{(A+B+C)} = w_{LE} = \frac{mn}{mE} \times \frac{AO}{An} \times 100\%$$

两相共晶体(A+B)的相对量为:

$$w_{(A+B)} = \frac{nE}{mE} \times \frac{AO}{An} \times 100\%$$

用同样的方法可以分析该合金系所有合金的平衡冷却过程及室温组织。

5.3.1.4 垂直截面

在投影图中沿平行 AB 边的成分特性线 DE 和过顶点 A 的成分特性线 AK 截取垂直截面,如图 5-15 和图 5-16 所示。

利用垂直截面可以分析合金的平衡凝固过程,确定相变临界温度。以合金 O 为例,当其冷到 1 点开始凝出初晶 A,从 2 点开始进入 L+A+C 三相平衡区,发生 L→A+C 共晶转变,形成两相共晶(A+C),冷至 3 点发生四相平衡共晶转变 L→A+B+C,形成三相共晶(A+B+C)。继续冷却时,合金不再发生其他变化,室温组织是 A$_{初}$+(A+B)$_{共}$+(A+B+C)$_{共}$。

5.3.2 固态有限互溶的三元共晶相图

5.3.2.1 相图分析

图 5-17 为组元在固态有限互溶的三元共晶相图立体模型,它与组元在固态完全不溶的三元共晶相图基本相同,区别仅在于靠近纯组元处增加了三个单相固溶体区 α、β、γ(分别为以组元 A、B、C 为基形成的固溶体)以及与之相对应的固溶度曲线,该三元系中进行的三元共晶转变为:$L_E \rightarrow \alpha_a + \beta_b + \gamma_c$。

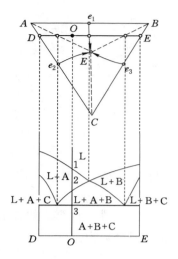 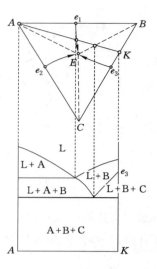

图 5-15　三元共晶相图平边线垂直截面　　　　图 5-16　三元共晶相图顶角线垂直截面

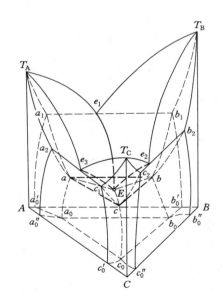

图 5-17　组元在固态完全不互溶的三元共晶相图

5.3.2.1.1　点

T_A、T_B、T_C 分别是纯组元 A、B、C 的熔点，e_1、e_2、e_3 分别表示 A-B、A-C 和 B-C 的二元共晶点，且 $T_B > T_A > T_C$，$e_1 > e_2 > e_3$。E 点为四相平衡共晶转变点，a、b、c 点分别为四相平衡时 α、β、γ 相的成分点，同时也是这三个固溶体的最大溶解度点，a_0、b_0、c_0 点分别为固溶体 α、β、γ 在室温时的固溶度点。

5.3.2.1.2　单变量曲线（浓度变温线）

三元相图的三相区自由度 $f = C - P + 1 = 3 - 3 + 1 = 1$，这表明三个平衡相的成分是随温度而变化的,例如在 L+α+β 三相区中,随温度降低,液相成分沿 e_1E 线变化,α 相成分沿 a_1a 线变化,β 相成分则沿 b_1b 线变化,这种线被称为单变量曲线或浓度变温线。其余三相区与此大致相同,e_1E、e_2E、e_3E 为液相的单变量线,也是二元共晶转变线,当液相成分达到这 3 条曲线时,分别发生二元共晶转变。e_1E:L→α+β,e_2E:L→β+γ,e_3E:L→α+γ。a_1a、a_2a、aa_0 为 α 相的单变量线;b_1b、b_2b、bb_0 为 β 相的单变量线;c_1c、c_2c、cc_0 为 γ 相的单变量线。

5.3.2.1.3　面

（1）液相面

整个液相面被三条两相共晶线分隔为三块,其中 $T_Ae_1Ee_3T_A$ 是 α 相的初始结晶面;$T_Be_1Ee_2T_B$ 是 β 相的初始结晶面;$T_Ce_2Ee_3T_C$ 是 γ 相的初始结晶面,合金冷至与液相面相交时,就开始结晶出相应的固溶体相。

（2）固相面

相图中有三种不同类型的固相面。

① 三个固溶体 α、β、γ 相区的固相面:$T_Aa_1aa_2T_A$、$T_Bb_1bb_2T_B$、$T_Cc_1cc_2T_C$,它们分别为在通过匀晶转变完成凝固的条件下,L→α、L→β、L→γ 两相平衡转变结束的曲面,如图 5-18中阴影面所示。

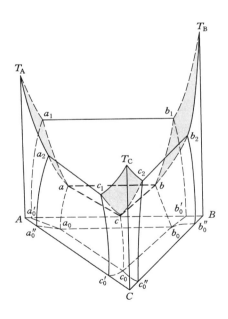

图 5-18　三元共晶相图中的固相面

② 一个三元共晶面:abc。

③ 三个二元共晶转变结束面:a_1abb_1、b_2bcc_2、c_1caa_2,它们分别表示二元共晶转变:L→α+β,L→β+γ,L→α+γ 至此结束,并分别与三个两相区相邻,如图 5-18所示。

（3）固溶度面

在相图侧面的三个二元共晶相图中,各有两条固溶度曲线,如 a_1a_0'、b_1b_0' 等。随着温度的降低,固溶体的溶解度下降,发生脱溶转变析出二次相。在三元相图中,由于第三组元的加入,固溶度曲线向空间发展成了固溶度曲面(图 5-19),随着温度的降低,同样将从固溶体中析出次生相。

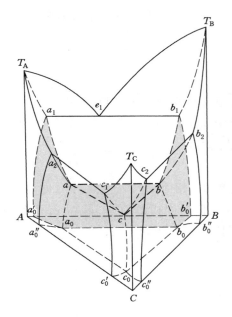

图 5-19 α 相和 β 相的单析固溶度面及双析固溶度面

其中单析固溶度曲面有六个,并形成了三对共轭面,即:

(α+β)共轭面 $\begin{cases} a_1aa_0a_0'a_1:B、C 组元在 α 相中的固溶度曲面,冷却时 α→β_{II} \\ b_1bb_0b_0'b_1:A、C 组元在 β 相中的固溶度曲面,冷却时 β→α_{II} \end{cases}$

(β+γ)共轭面 $\begin{cases} b_2bb_0b_0''b_2:A、C 组元在 β 相中的固溶度曲面,冷却时 β→γ_{II} \\ c_2cc_0c_0''c_2:A、B 组元在 γ 相中的固溶度曲面,冷却时 γ→β_{II} \end{cases}$

(α+γ)共轭面 $\begin{cases} a_2aa_0a_0''a_2:B、C 组元在 α 相中的固溶度曲面,冷却时 α→γ_{II} \\ c_1cc_0c_0'c_1:A、B 组元在 γ 相中的固溶度曲面,冷却时 γ→α_{II} \end{cases}$

双析固溶度曲面有三个,即:

$\begin{cases} aa_0b_0ba:α、β 两相平衡固溶度曲面,冷却时 α→β_{II}+γ_{II},β→α_{II}+γ_{II} \\ aa_0c_0ca:α、γ 两相平衡固溶度曲面,冷却时 α→β_{II}+γ_{II},γ→β_{II}+α_{II} \\ bb_0c_0cb:β、γ 两相平衡固溶度曲面,冷却时 β→α_{II}+γ_{II},γ→β_{II}+α_{II} \end{cases}$

5.3.2.1.4 相区

(1)单相区

共有 4 个单相区,即液相区 L 和三个固溶体区 α、β、γ。液相区 L 在液相面以上;α 相区是由固相面 $T_Aa_1aa_2T_A$、单析固溶度曲面 $a_1aa_0a_0'a_1$ 和 $a_2aa_0a_0''a_2$ 包围;β 相区由固相面 $T_Bb_1bb_2T_B$、单析固溶度曲面 $b_2bb_0b_0''b_2$ 和 $b_1bb_0b_0'b_1$ 包围;γ 相区则由固相面 $T_Cc_1cc_2T_C$、

单析固溶度曲面 $c_1cc_0c_0{}'c_1$ 和 $c_2cc_0c_0{}''c_2$ 包围。

（2）双相区

有六个双相区，即 $L+\alpha$、$L+\beta$、$L+\gamma$、$\alpha+\beta$、$\beta+\gamma$、$\alpha+\gamma$。两相区的特征是与两个组成相的单相区以面相邻，并与两个三相区以面相邻。例如 $L+\alpha$ 两相区，分别与 L 单相区和 α 单相区相邻，相邻面分别为液相面 $T_Ae_1E e_3T_A$ 和固相面 $T_A a_1 a a_2 T_A$，被称为一对共轭面，两相平衡浓度即在这一对共轭面上。

（3）三相区

共有四个三相区，$L+\alpha+\beta$、$L+\beta+\gamma$、$L+\alpha+\gamma$、$\alpha+\beta+\gamma$，如图 5-20 所示。其中包含液相 L 的为高温三相区，位于四相面以上，相区内发生二元共晶转变；$\alpha+\beta+\gamma$ 为低温三相区，位于四相面之下，相区内进行三个固溶体之间的互脱溶转变。

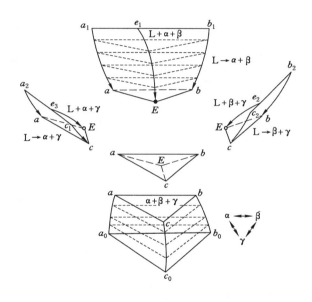

图 5-20　三元共晶相图中的三相区与四相区

以 $L+\alpha+\beta$ 三相区为例说明，三相区的自由度为 1，当温度确定后，三相成分也随之确定，三个平衡相的成分点构成一个水平的直边三角形，根据重心法则，只有成分位于此等温三角形内的合金才会有此三相平衡。如图 5-20 所示，当温度为 e_1 时，L、α、β 三相平衡浓度分别为 e_1、a_1、b_1，这三点在一条直线上，是一个特殊的三角形，也是该相区的高温起始三角形；温度为 T_E 时，L、α、β 三相平衡浓度分别为 E、a、b，构成四相面上的一个小三角形 $\triangle Eab$，也是该三相区的终止三角形。e_1 与 T_E 之间，不同温度下的三相平衡成分构成了一系列平衡三角形，这些平衡三角形所构成的空间三棱柱体即为 $L+\alpha+\beta$ 三相区。三棱柱的三条棱边，分别为 L、α、β 三相的单变量线；三棱柱的三个侧面，则分别与三个两相区相邻，即 $L+\alpha$、$L+\beta$、$\alpha+\beta$。

（4）四相区

一个四相区，即 $L+\alpha+\beta+\gamma$，为四相平衡共晶面 $\triangle abc$。由立体模型可见，四相面与四个单相区 L、α、β、γ 分别点接触于 E、a、b、c；与六个两相区 $L+\alpha$、$L+\beta$、$L+\gamma$、$\alpha+\beta$、$\beta+\gamma$、 α＋γ相交于 Ea、Eb、Ec、aa_0、bb_0、cc_0，即以线相邻；与四个三相区 L＋α＋β、L＋β＋γ、L＋α＋γ、α＋β＋γ相邻于△Eab、△Ebc、△Eac 和△abc，即以面接触。

5.3.2.2 投影图

固态有限互溶的三元共晶相图的投影图如图 5-21(a)所示。图中的 e_1E、e_2E 和 e_3E 是三条液相单变量线（二元共晶线）的投影。这三条线把浓度三角形划分成 3 个区域 Ae_1Ee_3A、Be_1Ee_2B 和 Ce_2Ee_3C，即为 3 个液相面的投影，合金冷却到这些液相面以下分别生成初晶 α、β 和 γ 相。液、固两相平衡区中与液相面共轭的三个固相面的投影分别为 Aa_1aa_2A、Bb_1bb_2B 和 Cc_1cc_2C。

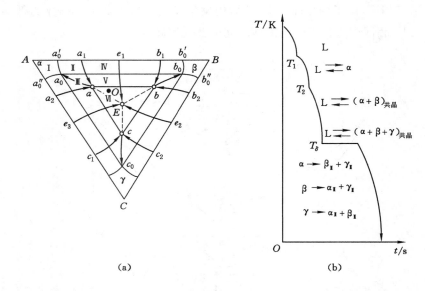

图 5-21　固态有限互溶三元共晶相图投影图(a)及合金 O 冷却曲线(b)

图 5-21 中△abc 为四相面的投影，分别与四个三相区相邻。由前已知，三相平衡区为空间三棱柱体，三条棱边为三个相的单变量线，三棱柱的顶面为三相平衡浓度点构成的起始三角形，底面则为终止浓度三角形。三相区在投影图中也是由这几部分组成，如图中的 $a_1e_1b_1bEa_1$ 区域即为 L＋α＋β 三相区的投影，其中 e_1E、a_1a、b_1b 分别为 L＋α＋β 三相区中三个相的单变量线，共晶转变线 a_1b_1 为起始浓度三角形的投影，△Eab 则为终止三角形投影。L＋β＋γ 三相平衡区中 L，γ 和 α 相相应的单变量线为 e_3E、b_2b 和 c_2c；L＋γ＋α 三相平衡区中 L，γ 和 α 相应的单变量线为 e_2E、c_1c 和 a_2a。这 2 个三相平衡区分别起始于二元系的共晶转变线 b_2c_2 和 a_2c_1，终止于四相平衡平面上的连接三角形△Ebc 和△Eac。低温三相区 α＋β＋γ 则起始于四相面△abc，终止于室温下的△$a_0b_0c_0$，对应 α，β 和 γ 相的单变量线为 aa_0、bb_0 和 cc_0。

为了醒目起见，投影图中所有单变量线都以粗实线画出，并用箭头表示其从高温到低温的走向，而四相面上的四相平衡成分点（E、a、b、c）都是 3 条单变量线的交点。其中 3 条液相单变量线都自高温向下聚于四相平衡共晶转变点 E，即投影图上 3 条液相单变量线箭头齐指四相平衡共晶点 E，这是三元共晶型转变投影图的共同特征。

图 5-21(a)所示投影图也称为综合投影图,是把三元合金相图立体图中的各空间曲面和曲线投影到浓度三角形中所得,因此能全面反映三元合金相图的空间特征。利用综合投影图可以分析各不同成分合金的平衡凝固过程。

下面以合金 O 为例,分析其平衡凝固过程,其冷却曲线如图 5-21(b)所示。合金 O 位于液相面 Ae_1Ee_3A 的投影内,因此当合金缓冷至与液相面相交时(T_1)从液相中结晶出初生相 α,随着温度降低,α 相数量不断增多,两相成分点的变化轨迹呈"蝴蝶形"规律变化,这一过程与三元匀晶合金相同。当温度降至与二元共晶曲面 $a_1e_1b_1bEaa_1$ 相交时(T_2),进入 L$+\alpha+\beta$ 三相区,初生 α 相停止析出,开始发生 L $\rightarrow$ ($\alpha+\beta$)共晶转变。随着转变的进行,L,α 和 β 三相平衡浓度分别沿着曲线 e_1E、a_1a 及 b_1b 变化。当合金 O 冷却到四相平衡点温度 T_E 时,液相成分到达 E 点,此时三相平衡转变停止,开始进行四相平衡共晶转变,合金在恒温 T_E 下直至液相全部转变成三相共晶体。继续降温时,α、β 和 γ 相的成分分别沿 aa_0、bb_0 及 cc_0 变化,固溶度逐渐降低,各个固溶体中都脱溶析出另外两相。因此合金的室温组织为:$\alpha_{初晶}+(\alpha+\beta)_{共晶}+(\alpha+\beta+\gamma)_{共晶}+\alpha_{II}+\beta_{II}+\gamma_{II}$。

利用投影图分析平衡凝固过程,也可以用二元相图部分介绍的"走相区"方式,同时要注意相区接触法则的应用。若合金成分点不在投影图中的任何点或线上,说明其冷却过程中所经历的所有相区均为面接触,相数差 1。由于合金冷却是起始于单相区 L,接下来必然进入双相区,然后下一个相区的相数加 1 或减 1,即进入三相区或单相区,依次类推,具体情况根据合金在投影图中的位置进行判断。如合金 O 的平衡凝固过程:

相数:1 $\rightarrow$ 2 $\rightarrow$ 3 $\rightarrow$ 4 $\rightarrow$ 3

相区:L$\rightarrow$L$+\alpha\rightarrow$L$+\alpha+\beta\rightarrow$L$+\alpha+\beta+\gamma\rightarrow\alpha+\beta+\gamma$

转变: L$\rightarrow\alpha$ L$\rightarrow\alpha+\beta$ L$\rightarrow\alpha+\beta+\gamma$ $\alpha\leftrightarrow\beta$
                                                                              $\searrow\swarrow$
                                                                                γ

可以用同样的方法分析其他合金的平衡凝固过程,图 5-21(a)中所标注的六个区域,代表了固态部分溶解三元共晶系中的六种典型成分合金,它们的平衡结晶过程、相组成物及组织组成物见表 5-1。

表 5-1 固态部分溶解三元共晶相图中合金的结晶过程及其相组成物与组织组成物

区域	冷却通过的相区	冷却通过的曲面	转变	相组成物	组织组成物
I	L$\rightarrow$			α	α
	L$+\alpha\rightarrow$	α 相液相面 Ae_1Ee_3A	L$\rightarrow\alpha$		
	α	α 相固相面 Aa_1aa_2A	α 相凝固结束		
II	L$\rightarrow$			$\alpha+\beta$	$\alpha_初+\beta_{II}$
	L$+\alpha\rightarrow$	α 相液相面 Ae_1Ee_3A	L$\rightarrow\alpha$		
	$\alpha\rightarrow$	α 相固相面 Aa_1aa_2A	α 相凝固结束		
	$\alpha+\beta$	α 相固溶度面 $a_1aa_0a_0{}'a_1$	$\alpha\rightarrow\beta_{II}$		

表 5-1(续)

区域	冷却通过的相区	冷却通过的曲面	转变	相组成物	组织组成物
III	L→			$\alpha+\beta+\gamma$	$\alpha_{初}+\beta_{II}+\gamma_{II}$
	L+α→	α相液相面 Ae_1Ee_3A	L→α		
	α→	α相固相面 Aa_1aa_2A	α相凝固结束		
	α+β→	α相固溶度面 $a_1aa_0a_0'a_1$	$\alpha→\beta_{II}$		
	α+β+γ	双析固溶度曲面 aa_0b_0ba	$\alpha→\beta_{II}+\gamma_{II}$		
IV	L→			$\alpha+\beta$	$\alpha_{初}+(\alpha+\beta)_{共}+$ $\alpha_{II}+\beta_{II}$
	L+α→	α相液相面 Ae_1Ee_3A	L→α		
	L+α+β→	二元共晶开始面 $a_1e_1b_1bEaa_1$	L→α+β		
		二元共晶终了面 $a_1abb_1a_1$	二元共晶转变结束		
	α+β	固溶度曲面 $a_1aa_0a_0'a_1$、$b_1bb_0b_0'b_1$	$\alpha→\beta_{II},\beta→\alpha_{II}$		
V	L→			$\alpha+\beta+\gamma$	$\alpha_{初}+(\alpha+\beta)_{共}+$ $\alpha_{II}+\beta_{II}+\gamma_{II}$
	L+α→	α相液相面 Ae_1Ee_3A	L→α		
	L+α+β→	二元共晶开始面 $a_1e_1b_1bEaa_1$	L→α+β		
		二元共晶终了面 $a_1abb_1a_1$	二元共晶转变结束		
	α+β→	固溶度曲面 $a_1aa_0a_0'a_1$、$b_1bb_0b_0'b_1$	$\alpha→\beta_{II},\beta→\alpha_{II}$		
	α+β+γ	双析固溶度曲面 aa_0b_0ba	$\alpha→\beta_{II}+\gamma_{II},$ $\beta→\alpha_{II}+\gamma_{II}$		
VI	L→			$\alpha+\beta+\gamma$	$\alpha_{初}+(\alpha+\beta)_{共}+$ $(\alpha+\beta+\gamma)_{共}+\alpha_{II}+$ $\beta_{II}+\gamma_{II}$
	L+α→	α相液相面 Ae_1Ee_3A	L→α		
	L+α+β→	二元共晶开始面 $a_1e_1b_1bEaa_1$	L→α+β		
	L+α+β+γ→	三元共晶开始面 abc	L→α+β+γ		
	α+β+γ	双析固溶度曲面 aa_0b_0ba、 bb_0c_0cb、aa_0c_0ca	$\alpha→\beta_{II}+\gamma_{II},$ $\beta→\alpha_{II}+\gamma_{II},$ $\gamma→\alpha_{II}+\beta_{II}$		

5.3.2.3 水平截面

图 5-17 所示三元共晶相图中,各组元熔点与二元共晶温度的关系为:$T_B>T_A>T_C>e_1>e_2>e_3>E$,取一系列不同温度水平截面如图 5-22 所示。

由图可见水平截面中各相区的特征为:

(1)三相区为直边三角形,3 个顶点即为该温度下三个平衡相的成分点。

(2)两相区为一对共轭线包围,共轭线分别与平衡两相的单相区相邻,两相平衡浓度在共轭线上,一般以连接线连接。

(3)水平截面中相区之间的接触关系与二元相图相同,即以边相邻,平衡相数差 1,以点相邻,平衡相数差 2。例如三相区以三角形的边与两相区相邻,而以 3 个顶点与 3 个单相区

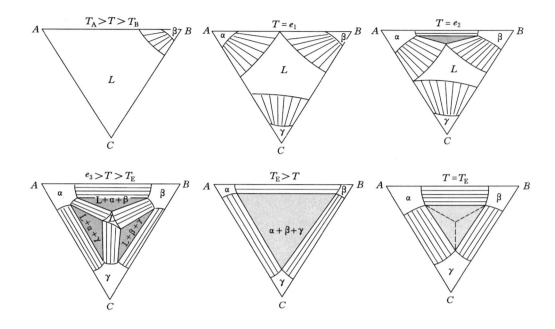

图 5-22 三元共晶相图不同温度的水平截面

相连。因此可结合相区接触法则判断各相区内的平衡相。

（4）截面图中四相面与其他相区之间接触关系仍符合三元相图接触法则，即以点与单相区相邻，相数差 3，以边与两相区相邻，相数差 2。

（5）由水平截面可确定平衡相的成分和相对量。

5.3.2.4　垂直截面

在三元共晶相图中，分别过平边线 KK 和顶角线 AP 取垂直截面，如图 5-23 所示。由图可见，垂直截面上相区接触关系符合二元相图相区接触法则。由 KK 截面可见，在三元共晶垂直截面图中，四相面为一水平直线，其上下都与三相区接触，在四相平衡水平线上有三个高温共晶型三相区，下有一个低温三相区，这种上三下一的分布为三元共晶相图的特征；其中二元共晶三相区为顶点朝上的曲边三角形，其底边为与四相面接触的水平线，三角形的其余两条曲边分别与两个双相区接触；若垂直截面图没有截到四相面，则共晶三相区的三条边均为曲边，仍为上三角。

利用垂直截面可方便地分析合金的凝固过程。如图 5-23（a）所示，合金 x 从 1 点起凝固出初晶 α，至 2 点开始进入三相区，发生 $L \rightarrow \alpha + \gamma$ 转变，冷至 T_E 温度进入四相面，发生 $L \rightarrow \alpha + \beta + \gamma$ 转变，直至液相消失，继续冷却进入低温三相区，发生固溶体之间的互脱溶转变。室温组织为 $\alpha_{初} + (\alpha + \gamma)_{共} + (\alpha + \beta + \gamma)_{共} +$ 二次相。由垂直截面可分析合金结晶过程，但不能确定平衡相的成分和量的关系。

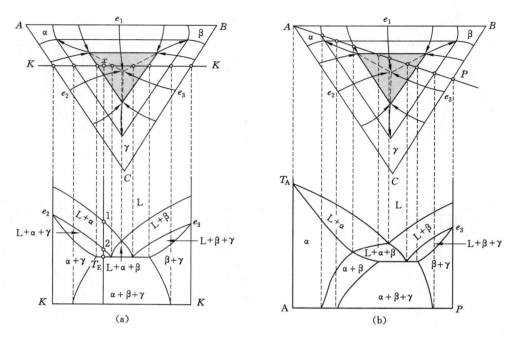

图 5-23　三元共晶相图的垂直截面

5.4　其他三元相图

5.4.1　两个共晶型二元系和一个匀晶型二元系构成的三元相图

图 5-24(a)为该三元相图的空间模型。从图中可以看出 A-B、B-C 均为组元间固态有限互溶的共晶型二元系；A-C 二元系为匀晶型，在固态无限互溶，形成 α 固溶体。三相共晶平衡从 A-B 二元到 B-C 二元连续过渡。相图中有 3 个单相——L、α、β，其中 α 是以 A 或 C 组元为基的三元固溶体，β 是以 B 组元为溶剂的固溶体；3 个两相区——L+α、L+β、α+β；一个三相区——L+α+β。$T_A ee_1 T_C T_A$ 和 $T_B ee_1 T_B$ 分别为 α、β 固溶体的液相面。曲线 ee_1 是上述两个液相面的交线，也是二元共晶线，当液相的表象点位于 ee_1 线上时发生 L→α+β 三相平衡的共晶转变。$aa_1 c_1 ca$ 和 $bb_1 d_1 db$ 分别为 α 和 β 固溶体的固溶度曲面。图 5-24(b)为各相区立体图：$AT_A acc_1 a_1 T_C CA$ 为 α 固溶体单相区；$BT_B b_1 d_1 dbT_B B$ 为 β 固溶体的单相区；$aa_1 bb_1 ee_1$ 三棱柱为 L+α+β 三相平衡区；其余分别为两相区 L+α、L+β 和 α+β。

该三元系的综合投影图如图 5-24(c)所示，与三元共晶相图中的三相区相同，这里 L+α+β 三相区也是由 α，β 和 L 三相的浓度变温线包围，即投影图上带箭头的三条曲线 aa_1、bb_1 和 ee_1。由投影图可看出 L→α+β 的浓度三角形移动规律，起始三角形为 A-B 二元共晶线，终止三角形为 B-C 二元共晶线，均为特殊三角形，温度 e 与 e_1 之间的浓度三角形以顶点领先从高温向低温移动，这是共晶型三相区的特征。图中 cc_1、dd_1 分别为 α+β 两相区与 α、β 单相区在室温的交线。利用投影图可以分析合金的平衡结晶过程，以 5-24(c)中合金 O 为例，当合金 O 从液态冷至与液相面 $Aee_1 CA$ 相交时，开始从液相中凝固出初晶 α 相，进入 L+α 两相区，L 和

α 相成分沿一对共轭线变化;当温度下降到与二元共晶曲面 $aa_1e_1b_1bea$ 相交时,液相浓度变化到二元共晶线 ee_1 上,发生二元共晶转变 L→α+β,直至液相消失,进入 α+β 两相区,α 和 β 相成分分别沿固溶度曲面 aa_1c_1ca 和 bb_1d_1db 变化,并发生脱溶转变析出二次相,即 α→$β_{II}$、β→$α_{II}$。若忽略共晶组织中的脱溶转变,则室温组织为 $α_初+(α+β)_共+β_{II}$。

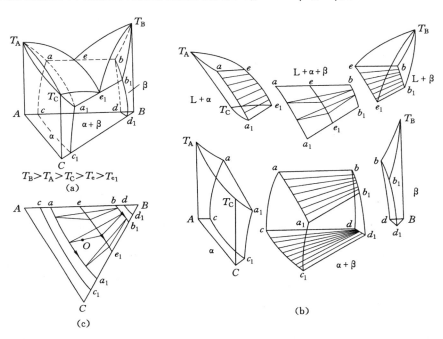

图 5-24 两个二元系呈有限溶解共晶系、一个二元系固态完全溶解所组成的三元系相图

过顶角线 Bb 所取垂直截面如图 5-25 所示,可见 L+α+β 共晶三相平衡区的特征为一顶点向上的曲边三角形,三个顶点分别与三个单相区相连。图 5-26 为该合金系的水平截面,截面温度在 T_C 和 T_{e1} 之间。该截面图中各相区的基本特征与三元共晶相图完全相同。

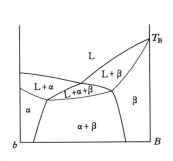

图 5-25 过顶角线 Bb 所取垂直截面

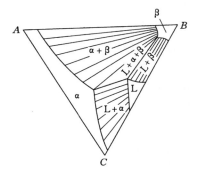

图 5-26 水平截面($T_C>T>T_{e1}$)

5.4.2 两个包晶型二元系和一个匀晶型二元系构成的三元相图

图 5-27(a)为该三元相图的空间模型。由图可见,A-B、B-C 均为组元间固态有限互

溶的包晶型二元系；A-C 二元系为匀晶型。三相包晶平衡从 A-B 二元到 B-C 二元连续过渡。

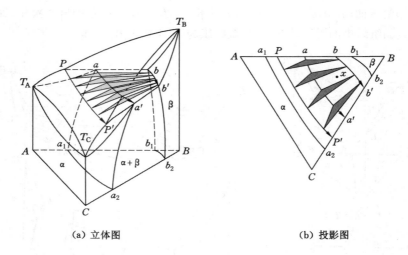

|（a）立体图|（b）投影图|

图 5-27　两个二元系呈有限溶解包晶系、一个二元系固态完全溶解所组成的三元系相图

相图中有单相区 L、α、β，两相区 L+α、L+β、α+β，以及三相区 L+α+β。$T_A PP' T_C T_A$ 和 $T_B PP' T_B$ 分别为 α、β 固溶体的液相面。曲线 PP' 是上述两个液相面的交线。$Pabb' a' P'P$ 为三相包晶曲面，aa' 为包晶线。当 aa' 线上的表象点代表的合金降温至 aa' 线时，发生 L+β→α 三相平衡的包晶转变，这一包晶反应在二元系中为恒温下进行，而三元系中则于一个温度范围内进行，各温度下平衡三相的成分点构成一个浓度三角形，随温度从高温向低温推移变化，如图 5-27(a)中阴影三角形所示。

图 5-27(b)为该合金系的投影图，图中 PP' 为液相面交线，也是液相的单变量线，aa'、bb' 分别为 α 相与 β 相的单变量线，$a_1 a_2$、$b_1 b_2$ 分别为 α+β 两相区与 α、β 单相区在室温的交线。由投影图可见 L+β→α 浓度三角形的移动规律，与共晶型三相区相反，是以边领先从高温向低温方向移动，包晶反应两个反应相(L+β)的成分点构成领先边，这是包晶型三相区的基本特征。

5.4.3　三元包共晶相图

三元包共晶相图是具有包共晶四相平衡转变的三元相图，转变的反应式为：

$$L+α → β+γ$$

从反应相来看，该转变与包晶转变一致，从生成相来看，该转变类似共晶转变，因此被称为包共晶转变。

图 5-28 为典型的三元包共晶相图的立体模型，其中 A-B 为二元包晶系，A-C、B-C 为二元共晶系，且 $T_A > P_1 > e_1 > T_c > T_p > T_B > e_2$（其中 T_p 表示四相平衡温度）。四边形 $abPc$ 为包共晶转变四相平衡水平面，四个顶点分别代表四相的平衡浓度，四相平衡包共晶转变为 $L_P + α_a → β_b + γ_c$。四相面以上有两个三相区，分别为包晶型三相平衡 L+α→β 和共晶型三相平衡 L→α+γ，各相成分沿相应的单变量线箭头方向变化；四相面以下则存在一个共晶型三相区(L→β+γ)和一个固态三相平衡区(α↔β，β↔γ，γ↔α)，随温度降低，α、β、γ 沿各自单变量线变化，由 $abc → a_0 b_0 c_0$。

图 5-29 为该相图的综合投影图,清晰地呈现了四相平衡包共晶转变面为四边形,反应相和生成相成分点的连接线分别是四边形的两条对角线。两条对角线将四边形划分为两组共四个三角形,其中反应相成分点连线划分的两个三角形 abP、acP 分别与四相面上方的两个三相区 $L+\alpha+\beta$、$L+\alpha+\gamma$ 相连;而生成相成分点连线划分的两个三角形 abc、bcP 分别与四相面下方的两个三相区 $\alpha+\beta+\gamma$、$L+\beta+\gamma$ 相连。投影图中 P 点为三条液相浓度变温线的交点,三条线的箭头指向为两进一出,其余相区连接特征与三元共晶相图相同。

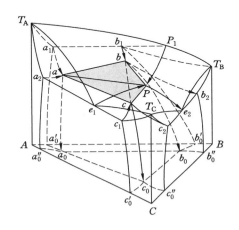

图 5-28 三元包共晶相图立体模型　　　图 5-29 三元包共晶相图投影

利用投影图分析图中 x 合金的平衡结晶过程如下:

$$L\rightarrow\quad L+\alpha\rightarrow\quad L+\alpha+\beta\rightarrow\quad L+\alpha+\beta+\gamma\rightarrow\quad L+\beta+\gamma\rightarrow\quad \beta+\gamma\rightarrow\quad \alpha+\beta+\gamma$$

$$(L\rightarrow\alpha_{初})\quad(L+\alpha\rightarrow\beta_{包})\quad(L+\alpha\rightarrow\beta+\gamma)\quad(L\rightarrow(\beta+\gamma)_{共})\quad(\beta_{包}\rightarrow\gamma_{II})\quad(\beta_{包}\rightarrow\alpha_{II}+\gamma_{II})$$

室温组织为:$\beta_{包}+(\beta+\gamma)_{包共}+(\beta+\gamma)_{共}+$二次相。

5.4.4 三元包晶相图

四相平衡包晶转变为液相与两个固相反应形成一个新的固相,其反应式为:$L+\alpha+\beta\rightarrow\gamma$。图 5-30 为具有三元包晶四相平衡的三元相图立体模型,这里 A-B 为二元共晶系,A-C 和 B-C 都为二元包晶系,且 $T_A>T_B>e_1>T_P>T_{P2}>T_{P1}>T_C$,其中 T_P 表示四相平衡温度,在该温度下发生包晶转变:$L_P+\alpha_a+\beta_b\rightarrow\gamma_c$。包晶型四相平衡区为三角形水平面 abP,该平面上方有一个共晶型三相区($L\rightarrow\alpha+\beta$),eP、a_1a、b_1b 分别为 L、α、β 三相的浓度变温线;四相面下方有 3 个三相区,包括一个固态三相区 $\alpha+\beta+\gamma$(浓度变温线分别为 aa_0、bb_0、cc_0),和两个包晶型三相区 $L+\alpha\rightarrow\gamma$($PP_1$、$aa_2$、$cc_1$)和 $L+\beta\rightarrow\gamma$(PP_2、bb_2、cc_2)。

图 5-31 为该三元系的综合投影图,由图可见,三元包晶四相平衡面为三角形 abP,顶点 a、b、P 分别代表反应相 L、α、β 的平衡成分,生成相 γ 的成分则位于 abP 内的质量重心 c 点。四相面大三角形 abP 与四相面之上的三相区 $L+\alpha+\beta$ 相连;而由 c 点区分的三个小三角形 abc、acP、bcP 分别与四相面以下的三相区 $\alpha+\beta+\gamma$、$L+\alpha+\gamma$、$L+\beta+\gamma$ 相连。投影图中 P 点为三条液相单变量线的交点,三条线的箭头指向为一进两出,且两出线(PP_1、PP_2)所包围的区域为生成相 γ 的液相面。

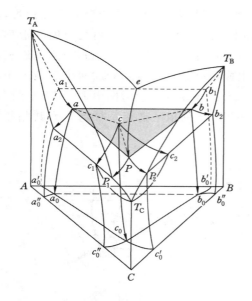

图 5-30 三元包晶相图立体模型

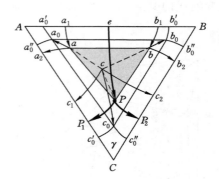

图 5-31 三元包晶相图投影图

5.5 三元相图小结

  与二元相图相比,三元相图增加了一个成分变量,因此相图种类繁多、形状复杂,上述是以一些典型三元相图为例,说明其立体模型、水平截面、垂直截面、投影图及合金凝固过程的基本规律。下面再结合相律与相区接触法则,对三元系中的相平衡和相区特征进行归纳整理,掌握这些规律性,可以举一反三,更好地分析和使用各种三元相图。

5.5.1 三元系的两相平衡

  二元系的两相区由一对共轭线包围,三元系的两相区则以一对共轭曲面为边界,这一对共轭曲面在投影图及截面图中均表现为一对共轭曲线,且分别与两个单相区相连。三元系中两相平衡区的自由度 $f=3-2+1=2$,即温度和一个相中的一个组元的成分可以独立改变,而这个相中另两种组元的含量,以及第二相的成分都随之被确定,不能独立变化。在水平截面上,两相的平衡成分由两相区的连接线确定,可用杠杆定律计算两平衡相的相对量。在垂直截面中,只能判断两相转变的温度范围,不反映平衡相的成分。两相区与三相区的界面是由不同温度下两个平衡相的共轭线组成,因此在水平截面中,两相区以直线与三相区隔开,这条直线就是该温度下的一条共轭线。

5.5.2 三元系的三相平衡

  三相平衡时系统的自由度为1,即温度和各相成分只有一个是可以独立变化的,当温度一定时,三个平衡相成分随之而定,成分点构成水平的浓度三角形,因此三相区是由一系列浓度三角形构成的不规则三棱柱体,三条棱边分别为三个相的单变量线。三相区可以开始或终止于二元系的三相平衡线,也可以开始或终止于四相平衡的水平面。水平截面中,三相区为直边共轭三角形,三个顶点即三个相的成分点,各连接对应的单相区;连接两个顶点的共轭线就是三相区和两相区的交线,可用重心法则计算各个相的相对含量。垂直截面中,如果截到三相区的三个侧面,则呈曲边三角形,三角形的顶点并不代表平衡浓度,也无法计算相对量。而投影图中,三相区由三相的单变量线投影、浓度起始三角形及终止三角形投影所包围。

三元系中三相平衡的转变类型有:

(1)共晶型,包括有共晶转变 $L \rightarrow \alpha + \beta$、共析转变 $\gamma \rightarrow \alpha + \beta$、偏晶转变 $L_1 \rightarrow L_2 + \alpha$ 和熔晶转变 $\gamma \rightarrow L + \alpha$。

(2)包晶型,包括有包晶转变 $L + \alpha \rightarrow \beta$、包析转变 $\alpha + \gamma \rightarrow \beta$ 和合晶转变 $L_1 + L_2 \rightarrow \alpha$。

以合金冷却时发生的转变为例,无论发生何种三相平衡转变,三相空间中反应相单变量线的位置都比生成相单变量线的位置要高,因此其共轭三角形的移动都是以反应相的成分点为前导的,在垂直截面中则应是反应相的相区在三相区的上方,生成相的相区在三相区的下方。具体来说,对共晶型转变($L \rightarrow \alpha + \beta$),因为反应相是一个相,所以共轭三角形的移动以一个顶点领先,如图 5-32(a)所示;而该三相区的垂直截面则是顶点朝上的曲边三角形[图 5-33(a)]。对于包晶型转变($L + \beta \rightarrow \alpha$),因为反应相是两相,生成相是一相,所以共轭三角形的移动是以一条边领先,如图 5-32(b)所示;该三相区的垂直截面则是底边朝上的曲边三角形[图 5-33(b)]。可根据上述特征对三相区内的反应类型进行判断。但若曲边三角形的三个顶点邻接的不是单相区,则无法据此判定反应类型,需要进一步根据邻区的分布特点进行分析。

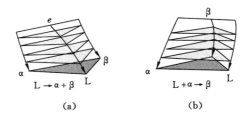

图 5-32 共晶型和包晶型三相区

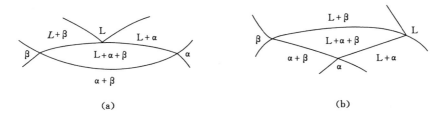

图 5-33 两种三相区的垂直截面示意

5.5.3 三元系的四相平衡

三元系四相平衡的自由度为零,即平衡温度和平衡相的成分都是固定的。三元系中四相平衡转变大致可分为三类:

(1)三元共晶型转变,包括共晶转变 $L \rightarrow \alpha + \beta + \gamma$,和共析转变 $\delta \rightarrow \alpha + \beta + \gamma$。

(2)包共晶型转变,包括包共晶转变 $L + \alpha \rightarrow \beta + \gamma$,和包共析转变 $\delta + \alpha \rightarrow \beta + \gamma$。

(3)三元包晶型转变,包括包晶转变 $L + \alpha + \beta \rightarrow \gamma$,和包析转变 $\delta + \alpha + \beta \rightarrow \gamma$。

在三元相图立体模型中,四相平衡区是由四个相的平衡成分点构成的水平面,且以这四个成分点与对应的单相区以点相邻;四相平衡时其中任意两相之间也必然平衡,因此四个成分点中任意两点连线必然是两相区的连接线,这样的连接线共有 6 条,即四相面与六个两相区相连,以线接触;四相平衡时其中任意三相之间也必然平衡,四个点中任意三点连成的三角形必然是三相区的连接三角形,这样的三角形共有 4 个,所以四相平面与四个三相区相连,以面接触。而根据四相面上下所邻接的三相区配列,可以确定四相平衡平面的反应性质,各种类型四相平衡面特征及与三相区邻接关系见表 5-2。

表 5-2　三元系中各类四相平衡转变的特征

转变类型	$L \to \alpha + \beta + \gamma$	$L + \alpha \to \beta + \gamma$	$L + \alpha + \beta \to \gamma$
转变前的 三相平衡	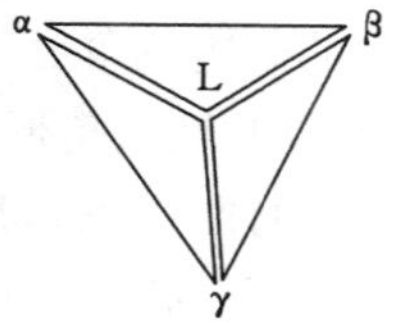	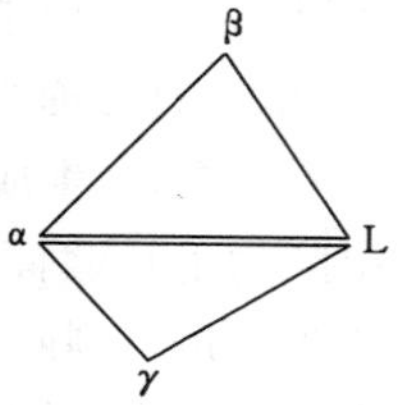	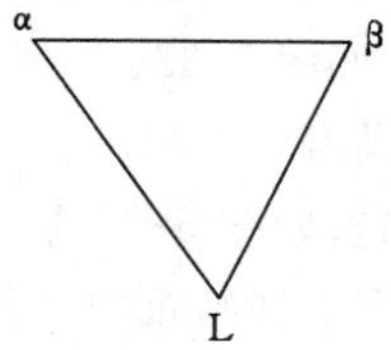
四相平衡	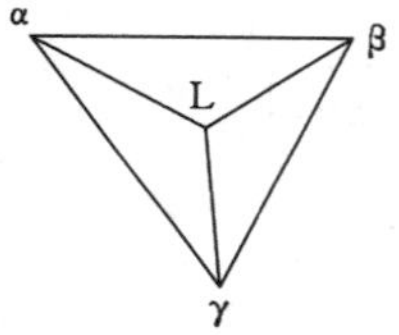	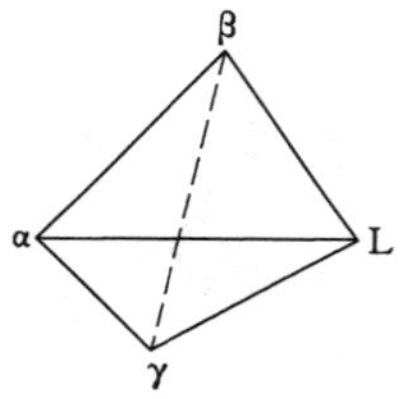	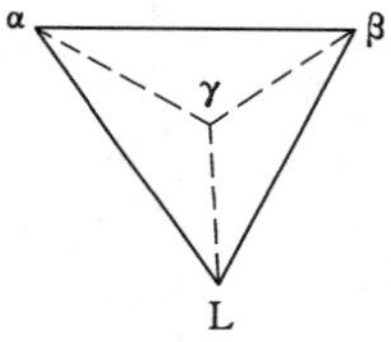
转变后的 三相平衡	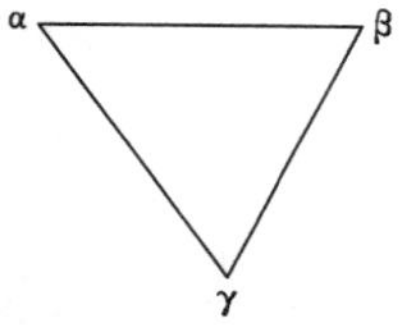	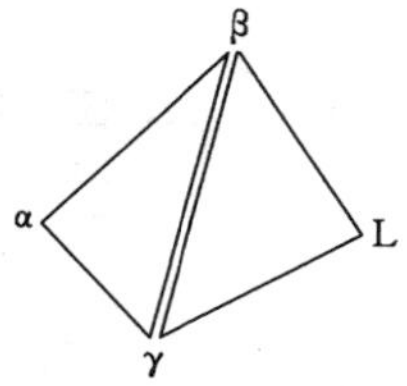	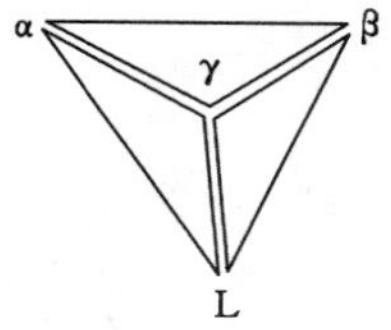
四相面上下三相区的配例	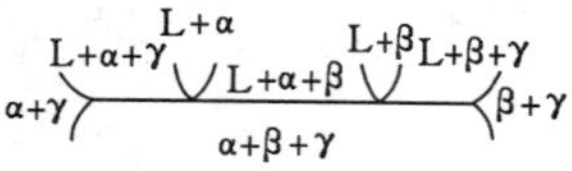	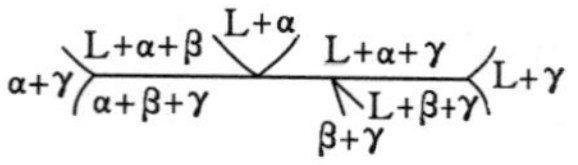	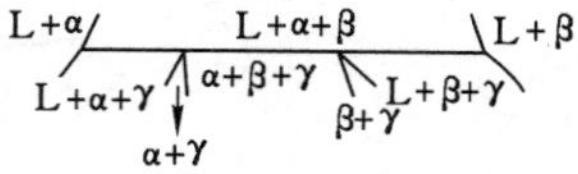

四相平衡平面和四个三相区相连,每个三相区都有三根单变量线,因此四相面必然与 12 根单变量线相连。投影图可以清晰地反映这 12 根线的投影关系。根据单变量线的位置及温度走向,也可以判断四相平衡类型,其中最常用的是液相的单变量线。当三条液相单变量线相交于一点时,交点处必然发生四相平衡转变。如图 5-34 所示,若三条液相单变量线上的箭头同时指向交点(三进),则交点对应温度发生三元共晶转变;若两条液相单变量线的箭头指向交点,一条背离(二进一出),此时发生包共晶转变;若一条箭头指向交点,两条背离(一进二出),则属于三元包晶转变。具体反应式的判断方法为:三条液相单变量线将交点附近液相面分成三块,分别为三个固相的液相面,根据液相单变量线的走势可以判断其中的高

温相与低温相,而液相为高温相,则反应式中将高温相作为反应相放在左边,而低温相作为生成相放在右边。例如,图 5-34(b)中,显然 α 相为高温相,它与液相 L 一起作为反应相生成两个低温相 β 和 γ,即包共晶反应;图 5-34(c)中,α、β 为高温相,与液相 L 一起作为反应相生成低温相 γ,即三元包晶反应。

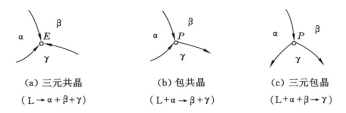

(a) 三元共晶　　　　　(b) 包共晶　　　　　(c) 三元包晶

$(L \rightarrow \alpha + \beta + \gamma)$　　$(L + \alpha \rightarrow \beta + \gamma)$　　$(L + \alpha + \beta \rightarrow \gamma)$

图 5-34　三种四相平衡转变的液相面交线投影

5.6　实际三元相图举例

5.6.1　Fe-Cr-C 三元系相图

　　Fe-Cr-C 系三元合金,如铬不锈钢 0Cr13,1Cr13,2Cr13 以及高碳高铬型模具钢 Cr12 等在工业上被广泛应用。此外,其他常用钢种也有很多是以 Fe-Cr-C 为主的多元合金,因此 Fe-Cr-C 三元系相图是反映这些钢的凝固过程及组织性能的重要资料。

5.6.1.1　液相面投影图

　　图 5-35 为 Fe-Cr-C 三元系富 Fe 角的液相面投影图,C 和 Cr 的含量以直角坐标系表示。图中被 7 条液相单变量线分成五块液相面,分别对应 5 个初晶相 α、γ、C_1（M_3C）、C_2（M_7C_3）和 C_3（$M_{23}C_6$）。图中的 A、B、C 三点均为三条液相单变量线的交点,因此代表了 3 个四相平衡转变。

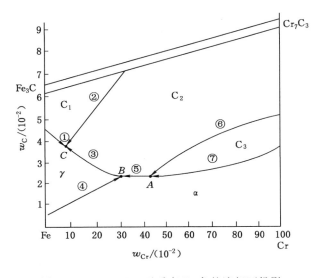

图 5-35　Fe-Cr-C 三元系富 Fe 角的液相面投影

A：$L+C_3 \leftrightarrow C_2+\alpha$。

B：$L+\alpha \leftrightarrow \gamma+ C_2$。

C：$L \leftrightarrow \gamma+C_1+C_3$。

7条液相面单变量线则分别代表了7个三相平衡转变：

① $L \rightarrow C_1+\gamma$。

② $L \rightarrow C_1+C_2$。

③ $L \rightarrow \gamma+C_2$。

④ $L+\alpha \rightarrow \gamma$。

⑤ $L \rightarrow \alpha+C_2$。

⑥ $L+C_2 \rightarrow C_3$。

⑦ $L \rightarrow \alpha+C_3$。

5.6.1.2 水平截面

图 5-36 是 Fe-Cr-C 三元系富 Fe 角在 1 150 ℃和 850 ℃下的水平截面图，两个温度对比，1 150 ℃截面图中多了液相区，表明有些合金在该温度下已经熔化。图中各个三角形都是三相区，顶点都与单相区衔接，三相平衡区之间均隔以两相平衡区。对比两个截面中相同三相区的浓度三角形的移动方向，可判别相图中三相区转变类型。如 $\gamma+C_1+C_2$ 三相区随温度下降以 $\gamma+C_2$ 边领先向前移动，说明该相区内发生包析转变 $\gamma+C_2 \rightarrow C_1$。

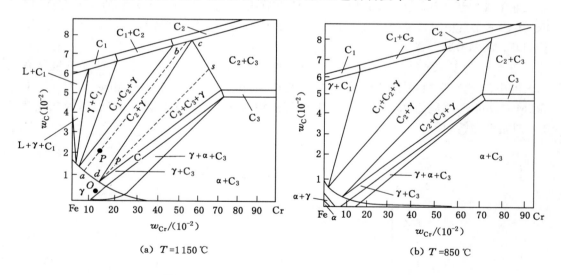

(a) T＝1 150 ℃ \qquad (b) T＝850 ℃

图 5-36　Fe-Cr-C 三元系富 Fe 角等温截面图

利用等温截面可以分析合金在该温度下的相组成，并对合金的相组成进行定量计算。例如 2Cr13 不锈钢（$w_{Cr}=13\%$、$w_C=0.2\%$），从 Fe-Cr 轴上 $w_{Cr}=13\%$ 处和 Fe-C 轴上的 $w_C=0.2\%$ 处分别做坐标轴的垂线，两线交点 O 就是合金的成分点。O 点在 1 150 ℃位于 γ 单相区，表明该合金在 1 150 ℃为单相奥氏体。对于 $w_{Cr}=13\%$、$w_C=2\%$ 的 Cr12 模具钢，其成分点 P 位于 $\gamma+C_2$ 两相区，说明该合金在 1 150 ℃处于奥氏体与 C_2 两相平衡状态。为了计算两相相对含量，作两平衡相间的近似连接线 aPb。用杠杆定律计算两相相对量分别为：

$$w_\gamma = Pb/ab \times 100\%,\, w_{C_2} = Pa/ab \times 100\%$$

5.6.1.3　垂直截面

图 5-37 是质量分数 w_{Cr} 为 13% 的 Fe-Cr-C 三元系的垂直截面,图中有 4 个单相区,即液相 L、铁素体 α、高温铁素体 δ 和奥氏体 γ。此外还有 8 个两相区、8 个三相区和 3 条四相平衡的水平线。

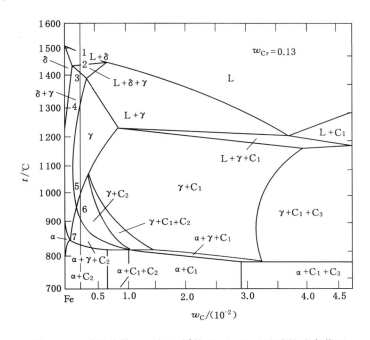

图 5-37　质量分数 w_{Cr} 为 13% 的 Fe-Cr-C 三元系的垂直截面

该截面平行于 Fe-C 二元系,因此与 Fe-C 二元相图有很多相似之处,只是包晶转变、共晶转变及共析转变等三相平衡区不再是水平直线,而是曲边三角形,可根据三角形的朝向及它与周围单相区、两相区的接触情况来判断三相反应的类型。例如图中左上角 L+α+γ 三相区为曲边的下三角,三角形下方顶点与 γ 单相区接触,因此进行包晶型三相转变 $L+\alpha \rightarrow \gamma$;右上角的 L+γ+C₁ 三相区的曲边三角形朝向不够明确,但其与三个单相区的邻接关系为:L 相区在上方、γ 及 C₁ 相区分别在左右两侧,因此为共晶型三相区 $L \rightarrow \gamma + C_1$;左下角的 γ+α+C₂ 三相区为典型的曲边上三角,相区内进行 $\gamma \rightarrow \alpha + C_2$ 共析转变。但不是所有三相区的三相平衡转变,都能由垂直截面直接判断,有些还需参考其投影图及相关二元相图进行分析。

现以 2Cr13 不锈钢($w_{Cr} = 13\%$、$w_C = 0.2\%$)为例,分析其结晶过程。当温度高于 1 点时,合金处于液态;1~2 点,从液相中结晶出 α 相,即 $L \rightarrow \alpha_{初}$;从 2 点开始发生包晶转变 $L+\alpha \rightarrow \gamma$;冷却到 3 点,包晶转变结束,剩余的 α 相发生多晶型转变 $\alpha \rightarrow \gamma$,直至 4 点进入 γ 单相区;5~6 点间发生脱溶转变 $\gamma \rightarrow C_2$;从 6 开始共析转变 $\gamma \rightarrow (\alpha + C_2)$,直至 7 点所有的 γ 相都转变为共析组织;7 点以下,α 相脱溶析出 C₂ 相。因此该合金的室温组织为($\alpha + C_2$)+C₂。

5.6.2　Al-Cu-Mg 三元系投影图

图 5-38 为 Al-Cu-Mg 三元系液相面投影图的富铝部分。图中细实线为等温线。带箭头的粗实线是液相面交线投影，也是三相平衡转变的液相单变量线投影。其中有一条单变量线上标有两个方向相反的箭头，并在曲线中部画有一个黑点（518 ℃）。说明空间模型中相应的液相面在此处有凸起。

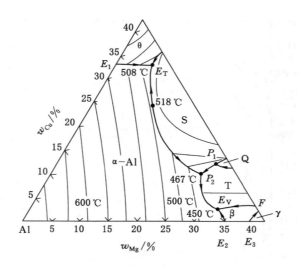

图 5-38　Al-Cu-Mg 三元系液相面投影图

这部分投影图的液相面被液相单变量线分隔为七块，因此，相对应的初生相也有七个，在图中均已表明。其中的 α-Al 是以 Al 为溶剂的固溶体，θ（CuAl$_2$）、β（Mg$_2$Al$_3$）、γ（Mg$_{17}$Al$_{12}$）、S（CuMgAl$_2$）、T［Mg$_{32}$（Al,Cu）$_{49}$］、Q（Cu$_3$Mg$_6$Al$_7$）均为金属间化合物。

三条液相单变量线的交点共有四个，分别为 E_T、P_1、P_2、Eu，对应的四相平衡转变分别为：

E_T：L→α+θ+S。

P_1：L+Q→S+T。

P_2：L+S→α+T

Eu：L→α+ β+T。

根据液相面中的等温线，可以大致判断各成分合金开始凝固的温度及初生相。例如 2Al$_2$ 是航空工业中广泛应用的硬铝型合金，常用作飞机的蒙皮和骨架，其化学成分为 Al-4.5％Cu-1.5％Mg，由图 5-38 可以查知，其熔点约为 645 ℃，初生相为 α。

第 6 章　固体中的扩散

物质的迁移可通过对流和扩散两种方式进行。在气体和液体中物质的迁移一般通过对流和扩散来实现,而在固体中扩散是唯一的物质迁移方式,其原子或分子通过热运动不断从某一位置迁移到另一位置。一般有两种方法研究扩散:一是表象理论,即根据所测量的参数描述物质传输的速率和数量等;二是原子理论,即考察扩散过程中原子是如何迁移的。本章中,主要探讨固体中扩散的一般规律、影响因素和扩散机制等。

6.1　扩散的表象理论

6.1.1　菲克第一定律

固体中存在成分差异时,原子将会由高浓度位置向低浓度位置扩散。为了描述原子的迁移速率,菲克提出扩散中原子通量与质量浓度梯度成正比,即菲克第一定律:

$$J = -D\frac{\mathrm{d}\rho}{\mathrm{d}x} \tag{6-1}$$

式(6-1)又称为扩散第一定律,其中 J 为扩散通量,表示单位时间内通过垂直于扩散方向 x 单位面积的扩散物质的量,单位为 $\mathrm{kg/(m^2 \cdot s)}$; D 为扩散系数,单位为 $\mathrm{m^2/s}$, ρ 是扩散物的质量浓度,单位为 $\mathrm{kg/m^3}$;负号表示物质扩散方向与质量浓度梯度 $\frac{\mathrm{d}\rho}{\mathrm{d}x}$ 方向相反,即表示物质从高浓度位置向低浓度位置方向扩散。通常认为菲克第一定律描述稳态扩散,即质量浓度不随时间而变化。

6.1.2　菲克第二定律

大多数扩散过程中某一点浓度随时间变化,即属非稳态扩散过程。该类过程可由菲克第一定律结合质量守恒条件导出的菲克第二定律来求解。图 6-1 表示在垂直于物质扩散的方向 x 上,取横截面积为 A、长度为 $\mathrm{d}x$ 的一个微体积元,假设流入和流出该体积元的通量为 J_1 和 J_2,根据质量平衡有:

流入质量－流出质量＝积存质量,或流入速率－流出速率＝积存速率

因为流入速率＝ $J_1 \cdot A$,可得流出速率＝ $J_2 \cdot A = J_1 A + \frac{\partial(J \cdot A)}{\partial x}\mathrm{d}x$,则体积元中的物质积存速率＝ $-\frac{\partial J}{\partial x}A \cdot \mathrm{d}x$。

同时,该积存速率也可用体积元中扩散物质质量浓度变化表示,可得:

$$\frac{\partial \rho}{\partial t}A \cdot \mathrm{d}x = -\frac{\partial J}{\partial x} \cdot A \cdot \mathrm{d}x$$

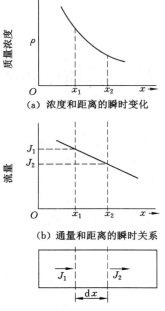

（a）浓度和距离的瞬时变化

（b）通量和距离的瞬时关系

（c）扩散通量 J_1 的物质经过体积元后的变化

图 6-1　微体积元中扩散物质浓度变化速率

$$\frac{\partial \rho}{\partial t} = -\frac{\partial J}{\partial x}$$

将菲克第一定律代入上式，可得

$$\frac{\partial \rho}{\partial t} = \frac{\partial}{\partial x}\left(D\,\frac{\partial \rho}{\partial x}\right) \tag{6-2}$$

式（6-2）即为菲克第二定律或扩散第二定律。如果 D 与浓度无关，则式（6-2）可简化为：

$$\frac{\partial \rho}{\partial t} = D\,\frac{\partial^2 \rho}{\partial x^2} \tag{6-3}$$

在三维扩散时，如果扩散系数是各向同性的，则可得到菲克第二定律的普遍式：

$$\frac{\partial \rho}{\partial t} = D\left(\frac{\partial^2 \rho}{\partial x^2} + \frac{\partial^2 \rho}{\partial y^2} + \frac{\partial^2 \rho}{\partial z^2}\right) \tag{6-4}$$

因为式（6-4）中表示的扩散是由浓度梯度引起，所以这样的扩散称为化学扩散；作为区别，把不依赖浓度梯度而仅由热振动导致的扩散称为自扩散，由 D_s 表示。自扩散系数的定义可由式（6-1）得出：

$$D_s = \lim_{\left(\frac{\partial \rho}{\partial x}\to 0\right)} \left| \frac{-J}{\frac{\partial \rho}{\partial x}} \right| \tag{6-5}$$

式（6-5）表示材料中某一组元的自扩散系数是其质量浓度梯度趋于零时的扩散系数。

6.1.3　扩散方程的解

非稳态扩散问题需要利用菲克第二定律，并根据问题的初始条件和边界条件进行求解。

这里介绍几种基本问题的方程解。

6.1.3.1　两端成分不受扩散影响的扩散偶

有含有同一组元的 A 和 B 试样棒,质量浓度分别为 ρ_2 和 ρ_1。现将 A 和 B 焊接在一起,焊接面垂直于棒轴 x 组成扩散偶(图 6-2)。加热保温不同时间后,焊接面($x=0$)附近的质量浓度会发生不同程度变化。假定试棒足够长、扩散偶两端能够始终保持原组元浓度。则方程的初始条件为:

$$t=0 \quad \begin{cases} x>0,\text{则 } \rho=\rho_1 \\ x<0,\text{则 } \rho=\rho_2 \end{cases}$$

以及边界条件:

$$t\geqslant 0 \quad \begin{cases} x=\infty,\text{则 } \rho=\rho_1 \\ x=-\infty,\text{则 } \rho=\rho_2 \end{cases}$$

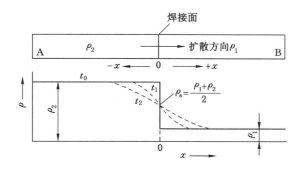

图 6-2　扩散偶的成分-扩散曲线

利用中间变量代换,将偏微分方程变为常微分方程。令中间变量 $\beta=\dfrac{x}{2\sqrt{Dt}}$,则有

$$\frac{\partial \rho}{\partial t}=\frac{\mathrm{d}\rho}{\mathrm{d}\beta}\frac{\partial \beta}{\partial t}=-\frac{\beta}{2t}\frac{\mathrm{d}\rho}{\mathrm{d}\beta}$$

而

$$\frac{\partial^2 \rho}{\partial x^2}=\frac{\partial^2 \rho}{\partial \beta^2}\left(\frac{\partial \beta}{\partial x}\right)^2 \text{(分子,分母同乘以 } \partial \beta^2)$$

$$=\frac{\partial^2 \rho}{\partial \beta^2}\frac{1}{4Dt}=\frac{\mathrm{d}^2 \rho}{\mathrm{d}\beta^2}\frac{1}{4Dt}$$

将上面两式代入菲克第二定律式(6-3)得

$$-\frac{\beta}{2t}\frac{\mathrm{d}\rho}{\mathrm{d}\beta}=D\cdot\frac{1}{4Dt}\frac{\mathrm{d}^2 \rho}{\mathrm{d}\beta^2}$$

整理为

$$\frac{\mathrm{d}^2 \rho}{\mathrm{d}\beta^2}+2\beta\frac{\mathrm{d}\rho}{\mathrm{d}\beta}=0$$

可解出

$$\frac{\mathrm{d}\rho}{\mathrm{d}\beta}=A_1\exp(-\beta^2)$$

积分后求出最终通解为

$$\rho=A_1\int_0^\beta \exp(-\beta^2)\mathrm{d}\beta+A_2 \tag{6-6}$$

式中，A_1 和 A_2 是常数。

根据误差函数的定义：

$$\mathrm{erf}(\beta) = \frac{2}{\sqrt{\pi}} \int_0^\beta \exp(-\beta^2) \mathrm{d}\beta$$

误差函数具有性质：$\mathrm{erf}(\infty) = 1$，$\mathrm{erf}(-\beta) = -\mathrm{erf}(\beta)$。不同 β 值所对应的误差函数值见表 6-1。

表 6-1 误差函数 $\mathrm{erf}(\beta)$ 表（$\beta = 0 \sim 2.7$）

β	0	1	2	3	4	5	6	7	8	9
0.0	0.000 0	0.011 3	0.022 6	0.033 8	0.045 1	0.056 4	0.067 6	0.078 9	0.090 1	0.101 3
0.1	0.112 5	0.123 6	0.134 8	0.143 9	0.156 9	0.168 0	0.179 0	0.190 0	0.200 9	0.211 8
0.2	0.222 7	0.233 5	0.244 3	0.255 0	0.265 7	0.276 3	0.286 9	0.297 4	0.307 9	0.318 3
0.3	0.328 6	0.338 9	0.349 1	0.359 3	0.368 4	0.379 4	0.389 3	0.399 2	0.409 0	0.418 7
0.4	0.428 4	0.438 0	0.447 5	0.456 9	0.466 2	0.475 5	0.484 7	0.493 7	0.502 7	0.511 7
0.5	0.520 4	0.529 2	0.537 9	0.546 5	0.554 9	0.563 3	0.571 6	0.579 8	0.587 9	0.597 9
0.6	0.603 9	0.611 7	0.619 4	0.627 0	0.634 6	0.642 0	0.649 4	0.656 6	0.663 8	0.670 8
0.7	0.677 8	0.684 7	0.691 4	0.698 41	0.704 7	0.711 2	0.717 5	0.723 8	0.730 0	0.736 1
0.8	0.742 1	0.748 0	0.735 8	0.759 5	0.765 1	0.770 7	0.776 1	0.786 4	0.786 7	0.791 8
0.9	0.796 9	0.801 9	0.806 8	0.811 6	0.816 3	0.820 9	0.825 4	0.824 9	0.834 2	0.838 5
1.0	0.842 7	0.846 8	0.850 8	0.854 8	0.858 6	0.862 4	0.866 1	0.869 8	0.837 7	0.816 8
1.1	0.880 2	0.883 5	0.886 8	0.890 0	0.893 1	0.896 1	0.899 1	0.902 0	0.904 8	0.907 6
1.2	0.910 3	0.913 0	0.915 5	0.918 1	0.920 5	0.922 9	0.925 2	0.927 5	0.929 7	0.931 9
1.3	0.934 0	0.936 1	0.938 1	0.940 0	0.941 9	0.943 8	0.945 6	0.947 3	0.949 0	0.950 7
1.4	0.952 3	0.953 9	0.955 4	0.956 9	0.958 3	0.959 7	0.961 1	0.962 4	0.963 7	0.949
1.5	0.966 1	0.967 3	0.968 7	0.969 5	0.970 6	0.971 6	0.972 6	0.973 6	0.974 5	0.975 5

β	1.55	1.6	1.65	1.7	1.75	1.8	1.9	2.0	2.2	2.7
$\mathrm{erf}(\beta)$	0.971 6	0.976 3	0.980 4	0.983 8	0.986 7	0.989 1	0.992 8	0.995 3	0.998 1	0.999 9

根据误差函数的定义和性质可得

$$\int_0^\infty \exp(-\beta^2)\mathrm{d}\beta = \frac{\sqrt{\pi}}{2}, \quad \int_0^{-\infty} \exp(-\beta^2)\mathrm{d}\beta = -\frac{\sqrt{\pi}}{2}$$

代入式（6-6），并结合边界条件可解出常数 A_1 和 A_2：

$$A_1 = \frac{\rho_1 - \rho_2}{2} \frac{2}{\sqrt{\pi}}, \quad A_2 = \frac{\rho_1 + \rho_2}{2}$$

所以质量浓度 ρ 随距离 x 和时间 t 变化的解析关系为：

$$\rho(x,t) = \frac{\rho_1 + \rho_2}{2} + \frac{\rho_1 - \rho_2}{2} \frac{2}{\sqrt{\pi}} \int_0^\beta \exp(-\beta^2)\mathrm{d}\beta = \frac{\rho_1 + \rho_2}{2} + \frac{\rho_1 - \rho_2}{2} \mathrm{erf}\left(\frac{x}{2\sqrt{Dt}}\right) \quad (6-7)$$

在界面处（$x = 0$），则 $\mathrm{erf}(0) = 0$，所以

$$\rho_s = \frac{\rho_1 + \rho_2}{2}$$

即扩散系数与浓度无关时,界面上质量浓度 ρ_s 保持不变。所以,界面左右两侧的浓度衰减和增加是对称的。

若焊接面右侧棒的原始质量浓度 ρ_1 为零时,则式(6-7)简化为:

$$\rho(x,t) = \frac{\rho_2}{2}\left[1 - \mathrm{erf}\left(\frac{x}{2\sqrt{Dt}}\right)\right] \tag{6-8}$$

此时,界面上的组元浓度为 $\frac{\rho_2}{2}$。

6.1.3.2　一端成分不受扩散影响的扩散体

在对碳钢进行渗碳处理时,初始碳质量浓度为 ρ_0 的工件可视为半无限长扩散体,即远离渗碳源一端在渗碳过程中始终保持碳质量浓度 ρ_0。

初始条件 $t=0, x \geqslant 0, \rho = \rho_0$,

边界条件 $t > 0, x = 0, \rho = \rho_s; x = \infty, \rho = \rho_0$。

即渗碳一开始,渗碳源一端的表面就达到渗碳气氛的碳质量浓度 ρ_s,由式(6-6)可得:

$$\rho(x,t) = \rho_s - (\rho_s - \rho_0)\mathrm{erf}\left(\frac{x}{2\sqrt{Dt}}\right) \tag{6-9}$$

工件为纯铁时($\rho_0 = 0$), 则式(6-9)可简化为:

$$\rho(x,t) = \rho_s\left[1 - \mathrm{erf}\left(\frac{x}{2\sqrt{Dt}}\right)\right] \tag{6-10}$$

可根据式(6-9)估算出达到一定渗碳层深度所需的时间。

6.1.3.3　衰减薄膜源

在一个金属长棒 B 的一端沉积一层金属 A,并将其和另外一个金属棒 B 焊接起来形成在金属 A 薄膜源在中间的扩散偶。对此扩散偶扩散退火,则在一定的温度下,金属 A 在金属 B 中的浓度将随时间 t 变化。棒轴与 x 轴平行、金属 A 膜位于 x 轴原点,则扩散系数与浓度无关时,A 浓度随 t 及 x 的变化为:

$$\rho = \frac{k}{\sqrt{t}}\exp\left(-\frac{x^2}{4Dt}\right) \tag{6-11}$$

式(6-12)中 k 为常数。可以看出,溶质质量浓度以原点为中心左右对称。设扩散物质质量为 M,棒的横截面面积为单位面积,则有:

$$M = \int_{-\infty}^{\infty}\rho\,\mathrm{d}x \tag{6-12}$$

令 $\frac{x^2}{4Dt} = \beta^2$,则

$$\mathrm{d}x = 2\sqrt{Dt}\,\mathrm{d}\beta \tag{6-13}$$

将式(6-11)和式(6-13)代入式(6-12),可得

$$M = 2k\sqrt{D}\int_{-\infty}^{\infty}\exp(-\beta^2)\,\mathrm{d}\beta = 2k\sqrt{\pi D}$$

则常数

$$k = \frac{M}{2\sqrt{\pi D}} \tag{6-14}$$

将式(6-14)代入式(6-11),得到薄膜扩散源随扩散时间衰减后的分布:

$$\rho = \frac{M}{2\sqrt{\pi Dt}} \exp\left(-\frac{x^2}{4Dt}\right) \tag{6-15}$$

在一根金属 B 棒的一端沉积质量为 M 的物质 A,这时扩散物质由原来向左右两侧扩散改变为仅向一侧扩散。扩散退火后物质 A 的质量浓度为上述扩散偶的 2 倍,即:

$$\rho = \frac{M}{\sqrt{\pi Dt}} \exp\left(-\frac{x^2}{4Dt}\right) \tag{6-16}$$

可通过式(6-15)或式(6-16)描述的衰减薄膜扩散源示踪原子分布来测定金属的自扩散系数。由于纯金属 A 中不存在浓度梯度,可通过沉积放射性同位素 A^* 为示踪物来测量 A^* 的扩散浓度,且同位素 A^* 的化学性质与 A 相同,A^* 的扩散系数即为 A 的自扩散系数。

6.1.3.4　置换型固溶体中的扩散

考察间隙固溶体中的溶质扩散时,溶剂原子扩散速率远小于溶质原子,因此可被忽略(如碳在铁中的扩散)。但在置换型固溶体中,溶剂和溶质原子的可移动性属同一量级,因此必须考虑溶质和溶剂原子的扩散速率差异。柯肯达尔等在 1947 年证实了这一点。他们在长方形黄铜棒(Zn $wt\% = 30\%$)上预放置两排钼丝,然后再镀上铜(图 6-3)。这样黄铜和铜构成扩散偶,而高熔点钼丝作为标记物,不参与扩散。

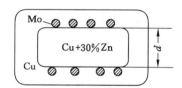

图 6-3　柯肯达尔扩散偶

样品经 785 ℃保温 56 d 后,上下两排钼丝间的距离减小了 0.25 mm,并在原位置留下一些小洞。假如 Cu 和 Zn 扩散系数相等,钼丝两侧的 Cu 与 Zn 原子进行等量交换,由于 Zn 原子尺寸大于 Cu,扩散后钼丝内移动。如果 Cu 和 Zn 原子尺寸差是钼丝移动的唯一原因,那么移动量只应为实际观察值的 1/10 左右。该结果表明,Zn 的扩散速率要比 Cu 大得多,导致黄铜中扩散出去的 Zn 量高于进入的铜量。这种由于不等量扩散导致标记面移动的现象称为柯肯达尔效应。此后,又发现 Ag-Au,Ag-Cu,Au-Ni,Cu-Al,Cu-Sn 及 Ti-Mo 等多种置换型扩散偶中都存在柯肯达尔效应。

达肯对柯肯达尔效应进行了唯象解析。如果把标记飘移比作类似流体的运动,可得如下标记漂移的速度表达式:

$$v = (D_1 - D_2) \frac{\partial x_1}{\partial x}$$

或

$$v = (D_2 - D_1) \frac{\partial x_2}{\partial x} \tag{6-17}$$

其中 x_1 和 x_2 分别为组元 1、2 的摩尔分数。当组元 1 和 2 的扩散系数 D_1 和 D_2 相同

时,标记漂移速度为零。引入互扩散系数 $\widetilde{D}$:

$$\widetilde{D} = D_1 x_2 + D_2 x_1 \tag{6-18}$$

得到置换固溶体中各组元的扩散通量仍具式(6-1)的形式:

$$\left. \begin{aligned} J_1 &= -\widetilde{D}\,\frac{\mathrm{d}\rho_1}{\mathrm{d}x} \\ J_2 &= -\widetilde{D}\,\frac{\mathrm{d}\rho_2}{\mathrm{d}x} \end{aligned} \right\} \tag{6-19}$$

其中,J_1 和 J_2 具有相反的扩散方向。

通过测定某温度下的互扩散系数 $\widetilde{D}$、标记漂移速度 v 和质量浓度梯度,则由达肯公式(6-17)和式(6-18)即可计算出该标记所在处两种原子的扩散系数 D_1 和 D_2(本征扩散系数)。计算得到黄铜 Cu-Zn(Zn $wt\% = 30\%$)和纯铜的扩散偶在标记处 Zn 浓度为 22.5% 时两组元的扩散系数:$D_{Cu} = 2.2 \times 10^{-13}$ m²/s,$D_{Zn} = 5.1 \times 10^{-13}$ m²/s,$D_{Zn}/D_{Cu} \approx 2.3$。由式(6-18)可知,当 x_2 趋近零时,$\widetilde{D} \approx D_2$;同理,当 x_1 趋近于零时,$\widetilde{D} \approx D_1$。说明仅在很溶质很少的置换型固溶体中,互扩散系数 $\widetilde{D}$ 接近于原子的本征扩散系数。

6.2　扩散的原子理论

6.2.1　原子跳跃和扩散系数

6.2.1.1　原子跳跃频率

以间隙固溶体为例考察间隙原子的跃迁。图 6-4 所示为面心立方结构(100)晶面上间隙原子跳跃,其中溶质原子从一个间隙位置 1 迁移到相邻的一个间隙位置 2。迁移过程中,溶质原子须推开原子 3 与 4,进而引起跳跃阻力,即引起跳跃能垒。图 6-5 所示为间隙原子从位置 1 到位置 2 的能量变化,只有自由能超过 G_2 的原子才能发生跳跃,即存在能垒 $\Delta G = G_2 - G_1$。

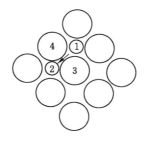

图 6-4　面心立方结构(100)晶面上间隙原子跳跃

从麦克斯韦-玻尔兹曼统计分布定律可得总数为 N 的溶质原子中自由能大于 G_2 的原子数为:

$$n(G > G_2) = N \exp\left(\frac{-G_2}{kT}\right)$$

类似,自由能大于 G_1 的原子数为:

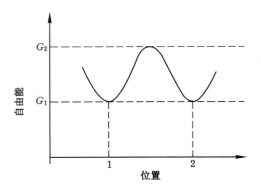

图 6-5 原子的自由能与其位置的关系

$$n(G > G_1) = N\exp\left(\frac{-G_1}{kT}\right)$$

则

$$\frac{n(G > G_2)}{n(G > G_1)} = \exp\left(\frac{-G_2}{kT} - \frac{-G_1}{kT}\right)$$

考虑到 G_1 处于最低自由能的平衡位置,因此 $n(G > G_1) \approx N$,则:

$$\frac{n(G > G_2)}{N} = \exp\left(-\frac{G_2 - G_1}{kT}\right) = \exp\left(\frac{-\Delta G}{kT}\right) \tag{6-20}$$

其表示了 T 温度下能从间隙 1 跳跃到间隙 2 的原子分数或称概率。

假设共有 n 个原子、dt 时间内共跳跃 m 次,则在单位时间内每个原子跳跃次数(跳跃频率)为:

$$\Gamma = \frac{m}{n \cdot dt} \tag{6-21}$$

图 6-6 所示为含间隙原子的两个相邻平行晶面示意图。设晶面 1 和 2 的均为单位面积,分别包含 n_1 和 n_2 个间隙原子。在温度 T,间隙原子跳跃频率为 Γ;由晶面 1 跳到晶面 2 的概率和从晶面 2 跳到晶面 1 的概率均为 P。在 Δt 时间内,单位面积上由晶面 1 跳到晶面 2 和从晶面 2 跳到晶面 1 的原子数分别为:

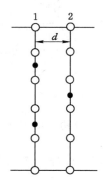

图 6-6 相邻晶面的间隙原子跃迁

$$N_{1\text{-}2} = n_1 P \Gamma \Delta t,$$

$$N_{2\text{-}1} = n_2 P\Gamma\Delta t,$$

若 $n_1 > n_2$，则在晶面 2 上净增的间隙溶质原子数为：

$$N_{1\text{-}2} - N_{2\text{-}1} = (n_1 - n_2)P\Gamma\Delta t \tag{6-22}$$

即

$$\frac{(N_{1\text{-}2} - N_{2\text{-}1})A_r}{N_A} = \frac{(n_1 - n_2)P\Gamma\Delta t A_r}{N_A} = J\Delta t$$

其中，扩散通量 $J = (n_1 - n_2)P\Gamma A_r / N_A$，$N_A$ 为阿伏伽德罗常数，A_r 为相对原子质量。

如果晶面 1 和 2 之间的距离为 d，则在两个晶面组成的微体积中，晶面 1 和晶面 2 上溶质原子的质量浓度分别为：

$$\rho_1 = \frac{n_1 A_r}{N_A d}, \quad \rho_2 = \frac{n_2 A_r}{N_A d} \tag{6-23}$$

晶面 2 上溶质原子的质量浓度又可表示为微分形式：

$$\rho_2 = \rho_1 + \frac{d\rho}{dx} \cdot d \tag{6-24}$$

由式(6-23)和式(6-24)可分别得：

$$\rho_2 - \rho_1 = \frac{1}{d}(n_2 - n_1)\frac{A_r}{N_A}$$

和

$$\rho_2 - \rho_1 = \frac{d\rho}{dx} \cdot d$$

对比上两式，可得

$$n_2 - n_1 = \frac{d\rho}{dx} \cdot d^2 \cdot \frac{N_A}{A_r}$$

即为

$$J = (n_1 - n_2)P\Gamma\frac{A_r}{N_A} = -d^2 P\Gamma\frac{d\rho}{dx}$$

对比菲克第一定律可得：

$$D = Pd^2\Gamma \tag{6-25}$$

式(6-25)中的 P 和 d 取决于固溶体结构，而 Γ 则与材料本身性质和温度都有关。式(6-25)也可用于置换型扩散。

6.2.1.2　扩散系数

在间隙型扩散中，如果原子振动频率为 v，溶质原子最近邻间隙数为 z，则 Γ 为：

$$\Gamma = vz\exp\left(\frac{-\Delta G}{kT}\right)$$

由于 $\Delta G = \Delta H - T\Delta S \approx \Delta U - T\Delta S$，

所以

$$\Gamma = vz\exp\left(\frac{\Delta S}{k}\right)\exp\left(\frac{-\Delta U}{kT}\right)$$

代入式(6-25)可得：

$$D = d^2 Pvz\exp\left(\frac{\Delta S}{k}\right)\exp\left(\frac{-\Delta U}{kT}\right)$$

如果令 $D_0 = d^2 Pv_z\exp\left(\frac{\Delta S}{k}\right)$

则
$$D = D_0 \exp\left(\frac{-\Delta U}{kT}\right) = D_0 \exp\left(\frac{-Q}{kT}\right) \tag{6-26}$$

式中　D_0——扩散常数;

　　ΔU——间隙原子跳跃所需的热力学内能,数值上等于扩散激活能 Q。

无论是固溶体中的置换扩散还是纯金属中的自扩散,原子的迁移主要通过空位扩散。此时除了需要原子从一个空位跳跃到另一个空位的迁移能,还需要扩散原子附近的空位形成能,扩散系数可表示为:

$$D = D_0 \exp\left(\frac{-\Delta U_v - \Delta U}{kT}\right) = D_0 e^{-Q/kT} \tag{6-27}$$

其中,扩散激活能 $Q = \Delta U_v + \Delta U$,$\Delta U$ 为原子迁移能,ΔU_v 为空位形成能。实验表明,置换扩散或自扩散的激活能比仅需间隙扩散的激活能要大(表6-2)。

表6-2　某些扩散系统的 D_0 与 Q(近似值)

扩散组元	基体金属	D_0 /($\times 10^{-5}$ m²/s)	Q /($\times 10^3$ J/mol)	扩散组元	基体金属	D_0 /($\times 10^{-5}$ m²/s)	Q /($\times 10^3$ J/mol)
碳	γ 铁	2.0	140	锰	γ 铁	5.7	277
碳	α 铁	0.20	84	铜	铝	0.84	136
铁	α 铁	19	239	锌	铜	2.1	171
铁	γ 铁	1.8	270	银	银(体积扩散)	1.2	190
镍	γ 铁	4.4	283	银	银(晶界扩散)	1.4	96

式(6-26)和式(6-27)表明,不同扩散机制的扩散系数表达形式相同并遵循阿累尼乌斯方程:

$$D = D_0 \exp\left(-\frac{Q}{RT}\right) \tag{6-28}$$

式中　R——气体常数;

　　Q——每摩尔原子的激活能;

　　T——绝对温度。

不同扩散机制中,D_0 和 Q 值不同。

6.2.1.3　扩散激活能

不同扩散方式所需的扩散激活能 Q 值不同。因此,求解扩散激活能对了解扩散机制非常重要。将式(6-28)两边取对数得到:

$$\ln D = \ln D_0 - \frac{Q}{RT} \tag{6-29}$$

$\ln D$ 与 $1/T$ 的关系可由实验确定。通常认为 D_0 和 Q 和温度无关,而仅和扩散机制、材料相关,此时 $\ln D$ 与 $1/T$ 呈线性关系,因此可通过直线斜率可求出 Q 值,通过截距求出 D_0。当原子在高温和低温以两种不同扩散机制扩散时,将会在 $\ln D$-$1/T$ 图中呈现两段不同斜率的折线。

6.2.2　扩散机制

晶体中的原子从一个平衡位置迁移到另一个平衡位置,可能会按照不同的扩散机制进行。一些可能的扩散机制如图 6-7 所示。

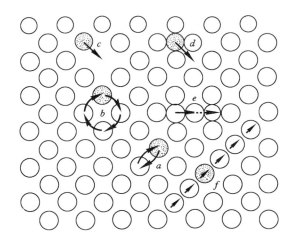

a—直接交换；b—环形交换；c—空位；d—间隙；e—推填；f—挤列。

图 6-7　晶体中的扩散机制

6.2.2.1　交换机制

两个相邻原子可能通过直接交换进行扩散[图 6-7 中 a]。由于直接交换会引起大的畸变和大的激活能，该机制较难在密堆结构中发生。图 6-7 中 b 所示的环形交换机制所涉及的畸变能远小于直接交换，但由于需要 4 个原子同时交换，会受到集体运动约束，因此这种机制的发生的可能性也不大。

直接交换和环形交换中的原子，都是等量互换。因此不会出现柯肯达尔效应。目前在金属和合金中，没有实验结果可以支持这种交换机制；但在金属液体中或非晶体中，则可能实现交换机制的原子互换。

6.2.2.2　间隙机制

间隙扩散机制是原子从一个晶格间隙位置迁移到另一个间隙位置（图 6-7 中 d）。尺寸小的氢、碳、氮等间隙原子易按照这种方式扩散；但对于大的间隙原子，由于迁移导致的畸变能很大，很难通过间隙机制迁移到邻近间隙位置。此时，可通过"推填"机制进行扩散，即一个填隙原子能把与之近邻的、在晶格节点上的原子推到临近间隙中，而自己则填到推出原子的位置上（图 6-7 中 e）。

另外，也有人提出"挤列"机制。一个间隙原子挤入体心立方原子密排方向上，将造成由于若干原子偏离平衡位置形成的集体（图 6-7 中 f），此时原子可沿此方向扩散。

6.2.2.3　空位机制

晶体中存在的空位会使原子迁移更容易，因此通常原子扩散是借助空位机制实现（图 6-8 中 c）。柯肯达尔效应最重要的作用之一就是支持了空位扩散机制。Zn 原子扩散速率大于 Cu 原子，这要求在纯铜一侧持续产生空位接纳 Zn 原子；Zn 原子越过标记面进入纯铜后，这些空位越过标记面进入黄铜一侧，并进一步聚集或湮灭。空位扩散机制会实现 Cu 和 Zn 原子的不等量扩散，也导致标记向黄铜一侧漂移（图 6-8）。

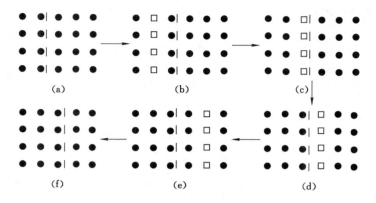

(a) 初始态；(b) 空位的产生；(c)、(d)、(e) 空位平面向右位移；

(f) 空位的湮灭[比较(a)和(f)可知，标记向右位移]。

图 6-8　标记漂移产生的示意图（墨点：原子；方块：空位；虚线：标记）

6.2.2.4　晶界扩散及表面扩散

多晶材料中原子的扩散可按三种不同路径进行，即晶体内扩散（或称体扩散），晶界扩散和自由表面扩散，分别用 D_I 和 D_B 和 D_S 分别表示三者的扩散系数。从图 6-9 可以看出实验测定物在双晶体中的扩散情况。在 $y=0$ 且垂直于双晶的表面上，沉积上一层放射性同位素 M，经退火后扩散物质 M 穿透到晶体内的深度远比沿晶界和沿表面的扩散距离小；扩散物质沿晶界的扩散深度比沿表面小，即 $D_I < D_B < D_S$。晶界、表面和位错都可看作晶体中的缺陷，而缺陷畸变能使原子迁移比在完整晶体中更容易，因此这些缺陷中的扩散速率大于完整晶体中的扩散速率。通常，把这些缺陷中的扩散称为"短路"扩散。

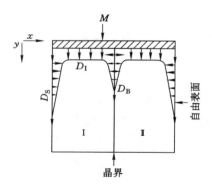

图 6-9　物质在双晶体中的扩散

6.3　上坡扩散与反应扩散

6.3.1　扩散的热力学分析

菲克第一定律描述的是物质从高浓度向低浓度扩散的情况。在实际中，物质也可从低浓度向高浓度，或在相同浓度区域间扩散，因此浓度梯度 $\dfrac{\partial \rho}{\partial x}$ 并不是扩散的驱动力。这种类型的扩散称为"上坡扩散"。如某些合金固溶体调幅分解形成溶质原子的富集。在热力学上,化学势梯度$\dfrac{\partial \mu}{\partial x}$是扩散的驱动力,普通扩散现象和特殊的上坡扩散现象均可以此来解释。

组元原子 i 的吉布斯自由能可用化学势 μ_i 表示,即 $\mu_i = \dfrac{\partial G}{\partial n_i}$,其中 n_i 是组元原子 i 的数目。化学势对距离求导可得原子所受的驱动力 F:

$$F = -\frac{\partial \mu_i}{\partial x} \tag{6-30}$$

其中负号表示驱动力与化学势降低的方向一致,表明扩散方向总是指向化学势减小方向。在一定条件(等温等压)下,如果不同区域中 i 组元有化学势差 $\Delta \mu_i$ 存在,就会发生扩散,直至各区域中的化学势差为零。

扩散原子在固体中沿化学势驱动力方向运动时,周围溶剂原子会产生与扩散速度成正比的阻力。因此,当扩散原子受到的阻力等于驱动力时,扩散速度达到极限,即平均扩散速度(v),其和驱动力 F 成正比:

$$v = BF$$

其中比例系数 B 称为迁移率,表示原子在单位驱动力作用下的速度。通过扩散原子质量浓度和其平均速度的乘积得到扩散通量:

$$J = \rho_i v_i$$

因此有:

$$J = \rho_i B_i F_i = -\rho_i B_i \frac{\partial \mu_i}{\partial x}$$

通过菲克第一定律:

$$J = -D \frac{\partial \rho_i}{\partial x}$$

可得:

$$D = \rho_i B_i \frac{\partial \mu_i}{\partial \rho_i} = B_i \frac{\partial \mu_i}{\partial \ln \rho_i} = B_i \frac{\partial \mu_i}{\partial \ln x_i}$$

这里 $x_i = \dfrac{\rho_i}{\rho}$,而 $\mu_i = kT \ln a_i$,其中 $a_i = r_i x_i$ 为组元 i 在固溶体中的活度,r_i 为活度系数。上式可进一步化为:

$$D = kTB_i \frac{\partial \ln (r_i x_i)}{\partial \ln x_i} = kTB_i \left(1 + \frac{\partial \ln r_i}{\partial \ln x_i}\right) \tag{6-31}$$

式中括号内的因子称为热力学因子,当其大于 0 时,$D > 0$,表明组元从高浓度向低浓度区域迁移,即"下坡扩散";当其小于 0 时,$D < 0$,表明组元从低浓度向高浓度区域迁移,即"上坡扩散"。可以看出,决定组元扩散的主要因素是化学势梯度。在理想固溶体$(r_i = 1)$或者稀固溶体$(r_i = 常数)$中,热力学因子值为 1。故有:

$$D = kTB_i \tag{6-32}$$

该式称为能斯特-爱因斯坦方程。可见在理想或稀固溶体中,各组元的扩散速率只取决于迁移率 B。实际上,上述结论也适用于一般固溶体。

在二组元体系中,可由吉布斯-杜亥姆关系:

$$x_1 \mathrm{d}\mu_1 + x_2 \mathrm{d}\mu_2 = 0 \tag{6-33}$$

其中 x_1 和 x_2 为组元 1 和 2 的摩尔分数。

$\mathrm{d}\mu_i = RT\mathrm{dln}\,a_i$，并带入 $a_i = r_i x_i$，可得：$x_i\mathrm{d}\mu_i = RT(\mathrm{d}x_i + x_i\mathrm{dln}\,r_i)$。

将其代入式(6-33)，同时注意到 $\mathrm{d}x_1 = -\mathrm{d}x_2$，可得

$$x_1\mathrm{dln}\,r_1 = -x_2\mathrm{dln}\,r_2$$

等号两边同除 $\mathrm{d}x_1$，并有 $\mathrm{d}x_1 = -\mathrm{d}x_2$ 及 $\dfrac{\mathrm{d}x_i}{x_i} = \mathrm{dln}\,x_i$，则：

$$\frac{\mathrm{dln}\,r_1}{\mathrm{dln}\,x_1} = \frac{\mathrm{dln}\,r_2}{\mathrm{dln}\,x_2} \tag{6-34}$$

从式(6-32)和式(6-34)可知，组元 1 和 2 的热力学因子相等，这同时也说明它们的扩散速率 D_1 和 D_2 差异主要是由迁移率 B_1 和 B_2 不同所引起。

其他情况下也可能发生上坡扩散，如晶体中存在的弹性应力梯度，会促使大半径原子向晶格拉伸部分，而小半径原子则跑向晶格受压部分，从而形成溶质原子的不均匀分布；高能晶界也易吸附溶质原子进而降低系统总能量，因此溶质易向晶界富集；此外，大的电场或温度场也会促使溶质原子沿一定方向扩散，进而造成原子的不均匀性。

6.3.2 反应扩散

当元素自金属表面向内部扩散时，如果该元素的量超过其在基体金属中的溶解度，则会在金属表层形成中间相（或另一种固溶体），这种通过扩散形成新相的现象称为反应扩散或相变扩散。

可参考平衡相图分析反应扩散所成的新相。如纯铁在 520 ℃ 氮化时，铁表面的 N 分数大于金属内部，因而铁表面形成的新相将对应于中间相 γ'（Fe_4N，氮的质量分数在 5.7%～6.1%之间）；当 N 的质量分数超过 7.8% 时，将在表面生成密排六方结构 ε 相。在表面氮势较高时，从表面往芯部形成的各相依次为 ε 相、γ' 相和 α 固溶体（图 6-10）。铁表面氮化层中的氮浓度和组织如图 6-11 所示。

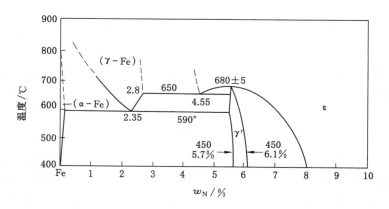

图 6-10 Fe-N 相图

需要强调的是，二元合金中反应扩散所得到的渗层中不存在两相混合区；在单相中，扩散原子的浓度存在突变，其值对应于该相的溶解度极限。其原因可用相的热力学平衡条件来解释，即若渗层中存在两相区，则两平衡相化学势 μ_i 相等，因此化学势梯度为零，缺少驱动力导致扩散不能进行。同样，三元合金的渗层中不能出现三相区，但可以出现两相区。

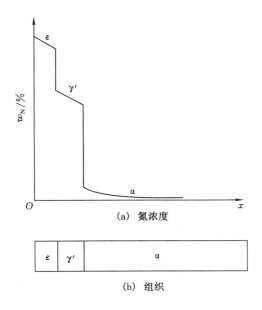

(a) 氮浓度

ε	γ′	α

(b) 组织

图 6-11　纯铁氮化后的表层氮浓度和组织

6.4　离子晶体中的扩散

与金属中原子可以跃迁进邻近任何空位或间隙位置不同,离子晶体中的扩散离子只能跃迁进具有同样电荷的位置,而不能进入相邻异类离子位置。离子扩散仅能通过空位实现,而空位分布也有一定的特殊性。

6.4.1　离子晶体中的空位

分开一对异类离子时,为了保持局部电荷衡,需要同时形成两种不同电荷的缺陷,如一个阳离子空位和一个阴离子空位,这样的正负离子空位对被称为肖特基型缺陷。其平衡浓度可由平衡时阳离子空位摩尔分数 x_{vc} 和阴离子空位摩尔分数 x_{va} 表示:

$$(x_{va})(x_{vc}) = A\exp\left(\frac{-\Delta G_{va} - \Delta G_{vc}}{RT}\right) = A\exp\left(\frac{-\Delta G_s}{RT}\right) \tag{6-35}$$

式中　ΔG_s——一对肖特基空位的形成能;

A——振动熵系数,可认为等于 1。

形成阳离子空位的电荷也可通过形成间隙阳离子来补偿,此时形成一个间隙阳离子的能量 ΔG_{ic} 比形成一个阳离子空位的能量 ΔG_{vc} 小很多,这样的缺陷组合称为弗仑克尔型空位(弗仑克尔型无序态),如图 6-12 所示。同样,另一种弗仑克尔空位是形成间隙阴离子来补偿形成阴离子空位的电荷。在完全无序平衡态时,设间隙阳离子摩尔分数为 x_{ic},则缺陷平衡浓度为:

$$(x_{ic})(x_{vc}) = \exp\left(\frac{-\Delta G_F}{RT}\right) \tag{6-36}$$

其中,ΔG_F 为形成一对弗仑克尔缺陷(一个间隙离子和一个离子空位)所需的能量。

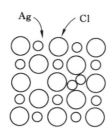

图 6-12　弗仑克尔缺陷示意图

如果 $\Delta G_{ic} \approx \Delta G_{va}$，材料中在存在间隙阳离子和阴离子空位缺陷的同时，还存在足够的阳离子空位，以使电荷保持中性，此时有 $x_{vc} = x_{va} + x_{ic}$；如果 $\Delta G_{ia} \approx \Delta G_{vc}$，在存在间隙阴离子和阳离子空位缺陷的同时，还存在足够的阴离子空位以保持电中性，并有 $x_{va} = x_{ia} + x_{vc}$。

如果化合物中离子化合价发生变化，也会出现类似情况。方铁矿 FeO 中经常有部分 Fe^{2+} 离子被氧化为 Fe^{3+}，因此晶体中必须存在一定的阳离子空位以达到电荷平衡，称为阳离子欠缺，如图 6-13(a)所示。这样化合物中就出现了氧过量，从而形成区别于理想化学式的非化学计量比。阴离子欠缺的现象也会出现，如 TiO_2 中一部分 Ti^{4+} 被还原成 Ti^{3+}，因此将出现氧空位以平衡电荷。此外，化合物中离子被不同价离子取代时，同样会出现缺氧或过氧现象。图 6-13(b)描述了 ZrO_2 中 Ca^{2+} 离子置换 Zr^{4+} 所导致的氧空位。

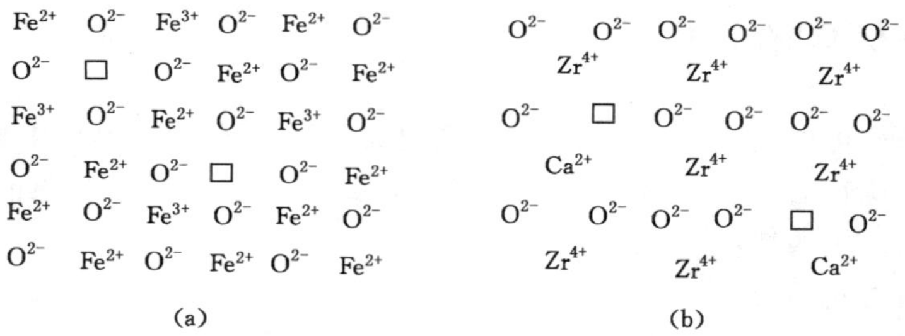

(a) FeO；(b) ZrO_2 中 Ca^{2+} 离子置换 Zr^{4+}

图 6-13　非当量化合物的结构示意图

6.4.2　离子晶体中的扩散系数

在恒压电场中且其他条件合适时，固体中的电子、离子将定向迁移，进而产生电流。在金属和半导体中，由电子流动产生电导；而在离子晶体中，高温下离子比电子更易迁移，因此由离子扩散产生电导。可利用同位素原子测量扩散系数 D_T，其与电导率 σ 存在下列关系。

如果以间隙机制扩散：
$$\frac{\sigma}{D_T} = \frac{cq_i^2}{kT} \tag{6-37}$$

如果以空位机制扩散：
$$\frac{\sigma}{D_T} = \frac{cq_i^2}{fkT} \tag{6-38}$$

式中　c——单位体积中某种离子数；

　　　q_i——粒子电荷；

　　　f——空位机制下的扩散相关因子(小于 1)。

可以看出，不同扩散机制有不同的 σ-D_T 关系。

NaCl 中 Na 的扩散系数如图 6-14 所示。NaCl 中由 Na 离子带输运电荷,通过空位机制进行扩散($f=0.78$)。在 550 ℃ 以上,实验值和式(6-37)计算的值符合得很好,但在 550 ℃ 以下,两者出现明显差异,主要由于材料中的杂质引起。

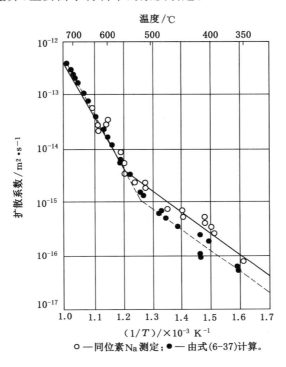

图 6-14 NaCl 中 Na 扩散系数对 $1/T$ 的关系图

离子扩散速率远小于金属中原子的扩散速率,其原因为:由于离子键键能通常大于金属键键能,因此离子晶体中离子扩散所需克服的能垒要远大于金属中原子扩散;为了保持电中性,离子缺陷成对出现,因此它们的协同扩散所需能量更大;此外,离子晶体中扩散离子只能进入同样电荷位置,因此迁移距离较长。

还注意到,阳离子扩散系数通常要比阴离子大,主要是因为阳离子失去了价电子后的离子半径通常比阴离子小,所以更容易扩散。如在 NaCl 中钠离子的扩散激活能仅为氯离子的一半。

6.5 影响扩散的因素

6.5.1 温度

在各种影响扩散速率的因素中,温度是最主要的。温度越高,扩散系数越大。如碳在 γ-Fe 中扩散时,在 1 200 K 和 1 300 K 时的扩散系数分别为($D_0=2.0\times10^{-5}$ m²/s,$Q=140\times10^3$ J/mol):

$$D_{1\,200}=2.0\times10^{-5}\exp\left(\frac{-140\times10^3}{8.314\times1\,200}\right)=1.61\times10^{-11}\ \text{m}^2/\text{s}$$

$$D_{1\,300}=2.0\times10^{-5}\exp\left(\frac{-140\times10^3}{8.314\times1\,300}\right)=4.74\times10^{-11}\ \text{m}^2/\text{s}$$

可以看出,温度从 1 200 K 升高到 1 300 K,扩散系数就增大了差不多 3 倍。因此在生产上,受扩散控制的过程均要考虑温度的影响。

6.5.2 固溶体类型

不同的固溶体类型,对应的原子扩散机制也不同。通常而言,间隙固溶体中溶质的扩散激活能比较小,如铁中 C、N 等间隙溶质原子的扩散激活能要远小于 Cr、Al 等置换型溶质原子,因此钢件表面渗 C,N 比渗 Cr 或 Al 等金属的周期更短。

6.5.3 晶体结构

晶体结构对扩散也有一定的影响。对于存在同素异构转变的金属,当结构改变后,扩散系数可能随之改变。如铁在 912 ℃ 发生由 γ-Fe 向 α-Fe 的转变,α-Fe 的自扩散系数约为 γ-Fe 的 240 倍;900 ℃ 时,置换型镍原子在 α-Fe 的扩散系数比在 γ-Fe 中高约 1 400 倍;527 ℃ 时,间隙型氮原子在 α-Fe 中的扩散系数比在 γ- Fe 中高约 1 500 倍。这些元素在 α-Fe 中的扩散系数比 γ-Fe 中大的原因是:体心立方结构致密度小于面心立方结构,因此其中的原子更易迁移。

固溶体结构不同,元素的溶解度不同,因此所扩散元素的浓度梯度可能也不同,这也会对扩散速率造成影响。生产中,常选择在高温奥氏体状态下对钢渗碳,其原因除了高温利于原子扩散外,还因为碳在 γ-Fe 中的溶解度远远大于在 α-Fe 中的溶解度,所以能够获得更大的渗碳浓度,增加渗碳层深度;并可形成大的碳浓度梯度进而利于加速碳原子扩散。

各向异性也对晶体的扩散有一定影响。通常对称性越低,扩散的各向异性就越明显。例如,菱方结构的铋具有低的对称性,沿不同晶向的扩散系数间最高差别可达 1 000倍。

6.5.4 晶体缺陷

实际中大多数材料为多晶,其中的扩散包含晶内扩散、晶界扩散和表面扩散。以 Q_I,Q_B 和 Q_S 表示相应的扩散激活能,D_I、D_B 和 D_S 表示扩散系数,则一般有:$Q_I > Q_B > Q_S$,所以 $D_S > D_B > D_I$。

银多晶、单晶体自扩散系数与温度的关系如图 6-15 所示。其中单晶体的扩散系数主要表征了晶内扩散系数,而多晶体的扩散系数则是晶内扩散和晶界扩散共同作用的表象扩散系数。当温度在 700 ℃ 以上时,多晶体和单晶体扩散系数基本相同,主要因为高温下温度对扩散的影响占主导作用;当温度低 700 ℃ 时,多晶体大于单晶体的扩散系数,主要是由于原子在晶界上扩散更快。此外,晶界上的扩散也有各向异性,如当晶粒夹角很小时,晶界扩散具有明显的各向异性。

位错通常也有利于原子的扩散,但应注意到位错与间隙原子有交互作用,因此也有一定的减缓效果。

总体而言,晶界、表面和位错等缺陷处原子能量较高,易于发生迁移,因此对扩散起着快速通道的作用,相应的扩散激活能也比晶内扩散小。

6.5.5 化学成分

原子在跃迁时,必须部分破坏与邻近原子的结合键才能发生。因此不同原子的自扩散激活能与结构中原子间的结合力有关。故而表征原子间结合力的宏观量如熔化潜热、熔点、体积膨胀或压缩系数等均与扩散相关,如熔点高的金属自扩散激活能相对较大。

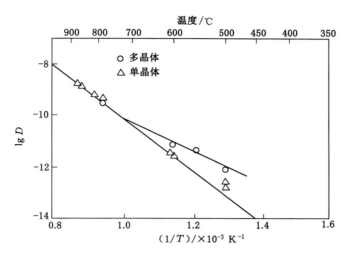

图 6-15　Ag 的自扩散系数 D 与 $1/T$ 的关系

扩散系数还与溶质的浓度有关。但通常把 D 假定为与浓度无关的量来求解扩散方程，主要是为了将问题简化，但与实际情况并不一致。当溶质浓度较低或扩散层中浓度梯度小时，误差不大，因此求解扩散方程时应注意方程的适用范围。

第三组元对扩散原子的影响相对复杂。某些第三组元的能同时影响扩散速率和扩散方向。如两种单相奥氏体合金，Fe-C 合金（$w_C = 0.441\%$）和 Fe-C-Si 合金（$w_C = 0.478\%$，$w_{Si} = 3.80\%$ 的）组成扩散偶。在初始状态，它们的碳浓度几乎相同。但在 1 050 ℃加热 13 d 后形成了明显的碳梯度（图 6-16），主要是由于在 Fe-C-Si 合金中 Si 的加入升高了碳的化学势，导致碳向不含 Si 的钢中发生上坡扩散。

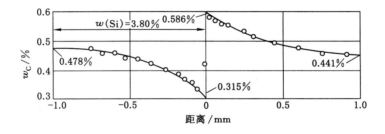

图 6-16　扩散偶在退火 13 d 后碳的浓度分布

6.5.6　应力

如果合金中有应力梯度存在，则和可能出现化学扩散现象。根据式（6-32）可知，扩散速率 D 取决于单位驱动力作用下原子的扩散速率（B）。合金中存在的局域应力场，可为原子扩散提供驱动力。由于 $v = BF$，应力场梯度越大，驱动力就越大，原子扩散的速度 v 也越大。在合金外部施加应力，也会使合金中产生类似的应力场梯度，进而促进原子扩散。

第二部分
缺陷晶体结构及行为

第 7 章　晶 体 缺 陷

实际晶体中经常会出现原子偏离理想排布的情况,即晶体缺陷。根据几何特征差异,晶体缺陷可分为点缺陷、线缺陷和面缺陷。点缺陷又称零维缺陷,包括空位、间隙原子、置换原子等;线缺陷又称一维缺陷,如位错;面缺陷又称二维缺陷,包括晶界、相界、孪晶界和堆垛层错等。晶体缺陷对晶体的屈服强度、断裂强度、塑性、电阻率、磁导率等性能有重要影响。

7.1　点缺陷

7.1.1　点缺陷形成

在晶体中,阵点原子围绕其平衡位置不停热振动。如果振幅足够大,可能摆脱周围原子束缚,进而在原来位置形成空位。离开的原子可以迁移到晶体表面正常节点位置,这时晶体内空位称为肖特基(Schottky)缺陷(空位);也可进入晶体间隙位置,此时形成的空位和间隙原子,共同被称为弗仑克尔(Frenkel)缺陷;或者进入到其他空位中,产生空位移位或空位消失。此外,晶体表面原子也可能进入晶体内部的形成间隙原子,如图 7-1 所示。这些由热起伏导致的点缺陷称为热平衡缺陷,

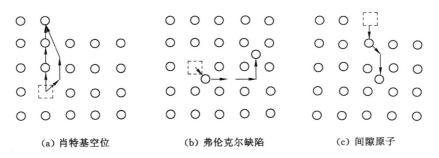

(a) 肖特基空位　　　　　(b) 弗仑克尔缺陷　　　　　(c) 间隙原子

图 7-1　晶体中的点缺陷类型

当晶体中出现间隙、空位缺陷后,周围原子受力平衡被打破,因此会产生一定程度的弹性畸变。总体来说,间隙原子产生的畸变程度比空位要大,形成能更高,因此在实际晶体中的浓度更低些。

除热起伏引起的缺陷外,淬火、冷变形和高能粒子辐照等也可在晶体中形成缺陷。这时点缺陷浓度往往会超过平衡浓度,称为过饱和点缺陷。

离子晶体中的点缺陷形成时还要维持电荷平衡,因此点缺陷形式更复杂。在热平衡时同时出现正离子和负离子空位两种空位,则该正负离子空位组合称为肖特基缺陷。正负离子空位数目不一定相同,但必须保证电中性,如 $CaCl_2$ 晶体中一个肖特基缺陷包含 1 个正离

子空位和 2 个负离子空位。若 1 个正离子移动到间隙位，形成的空位-间隙离子对称为弗仑克尔缺陷。

7.1.2 点缺陷平衡浓度

晶体中点缺陷的存在一方面会引起点阵畸变，增加晶体内能、降低结构稳定性；另一方面则会增大原子排列混乱程度，并改变周围原子振动频率，即引起组态熵和振动熵变化，进而增加晶体总熵值、提高晶体稳定性。这两个相互作用在一定温度下会使晶体中的点缺陷具有一定的平衡浓度。

在一定温度下，系统的自由能 $G = U - TS$，其中 U 为内能，S 为熵值（包括组态熵 S_c 和振动熵 S_f），T 为温度。晶体中包含 N 个原子，其中 n 个原子被移动到表面正常格点并在原位置留下空位。若形成一个空位的能量为 E_v，则形成 n 个空位时内能将增加 $\Delta U = nE_v$，此时晶体组态熵改变量为 ΔS_c，振动熵改变量为 $n\Delta S_f$，则自由能的改变为：

$$\Delta G = nE_v - T(\Delta S_c + n\Delta S_f) \tag{7-1}$$

在晶体中 $N + n$ 阵点位置上存在 n 个空位和 N 个原子时可能出现的排列方式数目可由统计学知识得到：

$$W = \frac{(N+n)!}{N!\, n!} \tag{7-2}$$

在统计热力学中 W 个状态的组态熵为 $S_c = k\ln W$，其中 k 为玻尔兹曼常数。没有空位时，各节点的原子相同，所以原子排列方式只有一种。因此，产生 n 各空位后，晶体组态熵的增量为：

$$\Delta S_c = k\ln W - k\ln 1 = k\ln \frac{(N+n)!}{N!\, n!} \tag{7-3}$$

由于晶体中 N 和 n 值都很大，可利用斯特林近似公式（$\ln x! \approx x\ln x - x$）将上式改为：

$$\Delta S_c = k[(N+n)\ln(N+n) - N\ln N - n\ln n]$$

带入式(7-1)可得：

$$\Delta G = n(E_v - T\Delta S_f) - kT[(N+n)\ln(N+n) - N\ln N - n\ln n]$$

空位数目达到平衡时对应的自由能为最小，即 $(\frac{\partial \Delta G}{\partial n})_T = 0$，可得：

$$E_v - T\Delta S_f - kT[\ln(N+n) - \ln n] = 0$$

所以：

$$\frac{E_v - T\Delta S_f}{kT} = \ln \frac{N+n}{n}$$

当 N 远大于 n 时：

$$\ln \frac{N}{n} \approx \frac{E_v - T\Delta S_f}{kT}$$

最终得到空位在 T 温度时的平衡浓度 C 为：

$$C = \frac{n}{N} = \exp(\frac{\Delta S_f}{k})\exp(-\frac{E_v}{kT}) = A\exp(-\frac{E_v}{kT}) \tag{7-4}$$

其中 $A = \exp(\Delta S_f/K)$ 为振动熵决定的系数，一般在 $1\sim10$ 之间。如果将式(7-4)中指数分子分母同乘以阿伏伽德罗常数 N_A，则有：

$$C = A\exp(-\frac{N_A E_V}{N_A kT}) = A\exp(-\frac{Q_f}{RT}) \qquad (7\text{-}5)$$

式中　Q_f——形成 1 摩尔空位所需做的功；

　　　R——气体常数。

类似地,间隙原子的平衡浓度 C' 为

$$C = \frac{n'}{N'} = A'\exp(-\frac{E_i}{kT}) \qquad (7\text{-}6)$$

式中　N'——晶体中间隙位置总数；

　　　n'——间隙原子数；

　　　E_i——形成一个间隙原子所需的能量。

一般的晶体中,间隙原子形成能约为空位形成能的 3～4 倍。因此,在一定温度下,晶体中间隙原子平衡浓度要比空位平衡浓度低很多。因此,相对于空位,间隙原子通常被忽略不计。此外,离子晶体的点缺陷形成能一般都相当大,因此在平衡状态下存在的点缺陷浓度极低。

7.1.3　点缺陷的运动

在一定温度下,晶体中的空位和间隙原子数目是统计平衡且一定的。这些点缺陷并不是固定不动的,而是不断地进行热运动。例如,空位周围的原子可能获得足够的能量而进入空位中,这时在该原子原来位置上形成一个空位。这个过程可看成是空位迁移。同样,间隙原子也可由一个间隙位迁移到另一个间隙位；而且在移动过程中,如果间隙原子移动到一个空位,会使两者都消失,即发生了复合。在复合的同时,在其他地方可能会出现新的空位和间隙原子,从而保持了缺陷的平衡浓度。晶体中的原子正是基于空位和间隙原子不断产生与复合,来实现由一处向另一处作的无规则布朗迁移,这是晶体中原子传输现象的基础。

7.2　位错

位错是普遍存在于晶体中的一种线缺陷。早期人们在研究金属晶体滑移时发现,由刚性相对滑动模型计算得到的使完整晶体产生塑性变形所需的临界切应力约等于 $G/30$(这里 G 为切变模量),而实验测得的屈服强度要比这个值低 3～4 个数量级。1934 年泰勒、奥罗万和波兰尼同时提出了晶体中位错的概念来解释这种差异,即滑移过程不是不是通过刚性滑动进行,而是通过在线缺陷-位错在较低应力作用下进行。滑移区不断扩大,直至整个滑移面上两边的原子都发生相对位移。通过位错模型计算的屈服强度相当接近于实验值。图 7-2 为在切应力作用下原子层的刚性滑移模型。

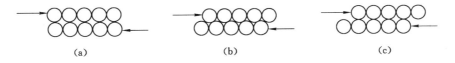

(a)　　　　　　　　　(b)　　　　　　　　　(c)

图 7-2　在切应力作用下原子层的刚性滑移模型

7.2.1 位错的基本类型和特征

位错是晶体原子排列的一种特殊组态,包括刃型位错和螺型位错两种基本类型。

7.2.1.1 刃型位错

刃性位错的结构可由简单立方晶体结构示意说明。如图 7-3 所示,$ABCD$ 晶面上方存在多余半排原子面 $EFGH$,该半原子面中断于 $ABCD$ 面上的 EF 处,它如同一把刀刃插入晶体中,使 $ABCD$ 面上下两部分晶体间产生原子错排[图 7-3(b)],因此被称为刃型位错,而原子 $EFGH$ 面与滑移面交线 EF 即为刃型位错线。

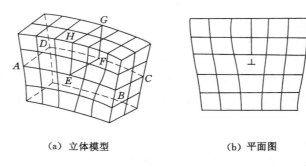

(a) 立体模型　　　　　　(b) 平面图

图 7-3　含有刃型位错的晶体结构

通常把该半原子面位于滑移面上方的位错称为正刃型位错,记为"⊥";而把半原子面位于滑移面下方的称为负刃型位错,记为"⊤"。刃型位错线不一定是直线,也可以是折线或曲线,但它必与滑移方向相垂直,也垂直于滑移矢量,如图 7-4 所示。图 7-3 中的 $ABCD$ 面被称为滑移面,位错线和滑移矢量同时位于滑移面上且相互垂直。在位错线周围的畸变既包含正应变又包含切应变,因此会引起体积变化;畸变区只有几个原子间距宽,所以刃型位错是线缺陷。

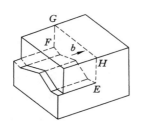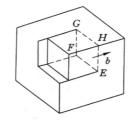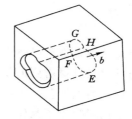

图 7-4　几种形状的刃型位错线

7.2.1.2 螺型位错

如图 7-5(a)所示,立方晶体中右侧受到垂直于纸面的切应力 τ 作用,上、下两部分晶体沿滑移面 $ABCD$ 发生错动。滑移面上右边已经发生滑移的区域和左边未滑移区的边界线 bb' 即为螺型位错线。位错线与滑移方向(沿切应力方向,右上部分向里,右下部分向外)相互平行。在图 7-5(b)的俯视图中,圆点"·"表示滑移面下方原子,圆圈"○"表示滑移面上方原子。aa' 右边晶体上下层原子相对错动的距离正好是一个原子间距,因而正好按格点位置上下对应;bb' 左边原子上下部分没有发生相对滑动;而 bb' 和 aa' 之间出现了几个原子间距宽的、上下层原子位置不相吻合的过渡区。以位错线 bb' 为轴线,从 a 开始按顺时针方向依次连接此过渡区的各原子,则其走向与一个螺旋线类似[图 7-5(c)],因此把这种位错称为螺型位错。

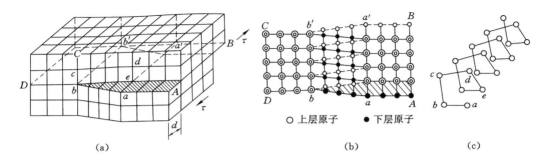

　　　　(a)　　　　　　　　　　　　　　　(b)　　　　　　　　　　(c)

○ 上层原子　● 下层原子

图 7-5　螺型位错

　　螺型位错无多余半原子面;可根据位错线附近原子旋转方向不同,将螺型位错可分为右旋和左旋螺型位错。位错线一定是直线,与滑移矢量平行。纯螺型位错的滑移面不唯一,凡是包含螺型位错线的平面都可以作为它的滑移面。滑移面通常是原子的密排面。螺型位错线周围的弹性畸变只有平行于位错线的切应变而无正应变,不会引起体积膨胀和收缩。螺型位错线周围过渡区也只有几个原子宽度,因此螺型位错也是线缺陷。

7.2.1.3　混合型位错

　　除了两种基本型位错,更普遍的位错是混合位错,其滑移矢量既不平行也不垂直于位错线,而与位错线相交成任意角度。图 7-6 的曲线混合位错中,A 处的位错线与滑移矢量平行,属于螺型位错;C 处的位错线与滑移矢量垂直,属于刃型位错。A 与 C 之间,位错线既不垂直也不平行于滑移矢量,因此属于混合位错,每一小段位错线都可分解为刃型和螺型两个分量。

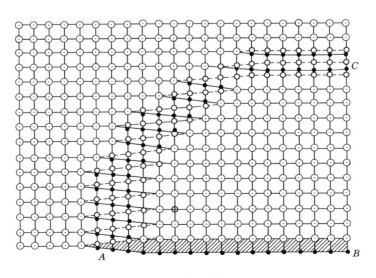

图 7-6　混合型位错

位错线是已滑移区与未滑移区的边界线,因此一根位错线不能终止于晶体内部,而只能露头于晶体表面或界面。如果位错线终止于晶体内部,则必与其他位错线相连接,或在晶体内部形成封闭线,即形成位错环,如图 7-7 所示。图中的阴影区是滑移面上封闭的已滑移区;位错环各处的位错结构类型也可按各处的位错线方向与滑移矢量的关系来分析,如 A,B 两处是刃型位错,C,D 两处是螺型位错,其他各处则为混合位错。

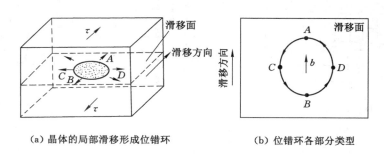

(a)晶体的局部滑移形成位错环   (b)位错环各部分类型

图 7-7   晶体中的位错环

7.2.2   柏氏矢量

为了便于描述不同类型位错的特征,1939 年柏格斯(J.M.Burgers)提出借助一个规定的矢量即柏氏矢量来定义位错。

7.2.2.1   柏氏矢量的确定

通过作柏氏回路来确定柏氏矢量。图 7-8(a)和图 7-8(b)分别表示含刃型位错的实际晶体和不含位错的理想参考晶体。确定柏氏矢量的步骤为:

(1)选定位错线的正方向(ξ)。常选择垂直纸面向外为位错线正方向。

(2)在实际晶体中,从任一原子(如 M)出发,围绕位错(要避开位错线附近的严重畸变区)以一定的步数作一右旋闭合回路 $MNOPQ$[即柏氏回路,图 7-8(a)]。

(3)在理想晶体中按同样的方向和步数作相同的回路,发现该回路并不封闭[图 7-8(b)]。

(4)在理想晶体中由终点 Q 向起点 M 引一矢量 b,使该回路闭合。这个矢量 b 就是实际晶体中位错的柏氏矢量[图 7-8(b)]。

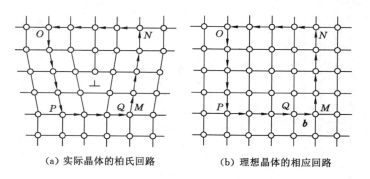

(a)实际晶体的柏氏回路   (b)理想晶体的相应回路

图 7-8   刃型位错柏氏矢量的确定

图 7-8 中刃型位错的柏氏矢量与位错线垂直,这是刃型位错的重要特征。刃型位错的正、负,可通过右手法则来确定。以右手拇指、食指和中指构成直角坐标,以食指指向位错线

的方向,中指指向柏氏矢量的方向,则拇指的指向代表多余半原子面位向,如果向上为正刃型位错;反之为负刃型位错。

以作柏氏回路法确定的螺型位错柏氏矢量如图 7-9 所示。从结果可见,螺型位错柏氏矢量与位错线平行。规定二者同向平行为右螺旋位错,反向平行为左螺旋位错。

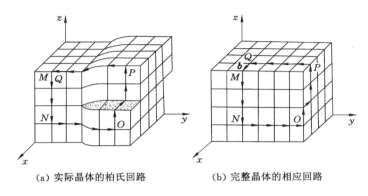

（a）实际晶体的柏氏回路　　　　　（b）完整晶体的相应回路

图 7-9　螺型位错柏氏矢量的确定

混合位错的柏氏矢量既不垂直也不平行于位错线,而与它成夹角 $\varphi(0<\varphi<\pi/2)$。为研究方便可将其分解成垂直和平行于位错线的刃型分量（$|\boldsymbol{b}_e|=|\boldsymbol{b}|\sin\varphi$）和螺型分量（$|\boldsymbol{b}_s|=|\boldsymbol{b}|\cos\varphi$）。

7.2.2.2　柏氏矢量物理意义和特性

柏氏矢量是一个反映位错周围点阵畸变总累积的物理量;其方向表示了位错的性质与位错线的取向;而该矢量的模 $|\boldsymbol{b}|$ 表示了畸变的程度,称为位错强度。位错的严格定义是柏氏矢量不为零的晶体缺陷。柏氏矢量具有以下特性:

（1）在取柏氏回路时,只规定必须在好区内选取,而未限制其形状、大小和位置,即柏氏矢量与选取的起点具体途径无关。换而言之,不论柏氏回路如何扩大、缩小或任意移动,只要不和位错线相遇,由此确定的柏氏矢量都是唯一的,此即柏氏矢量的守恒性。

（2）一根位错线,不论形状如何变化（直线、曲折线或闭合环状）,也不论位错线各处的位错类型是否相同,其各处的柏氏矢量都相同;而且在晶体中运动或者改变方向时,其柏氏矢量也不变。即一根位错线具有唯一的柏氏矢量。

（3）若一个柏氏矢量为 $\boldsymbol{b}$ 的位错可分解为柏氏矢量分别为 $\boldsymbol{b}_1,\boldsymbol{b}_2,\cdots,\boldsymbol{b}_n$ 的 n 个位错,则分解后各位错柏氏矢量的和等于原位错的柏氏矢量,即 $\boldsymbol{b}=\sum\limits_{i=1}^{n}\boldsymbol{b}_i$。若有数根位错线相交于一点（称为位错节点）,则指向节点的各位错线柏氏矢量之和等于离开节点的各位错线的柏氏矢量之和。作为特例,节点上各位错线的方向都是朝向节点或离开节点,则所有柏氏矢量之和恒为零。

（4）位错不能中断于晶体内部,只能在晶体中以闭合位错环形式存在,或与其他位错连接并露头于晶体表面或界面,这种性质称为位错的连续性。

7.2.2.3　柏氏矢量的表示法

柏氏矢量的大小和方向可以用它在晶轴上的分量,即点阵矢量 $\boldsymbol{a},\boldsymbol{b}$ 和 $\boldsymbol{c}$ 来表示。例如在面心立方中,沿着原点到底心的柏氏矢量 $\boldsymbol{b}_1$ 在三个晶轴上的分量为 $\left[\dfrac{a}{2},\dfrac{a}{2},0\right]$,则柏氏矢量可写成 $\boldsymbol{b}_1=\dfrac{a}{2}[110]$。即一般立方晶系中柏氏矢量可表示为 $\boldsymbol{b}=\dfrac{a}{n}[uvw]$,其中 n 为正整数。

柏氏矢量的模 $|\boldsymbol{b}|=\dfrac{a}{n}\sqrt{u^2+v^2+w^2}$ 用来表示位错的强度。同一晶体中,柏氏矢量强度愈大,表明该位错导致点阵畸变愈严重、具有的能量也愈高。能量较高的位错通常倾向于分解为两个或多个能量较低的位错以使系统自由能下降。

7.2.3 位错的运动

晶体的宏观塑性变形是通过位错运动来实现的。刃型位错既可以沿着滑移面运动,称为滑移,也可垂直于滑移面运送,称为攀移。螺型位错只能滑移而不能攀移。即总体上,位错的两种基本运动形式是滑移和攀移。位错线运动方向可根据右手法则确定,即以拇指指向沿柏氏矢量移动的那部分晶体(如滑移面上或下),食指指向位错线方向,则中指就指向位错线移动的方向。

7.2.3.1 位错的滑移

位错的滑移是通过位错线附近原子沿柏氏矢量方向在滑移面上做少量的位移(小于一个原子间距)而逐步实现的。如在刃型位错滑移时(图7-10),在外切应力 τ 的作用下,位错线附近的原子由"·"位置移动小于一个原子间距的距离到达"。"位置,多余半原子面和滑移面下方正常位置原子面逐渐相接、连贯,从而变得"不多余",而原来多余半原子面左方相邻的正常原子面移动后,与滑移面下方正常位置原子面逐渐错开,进而显得"多余"。通过这种形式的运动,多余半原子面实现了向左移一个原子间距。当切应力继续作用时,位错将继续向左移动,直至位错线沿滑移面通过整个晶体时,这时会在晶体表面沿柏氏矢量方向产生宽度为一个柏氏矢量大小的台阶,如图7-10(b)所示。

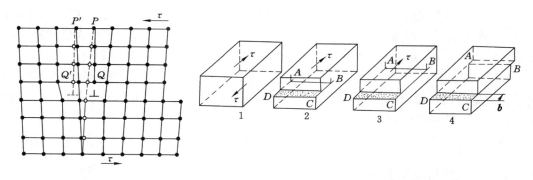

(a) 正刃型位错滑移时周围原子的位移   (b) 滑移过程

图7-10 刃型位错滑移

在螺型位错滑移时[从图7-11(a)到图7-11(b),"。"表示滑移面以下的原子,"·"表示滑移面以上的原子],位错线附近原子的移动量也很小:位错线向左移动一个原子间距,只需要过渡区原子向上移动微小的距离即可实现。这也表明使螺型位错运动所需的力很小。当位错线沿滑移面滑过整个晶体,同样会在晶体表面沿柏氏矢量方向产生宽度为一个柏氏矢量大小的台阶[图 7-11(c)]。

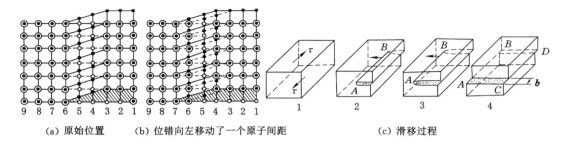

(a) 原始位置　　　(b) 位错向左移动了一个原子间距　　　(c) 滑移过程

图 7-11　螺型位错的滑移

混合位错沿滑移面移动时(图 7-12),前已指出,可将任意段混合位错分解为刃型和螺型分类,分别进行分析。如果选定位错线的方向为 $A \rightarrow B$,则可根据右手法则确定混合位错在外切应力 τ 作用下,将沿其各点法线方向向外扩展,最终使上、下两部分晶体沿柏氏矢量方向滑移出柏氏矢量大小的距离。

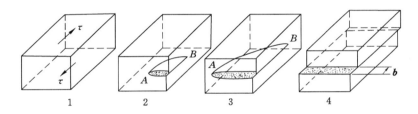

图 7-12　混合位错的滑移过程

对于螺型位错,由于包含位错线的晶面都可能成为滑移面,因此,当原滑移面上的滑移运动受阻时,可能从原滑移面转移到与之相交的另一滑移面上继续滑移,该过程被称为交滑移。如果交滑移后的位错再次转移到和原滑移面平行的滑移面上运动,则被称为双交滑移,如图 7-13 所示。

图 7-13　螺型位错的交滑移和双交滑移

7.2.3.2　位错的攀移

刃型位错还可在垂直于滑移面的方向上发生攀移。多余半原子面向上的攀移称为正攀移,向下的攀移称为负攀移(图 7-14)。攀移的实质是刃型位错中多余半原子面的扩大或缩小,可通过物质迁移即原子或空位的扩散来实现。当空位迁移到半原子面下端或半原子面下端的原子扩散到别处时,半原子面发生正攀移[图 7-14(b)];反之,当原子扩散到半原子面下端,半原子将发生负攀移[图 7-14(c)]。螺型位错不发生攀移运动。

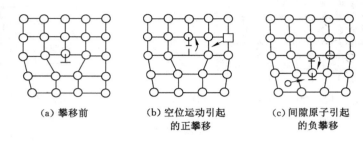

(a) 攀移前　　　　(b) 空位运动引起　　　(c) 间隙原子引起
　　　　　　　　　　　的正攀移　　　　　　　的负攀移

图 7-14　刃型位错的攀移

　　由于攀移需要通过扩散进行,所以把攀移运动称为"非守恒运动";而把位错滑移称为"守恒运动"。位错攀移需要热激活,所需的能量比滑移更大。因此大多数材料在室温下都很难进行位错攀移,只有在较高温度下才能实现位错攀移。此外,晶体中过饱和点缺陷的存在也有利于攀移的进行,如经高温淬火、冷变形加工和高能粒子辐照后将利于位错攀移的发生。

7.2.3.3　运动位错的交割

　　某一位错在一个滑移面上运动时,可能会与穿过滑移面的其他位错(将穿过此滑移面的其他位错称为林位错)彼此切割,称为位错的交割。

　　(1)扭折与割阶

　　在位错滑移中,位错线往往很难同时实现整个长度范围内的运动。可能其中一部分线段先进行滑移。已经移动的位错线就和未移动的位错线之间就形成一段曲折线,如果该曲折线在原位错滑移面上时,称该曲折为扭折;若该曲折线垂直于原位错滑移面,则称其为割阶(图 7-15)。扭折和割阶也可通过位错之间的交割形成。刃型位错的割阶仍属于刃型位错,而扭折则属于螺型位错;螺型位错中的扭折和割阶,均属于刃型位错。

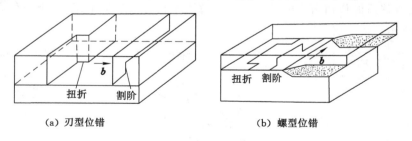

(a) 刃型位错　　　　　　　　　　(b) 螺型位错

图 7-15　位错运动中出现的割阶与扭折

　　刃型位错的攀移是通过扩散实现的,而原子或空位的扩散是一个逐渐发生的过程,因此半原子面下部的原子增加和减少也是一个渐变过程。因此在多余半原子面的已攀移段与未攀移段之间就会产生一个台阶,对应于位错线上形成的割阶。此时,位错的攀移可理解为割阶沿位错线逐步推移所导致的位错线上升或下降,而这样的攀移过程与割阶形成能和移动速度有关。

（2）典型的位错交割

① 两个柏氏矢量相互垂直的刃型位错交割

如图 7-16(a)所示，柏氏矢量为 b_1 的刃型位错 XY 在滑移面 P_{XY} 上，柏氏矢量为 b_2 的刃型位错 AB 在滑移面 P_{AB} 上，P_{XY} 垂直于 P_{AB}。XY 向下运动，滑移面 P_{XY} 两侧的晶体将发生 b_1 大小的相对位移，假设仅右侧移动，则 XY 和 AB 交割后，AB 位错线在 P_{XY} 右侧的部分也将向下移动，这时在移动的部分和左侧未移动的部分间，将产生 PP' 小台阶，其大小和方向取决于 b_1。根据位错柏氏矢量的守恒性，PP' 的柏氏矢量也为 b_2，其与 PP' 垂直，因此 PP' 段位错为刃型，同时因为它不在原位错线滑移面上，属割阶。对于位错 XY，其和 AB 交割后，相当于多余半原子面沿自身平面和位错线方向进行移动，因此位错线上不产生台阶。

② 两个柏氏矢量互相平行的刃型位错交割

如图 7-16(b)所示，滑移面垂直的 AB 和 XY 位错线柏氏矢量平行，它们交割后，在 AB 和 XY 位错线上分别出现平行于 b_1、b_2 的 PP'、QQ' 台阶，它们仍然位于原位错线的滑移面上，因此为扭折，属螺型位错。

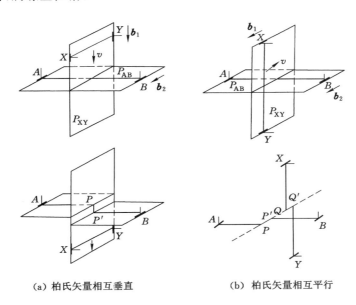

（a）柏氏矢量相互垂直　　　　　　（b）柏氏矢量相互平行

图 7-16　两个互相垂直的刃型位错的交割

③ 两个柏氏矢量垂直的刃位错和螺位错的交割

刃位错 AA' 沿图 7-17 所示滑移面和螺位错 BB' 交割后形成 $|b_2|$ 大小且方向平行 b_2 的割阶 MM'，其柏氏矢量为 b_1。该割阶的滑移面与原刃位错 AA' 的滑移面不同[图 7-17(b)]，因而当带有这种割阶的位错继续运动时，受到的阻力较大。螺位错 BB' 交割后也形成 $|b_1|$ 大小的一段折线 NN'，其垂直于 b_2，又位于 BB' 的滑移面上，因此是扭折并属刃型位错。

④ 两个柏氏矢量相互垂直的螺型位错交割

螺位错 AA' 沿图 7-18 所示滑移面和螺位错 BB' 交割后在 AA' 上形成割阶 MM'，其长度等于 $|b_2|$、方向平行于 b_2，柏氏矢量为 b_1、滑移面不在 AA' 原来滑移面上，为刃型割阶。

位错线 BB' 上也形成长度等于 $|\boldsymbol{b}_1|$、方向平行于 $\boldsymbol{b}_1$、柏氏矢量为 $\boldsymbol{b}_2$ 的刃型割阶 NN'，这种刃型割阶会阻碍螺位错的进一步运动。

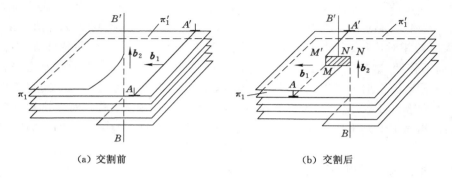

(a) 交割前　　　　　　　　　　(b) 交割后

图 7-17　刃型位错和螺位错的交割

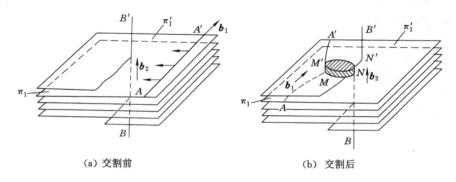

(a) 交割前　　　　　　　　　　(b) 交割后

图 7-18　两个螺型位错的交割

　　总体而言，运动位错交割后每根位错线上都可能产生一段新的扭折或割阶，其大小和方向取决于另一位错的柏氏矢量，但具有原位错线的柏氏矢量。所有的割阶都是刃型位错，而扭折可以是刃型也可是螺型的。此外，扭折与原位错线位于同一滑移面，可随主位错线一起运动，几乎不产生阻力，而且扭折易在线张力作用下消失；割阶与原位错线不在同一滑移面上，除发生攀移外，很难跟随主位错线一起运动，形成阻力，因此被称为割阶硬化。

7.3　表面及界面

　　晶体的面缺陷包括外表面（自由表面）和内界面。表面是指固体材料与气体或液体的分界面；内界面则包括晶界、亚晶界、孪晶界、层错及相界面等。

7.3.1　外表面

　　在晶体表面的几个原子层内，原子排列周期性遭到破坏。与晶体内部相比，表面原子周围原子数减少，各方向受到的作用力也不像内部原子那样高度对称。为达到受力平衡，表面原子将偏离阵点平衡位置，如果偏离程度不大，称该过程为表面驰豫；如果偏离程度较大，表面结构发生了本质变化，与晶体内部排列明显不同，则称该过程为表面重构。表面重构比表面驰豫能更有效降低表面能。

表面能(γ)是指晶体表面单位面积自由能的增加,也可理解为产生单位面积新表面所做的功:

$$\gamma = \frac{\mathrm{d}W}{\mathrm{d}S} \qquad (7\text{-}7)$$

式中　$\mathrm{d}W$——产生 $\mathrm{d}S$ 表面所做的功。

表面能可用单位长度上的表面张力(N/m)来表示。

表面能与晶体表面原子排列的致密程度有关。原子密排面的表面能最小。若以原子密排面作外表面,晶体的能量最低。但在实际中,晶体的外表面往往不是一个密排面,而是由多个密排面组成的台阶构成。这就造成密排面虽然在表面暴露,但并不与表面重合。此外,表面能还与晶体表面曲率有关。当其他条件相同时,曲率愈大,表面能也愈大。

7.3.2　晶界和亚晶界

大部分晶体材料是由大量晶粒组成,属于同一物相但位向不同的相邻晶粒间的界面称为晶界;每个晶粒有时又由若干个位向稍有差异的亚晶粒组成,相邻亚晶粒间的界面称为亚晶界。

常用晶界与其两侧晶粒的相对位向来描述晶界和亚晶界的几何性质。以二维结构为例,晶界位置可用两个晶粒的位向差 θ(即两晶粒同一晶向的夹角)和晶界相对于点阵某一平面的夹角 φ 来确定。根据相邻晶粒位向差可将晶界分为两类:小角度晶界和大角度晶界。

7.3.2.1　小角度晶界的结构

小角度晶界是相邻晶粒位向差小于 $10°$ 的晶界。亚晶界均属小角度晶界,一般在 $2°$ 以下。小角度晶界可继续划分为倾斜晶界、扭转晶界和重合晶界等。

(1) 对称倾斜晶界

对称倾斜晶界可认为是原来位向一致的两部分晶体互相倾斜后造成的界面。两部分晶体的位向差 θ 角很小,因此晶界可看成是由一列平行的刃型位错所构成(图 7-19)。假设刃位错的柏氏矢量相同,则位错线间距 D 与柏氏矢量 $\boldsymbol{b}$ 之间的关系可表示为:

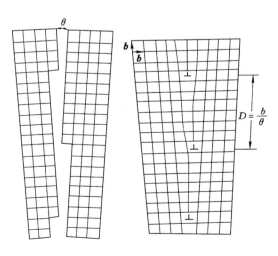

图 7-19　简单立方晶体中的倾侧晶界示意图

$$D = \frac{b}{2\sin(\theta/2)} \qquad\qquad (7-8)$$

当 θ 很小时，$\sin(\theta/2) \approx \theta/2$，因此有 $D = b/\theta$。如果 θ 增大到一定程度，位错间距过小，从而会导致过大的位错密度，此时改模型就不适用。

（2）扭转晶界

扭转晶界可认为是原来位向一致的两部分晶体绕某一轴在一个共同晶面上相对扭转一个 θ 角所构成，其中扭转轴垂直于这一共同的晶面（图7-20）。

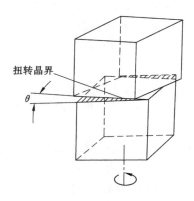

图 7-20　扭转晶界的形成过程

扭转晶界可看成是由互相交叉的螺型位错所组成，如图7-21所示。在较大范围来看，由两组相对平行的螺型位错围绕适配度较好的中心区域会重复出现。

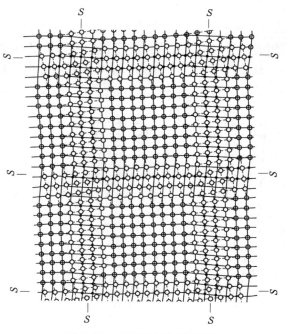

图 7-21　扭转晶界位错模型

扭转晶界和倾斜晶界均属于小角度晶界,两者的不同之处在于倾斜晶界形成时,转轴在晶界内;而扭转晶界的转轴垂直于晶界。实际中的大部分小角度晶界都比较复杂,但都可看成是两部分晶体绕某一轴旋转一角度所形成,只不过转轴既不平行于晶界也不垂直于晶界。

7.3.2.2 大角度晶界的结构

大角度晶界是指相邻晶粒的位向差大于 $10°$ 的晶界。大角度晶界大量存在于多晶体材料中。大角度晶界的结构复杂、原子排列不规则,因此很难用简单的位错模型来描述。人们对于大角度晶界结构的了解远不如小角度晶界。一般认为大角度晶界的结构接近于图7-22所示模型。相邻晶粒之间的大角度晶界不是光滑的曲面,而是由不规则的台阶组成。界面上既含有同时属于两晶粒的原子 D,也包含有不属于任一晶粒的原子 A;既包含有压缩区 B,也包含有扩张区 C。这些不同区域是由于晶界上的原子同时受到位向不同的两个晶粒中原子的作用所致。在纯金属中,大角度晶界的宽度一般不超过 3 个原子间距。

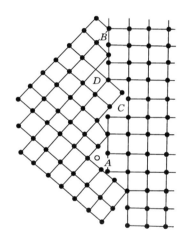

图 7-22 大角度晶界模型

7.3.2.3 晶界能

类似于表面能,晶界能定义为形成单位面积晶界引起系统的自由能变化,它等于晶界单位面积的能量减去无晶界时该区单位面积的能量。

小角度晶界的能量主要源自位错能量,即形成位错所需的能量和将位错排成有关组态所需的能量。此外,晶界中位错密度又取决于晶粒间位向差 θ。

小角度晶界能 γ 可表示为:

$$\gamma = \gamma_0 \theta (A - \ln \theta) \tag{7-9}$$

其中 $\gamma_0 = \dfrac{Gb}{4\pi(1-v)}$ 为常数,取决于材料的切变模量大小 G、泊桑比 v 和柏氏矢量大小 b;A 为积分常数,取决于位错中心的原子错排能。根据该式,小角度晶界能随相邻晶粒位向差增加而增大(图 7-23)。该公式只适用于小角度晶界,而不适用于大角度晶界。

大角度晶界大多在 $30°\sim40°$ 左右,实验发现,各种金属的大角度晶界能均在 $0.25\sim1.0\ \mathrm{J/m^2}$ 范围,基本为定值,而与晶粒间位向差无关(图 7-23)。

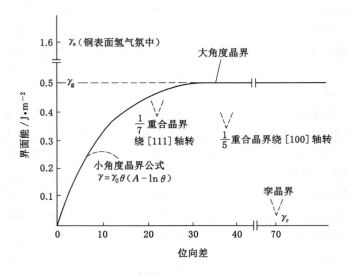

图 7-23　铜的不同类型界面的界面能

晶界能也可采用界面张力的形式来描述。如图 7-24 所示，3 个晶粒相遇在 O 点，两两之间分别形成界面，对应的界面能分别为 γ_{1-2}，γ_{2-3}，γ_{3-1}，O 点处的界面张力达到平衡状态时：

$$\gamma_{1-2} + \gamma_{2-3}\cos\varphi_2 + \gamma_{3-1}\cos\varphi_1 = 0$$

或

$$\frac{\gamma_{1-2}}{\sin\varphi_3} = \frac{\gamma_{2-3}}{\sin\varphi_1} = \frac{\gamma_{3-1}}{\sin\varphi_2} \tag{7-10}$$

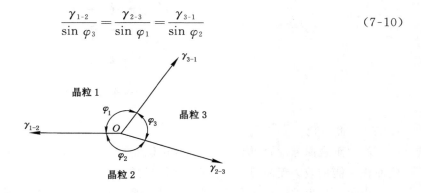

图 7-24　三个晶界相交于一直线（垂直于图面）

若以其中的某一晶界能作为基准，可通过测量 φ 角可求得其他晶界的相对能量。

因为各晶粒之间的晶界多为大角度晶界，而大角度晶界能量基本一致，所以在平衡状态下三叉晶界的三个界面角均趋向于最稳定的 120°。

7.3.2.4　孪晶界

两部分晶体沿一个公共晶面形成镜面对称，则称这两部分晶体为"孪晶"，公共晶面为孪晶面。孪晶界可分为共格孪晶界和非共格孪晶界。根据孪晶形成原因，可分为形变孪晶、生长孪晶和退火孪晶等。因为孪晶与层错密切相关，一般层错能高的晶体不易产生孪晶。

共格孪晶界就是孪晶面,两部分晶体关于该面对称[图 7-25(a)]。孪晶面上的原子同时位于两个晶体点阵的节点上,为无畸变匹配,因此界面能仅为普通晶界界面能的 1/10,显微镜下呈直线。这种孪晶界在实际中较为常见。

非共格孪晶界并不是孪晶面,即两部分晶体不关于孪晶界对称[图 7-25(b)]。这种孪晶界相当于将共格孪晶界相对于孪晶面旋转一定角度。孪晶界上只有部分原子为两部分晶体所共有。孪晶界的能量相对较高,约为普通晶界的 1/2。

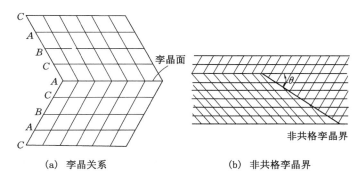

(a) 孪晶关系　　　　　　　(b) 非共格孪晶界

图 7-25　面心立方晶体的孪晶关系和非共格孪晶界

7.3.2.5　晶界的特性

由于晶界处存在晶界能,晶体有降低该能量、提高系统稳定性的内部需求。晶粒长大和晶界平直化都利于减少晶界面积进而降低总晶界能,因此这两个过程都存在自发趋向。但这两个过程都需要通过原子扩散来实现,因此可采用利于原子扩散的措施促进它们的发生,如升高温度和增加保温时间。

晶界处不规则的原子排列,会对常温下位错运动产生阻碍作用,导致晶界比晶内有更高的强度和硬度。而且晶粒愈细,这种效应越明显,导致的材料的强度越高,即细晶强化。在高温下,晶界上的黏滞性会利于相邻晶粒间的相对滑动,因此跟常温情况相反。

晶界处的原子偏离平衡位置,具有较高的能量,原子的扩散速度比在晶内快;晶界处缺陷较多、杂质原子易被吸附聚集。因此,在固态相变中,新相易在晶界处优先形核,且晶粒越细小、晶界越多,越有利于原子的移动、聚集形核。这种特性也导致晶界熔点相比晶体内部要低,在受热时晶界会优先熔化,导致"过热"现象发生;此外,晶界的腐蚀速度比晶体内部也要快,因此可利用腐蚀剂显示金相样品的组织形貌,这也是某些金属材料易发生晶间腐蚀的原因。

7.3.3　相界

具有不同结构的两物相之间的分界面称为"相界"。在固体相界面中,按结构特点可分为共格相界、半共格相界和非共格相界三种类型。

7.3.3.1　共格相界

共格相界是指界面上的原子同时位于两相晶格的节点上,界面上的原子为两相共有。图 7-26(a)为一种无畸变、完全共格的理想相界。但这种理想共格相界面并不真正存在,因为两种不同的相,点阵常数也不可能完全相等,形成共格界面时,在相界面附近都会或多或少产生一些弹性畸变[图 7-26(b)]。

7.3.3.2 半共格相界

如果两相在界面处的晶面间距相差较大,则两相在界面上不能完全对应,这时可能产生一些位错实现两相间的匹配[图 7-26(c)],此时两相原子部分保持匹配。该类型的界面称为半共格相界。

半共格相界上的位错间距取决于相界上两相晶面之间的错配度 δ:

$$\delta = \frac{a_\alpha - a_\beta}{a_\alpha} \tag{7-11}$$

式中 a_α, a_β ——相界面两侧的 α 相和 β 相的点阵常数,$a_\alpha > a_\beta$。

由此可求得位错间距 D 为:

$$D = a_\beta / \delta \tag{7-12}$$

7.3.3.3 非共格相界

如果两相在相界面处的错配度很大时,只能形成非共格界面[图 7-26(d)]。该相界与大角度晶界类似,可认为是由原子不规则排列的薄层组成。

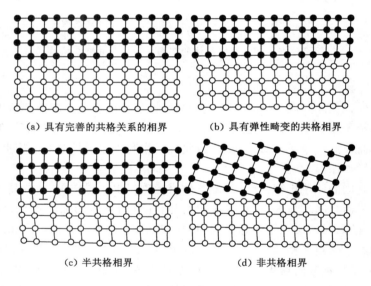

(a) 具有完善的共格关系的相界   (b) 具有弹性畸变的共格相界

(c) 半共格相界   (d) 非共格相界

图 7-26 各种形式的晶界

相界能也可采用类似于测晶界能的方法来测量。相界能包括弹性畸变能和化学交互作用能。弹性畸变能的大小主要取决于错配度;化学交互作用能主要取决于界面原子与周围原子的化学键结合。弹性畸变能和化学交互作用能在不同类型的相界面中的比例不同。对于共格相界,由于界面两侧原子完好匹配,原子结合键数目不发生变化,因此应变能为主要的;而对于非共格相界,由于界面上原子连接的化学键数目和强度与晶内相比都发生了很大变化,因此化学能是主要的,且总能量很高。从共格至半共格到非共格,相界能依次增加。

第 8 章　位错的弹性性质及行为

晶体中位错的存在会导致部分原子偏离平衡位置,并产生点阵畸变和弹性应力场。为了更深入了解位错性质,需要通过弹性力学手段研究位错周围的弹性应力场,以考察位错能量、相互间作用力等性质;根据这些结果,还可进一步讨论位错的增殖、实际晶体中的位错行为等。

8.1　位错的弹性性质

8.1.1　位错的应力场

为了定量计算晶体中位错周围的弹性应力场,把晶体简化为各项同性的连续弹性介质模型,可获得与实验接近的结果。注意该模型导出的结果不适用于位错中心区。

材料中任一点的应力状态可用 9 个应力分量来表示,如图 8-1 所示。直角坐标中单元体受力各分量中包含 σ_{xx},σ_{yy},σ_{zz} 3 个正应力分量,和 τ_{xy},τ_{yx},τ_{xz},τ_{zx},τ_{yz},τ_{zy} 6 个切应力分量。圆柱坐标系中包含的正应力分量为 σ_{rr},$\sigma_{\theta\theta}$ 和 σ_{zz},切应力分量为 $\tau_{r\theta}$,$\tau_{\theta r}$,τ_{zr},τ_{rz},$\tau_{z\theta}$ 和 $\tau_{\theta z}$。应力分量中的第一个下标为应力作用面外法线方向,第二个下标为应力方向。

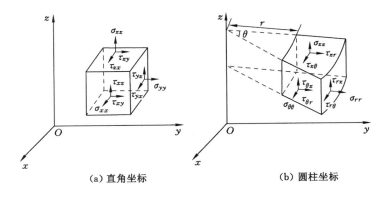

(a) 直角坐标　　　　　　　　(b) 圆柱坐标

图 8-1　单元体上的应力分量

当单元体处于受力平衡状态,$\tau_{ij}=\tau_{ji}$,即 $\tau_{xy}=\tau_{yx}$,$\tau_{yz}=\tau_{zy}$,$\tau_{zx}=\tau_{xz}$($\tau_{r\theta}=\tau_{\theta r}$,$\tau_{\theta z}=\tau_{z\theta}$,$\tau_{zr}=\tau_{rz}$),所以确定一点的应力状态只需 6 个应力分量,这时对应 6 个应变分量,其中 ε_{xx},ε_{yy} 和 ε_{zz} 为正应变,γ_{xy},γ_{yz} 和 γ_{zx} 为切应变。

8.1.1.1　螺型位错的应力场

设有一个半径为 r 的空心圆柱体,沿 xz 面把圆柱体向内切开到中心,把两个切开面沿 z 方向作相对位移 b,然后把这两个面胶合起来,即构造出一个柏氏矢量为 b 的螺型位错

（图 8-2）。图中 OO' 为位错线，$MNO'OM$ 即为滑移面。

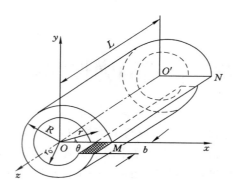

图 8-2　螺型位错的连续介质模型

该模型中，圆柱体只有沿 z 方向的位移，因此各应力分量中只有一个切应变：$\gamma_{\theta z}=b/2\pi r$，相应的切应力为：

$$\tau_{z\theta}=\tau_{\theta z}=G\cdot\gamma_{\theta z}=\frac{Gb}{2\pi r} \tag{8-1}$$

在直角坐标系中，各非零应力分量为：

$$\left.\begin{array}{l} \tau_{yz}=\tau_{zy}=\dfrac{Gb}{2\pi}\cdot\dfrac{x}{x^2+y^2} \\[3mm] \tau_{zx}=\tau_{xz}=\dfrac{Gb}{2\pi}\cdot\dfrac{y}{x^2+y^2} \end{array}\right\} \tag{8-2}$$

根据式（8-1）和式（8-2）可得在螺位错应力场中，只有切应力分量，而正应力分量全为零，因此螺位错不引起晶体的膨胀和收缩；螺型位错产生的切应力分量只与 r 有关（成反比，而与 θ 和 z 无关），因此螺型位错的应力场呈轴对称特征，即距位错等距的各处切应力值相等，并随距离增大应力值逐渐减小。当 r 趋近 0 时，$\tau_{\theta z}$ 趋近无穷大，这与实际情况不符，说明上述结果不能用于位错中心的严重畸变区，因此不能采用实心圆柱体模型来模拟螺位错。

8.1.1.2　刃型位错的应力场

同样也选择一空心圆柱体并沿侧面将一边切开，将切面两侧沿径向（x 轴方向）相对位移 b 大小的距离后，再胶合起来，即形成一个正刃型位错（图 8-3）。在该模型中，相当于以 $MNO'OM$ 为滑移面，OO' 为位错线，Z-Y 面为多余半原子面。根据弹性理论求得刃型位错各应力分量为：

$$\left.\begin{array}{l} \sigma_{xx}=-D\,\dfrac{y(3x^2+y^2)}{(x^2+y^2)} \\[3mm] \sigma_{yy}=D\,\dfrac{y(x^2-y^2)}{(x^2+y^2)^2} \\[3mm] \sigma_{zz}=\nu(\sigma_{xx}+\sigma_{yy}) \\[3mm] \tau_{xy}=\tau_{yx}=D\,\dfrac{x(x^2-y^2)}{(x^2+y^2)^2} \\[3mm] \tau_{xz}=\tau_{zx}=\tau_{yz}=\tau_{zy}=0 \end{array}\right\} \tag{8-3}$$

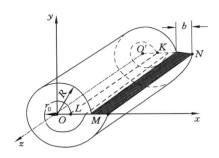

图 8-3 刃型位错的连续介质模型

若用圆柱坐标,则其应力分量为

$$
\left.
\begin{aligned}
\sigma_{rr} = \sigma_{\theta\theta} &= -D\,\frac{\sin\theta}{r} \\
\sigma_{zz} &= -\nu(\sigma_{rr} + \sigma\sigma_{\theta\theta}) \\
\tau_{r\theta} = \tau_{\theta r} &= D\,\frac{\cos\theta}{r} \\
\tau_{rz} = \tau_{zr} = \tau_{\theta z} &= \tau_{z\theta} = 0
\end{aligned}
\right\}
\tag{8-4}
$$

式中 $D = \dfrac{Gb}{2\pi(1-\nu)}$,$G$ 为切变模量;

ν——泊松比;

b——柏氏矢量。

通过对式(8-3)和式(8-4)进行分析,可得刃型位错应力场中同时存在正应力分量与切应力分量,而且各应力分量的大小与 G 和 b 成正比,与 r 成反比,且随着与位错距离的增大,应力的绝对值减小;各应力分量都是 x,y 的函数,而与 z 无关,即在平行于位错线的直线上,任一点的应力都相同;刃型位错的应力场关于多余的半原子面对称,即对称于 y 轴。

当 $y=0$ 时,$\sigma_{xx}=\sigma_{yy}=\sigma_{zz}=0$,表明在滑移面上,没有正应力,而切应力 τ_{xy} 达到极大值($\dfrac{Gb}{2\pi(1-\nu)}\cdot\dfrac{1}{x}$);当 $y>0$ 时,$\sigma_{xx}<0$;$y<0$ 时,$\sigma_{xx}>0$,表明正刃型位错滑移面上侧受压应力、下侧受张应力作用;在应力场的任意位置处都存在 $|\sigma_{xx}|>|\sigma_{yy}|$;当 $x=\pm y$ 时,σ_{yy},τ_{xy} 均为零,表明在直角坐标系的两条对角线处只有 σ_{xx}。此外,同螺型位错一样,上述公式不能用于刃型位错的中心区。

8.1.2 位错的应变能

位错的存在会使体系内能升高,是热力学上不稳定的晶体缺陷。位错周围点弹性应力场导致的晶体能量增加称为位错的应变能,或称为位错能量。位错的应变能包括位错中心区域的应变能 E_c 和位错应力场引起的弹性应变能 E_e。位错中心区域由于畸变很大,不能用胡克定律计算其能量。借助点阵模型估计这部分能量大约为总应变能的 $1/10 \sim 1/15$,因此经常忽略。而以中心区域以外的弹性应变能代表位错的应变能,可采用连续介质弹性模型,根据单位长度位错所做的功求得。

假设图 8-3 所示的刃型位错为一个单位长度位错。在造成这个位错的过程中,沿滑移方向各原子的位移是从 0 逐渐增加到 b,即位移是个变量,设其为 x;在滑移面上不同位置

所受的力为 $\tau_{\theta r}=\dfrac{Gx}{2\pi(1-\nu)}\cdot\dfrac{\cos\theta}{r}$（这里 $\theta=0$，其他分应力为零），因此为克服该切应力 $\tau_{\theta r}$ 所做的功为：

$$W=\int_{r0}^{R}\int_{0}^{b}\tau_{\theta r}\mathrm{d}x\,\mathrm{d}r=\int_{r0}^{R}\int_{0}^{b}\frac{Gx}{2\pi(1-\nu)}\cdot\frac{1}{r}\mathrm{d}x\,\mathrm{d}r=\frac{Gb^2}{4\pi(1-\nu)}\ln\frac{R}{r_0}\tag{8-5}$$

即为单位长度刃型位错的应变能 E_e^e。

同样也可求得单位长度螺型位错的应变能为：

$$E_e^s=\frac{Gb^2}{4\pi}\ln\frac{R}{r_0}\tag{8-6}$$

可见，$E_e^s/E_e^e=1-\nu$。对于常见金属材料 ν 约为 $1/3$，因此其螺位错的弹性应变能约为刃位错的 $2/3$。

对于位错线与柏氏矢量成 φ 角的混合位错，可分解为柏氏矢量大小为 $b\sin\varphi$ 的刃型位错和柏氏矢量为 $b\cos\varphi$ 的螺型位错进行考虑。相互垂直的刃位错和螺位错间没有相同应力分量，因此它们之间没有相互作用能。两个位错分量的应变能和就是混合位错的应变能：

$$E_e^m=E_e^e+E_e^s=\frac{Gb^2\sin^2\varphi}{4\pi(1-\nu)}\ln\frac{R}{r_0}+\frac{Gb^2\cos^2\varphi}{4\pi}\ln\frac{R}{r_0}=\frac{Gb^2}{4\pi K}\ln\frac{R}{r_0}\tag{8-7}$$

其中 $K=\dfrac{1-\nu}{1-\nu\cos^2\varphi}$，称为混合位错的角度因素，$K\approx1\sim0.75$。

式（8-7）具有普适性。如果描述的是螺型位错，则 $K=1$，刃型位错则 $K=1-\nu$。从中可以看出位错应变能的大小与 r_0 和 R 有关。通常 r_0 与 b 值相近，约为 $10^{-10}\,\mathrm{m}$，而 R 是位错应力场的最大作用范围。由于实际晶体中亚结构或位错网络的存在，一般取 $R\approx10^{-6}\,\mathrm{m}$。据此，单位长度位错的总应变能可简化为：

$$E=\alpha Gb^2\tag{8-8}$$

其中 α 为与几何因素相关系数，约为 $0.5\sim1$。

由于位错的弹性应变能 E_e 随 R 的增加而增加，所以位错应力场具有长程特征；位错的应变能与 b^2 成正比，因此具有最小 b 的位错应该是最稳定的，而 b 大的位错可进一步分解为 b 小的位错。

此外，以上位错的能量是以单位长度位错的，因此实际位错的能量还与位错线长度、形状有关。相比于曲线位错，直线位错的应变能更低，因此曲线位错线有变直和缩短长度的趋势。

8.1.3　作用在位错的力

晶体在外切应力作用下，内部的位错将在滑移面上沿位错线垂直方向运动，因此可认为有一个垂直于位错线的虚拟力作用在位错线上。利用虚功原理可以求出该力 F。如图 8-4 所示，设有切应力 τ 使 $\mathrm{d}l$ 长的位错线在面积为 A 的滑移面上移动了 $\mathrm{d}s$ 距离，结果导致滑移面上方晶体产生 $\left(\dfrac{\mathrm{d}l\,\mathrm{d}s}{A}\right)b$ 大小的滑移（当位错线完全扫过滑移面 A 时上方所有晶体的位移为 b，现在只有位错线扫过的 $\mathrm{d}l\,\mathrm{d}s$ 上方部分发生滑移），所以外部切应力 τ 做的功为 $\tau A\cdot\left(\dfrac{\mathrm{d}l\,\mathrm{d}s}{A}\right)b=\tau b\,\mathrm{d}l\,\mathrm{d}s$。

此功也相当于作用在位错上的虚拟力 F 使位错线移动 $\mathrm{d}s$ 距离所做的功，即 $F\cdot\mathrm{d}s$，因此有：

$$F \cdot \mathrm{d}s = \tau b \, \mathrm{d}l \, \mathrm{d}s$$

则单位长度位错线上受到的虚拟力 F_d 为：

$$F_\mathrm{d} = \frac{F}{\mathrm{d}l} = \tau b \tag{8-9}$$

可以看出 F_d 与外切应力 τ 和位错柏氏矢量大小 b 成正比。虚拟力方向总是与位错线垂直并指向滑移面未滑移部分。以上结果也适用于螺型位错。不同的是在刃型位错中，F_d 的方向与外切应力 τ 方向相同，而在螺型位错中 F_d 与 τ 方向相互垂直（图 8-4）。

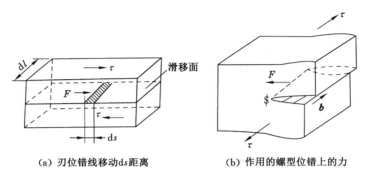

| (a) 刃位错线移动 ds 距离 | (b) 作用的螺型位错上的力 |

图 8-4　作用在位错上的力

需要指出的是，作用于位错线上的力只是一种虚拟力，不代表位错附近原子实际所受到的力，也区别于作用在晶体上的力。此外，对于任意形状位错线，在沿着柏氏矢量方向的切应力作用下，单位长度受到的力也为 τb，方向沿各处的外法线方向。一根位错具有唯一的柏氏矢量，因此只要晶体上施加的切应力是均匀的，那么各段位错线所受的力大小完全相同。

以上讨论的是切应力作用在滑移面上使位错发生滑移的情况，这种位错线的受力称为滑移力。对刃型位错而言，也可受到外力作用在垂直于滑移面的方向运动，即发生攀移，此时刃位错的受力称为攀移力。攀移力可用图 8-5 所示模型求出。晶体在沿 x 方向的外部拉应力 σ 作用下，内部单位长度的位错发生攀移运动，可以看作是在虚拟力 F_y 作用下向下运动 $\mathrm{d}y$ 距离，则虚拟力做功 $F_y \cdot \mathrm{d}y$。因为位错线向下攀移 $\mathrm{d}y$ 后，在 x 方向引起了 b 大小膨胀，晶体总的体积膨胀 $\mathrm{d}y \cdot b \cdot 1$，所以正应力所作的膨胀功为 $-\sigma \cdot \mathrm{d}y \cdot b \cdot 1$。根据虚功原理可得：

$$F_y \mathrm{d}y = -\sigma \mathrm{d}y b$$

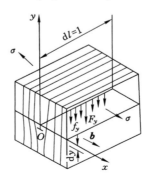

图 8-5　刃位错的攀移力

则单位长度位错线上受到的虚拟力 F_y 为：

$$F_y = -\sigma b \tag{8-10}$$

刃位错上的攀移力方向和位错线攀移方向一致，垂直于位错线。σ 是垂直于多余半原子面方向的宏观正应力，方向与 b 平行。式中的负号表示 σ 为拉应力时，F_y 向下，反之则向上。

8.1.4 位错间的交互作用

由于位错周围应力场的存在，大量位错在共存时，往往会受到相互间的作用，此交互作用力随位错类型、柏氏矢量大小、位错线相对位向的变化而变化。

8.1.4.1 两平行螺型位错间的交互作用

两个相互平行的螺型位错 s_1、s_2，柏氏矢量分别为 b_1，b_2，位错线平行于 z 轴（垂直于纸面），且位错 s_1 位于坐标原点 O 处，s_2 位于 (r,θ) 处[图 8-6(a)]。根据式(8-1)和式(8-9)可得位错 s_2 在位错 s_1 的产生的应力场作用下受到的作用力 f_r 为：

$$f_r = \tau_{\theta z} \cdot b_2 = \frac{Gb_1b_2}{2\pi r} \tag{8-11}$$

其方向与矢径 r 方向一致。同理，位错 s_1 在位错 s_2 应力场影响下也将受到一个大小相等、方向相反的作用力。可以看出，两平行螺型位错间的作用力大小与两位错强度乘积成正比，与位错间距成反比，其方向则沿径向 r 垂直于所作用的位错线。当 b_1 与 b_2 同向时，$f_r > 0$，即同号平行螺型位错相斥；当 b_1 与 b_2 反向时，$f_r < 0$，即两异号平行螺型位错相吸[图 8-6(b)]。

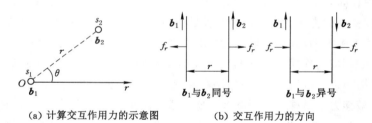

(a) 计算交互作用力的示意图　　(b) 交互作用力的方向

图 8-6　两平行螺位错的交互作用力

8.1.4.2 两平行刃型位错间的交互作用

两个相互平行且相距为 $r(x,y)$ 的刃型位错 e_1、e_2，柏氏矢量分别为 b_1 和 b_2 且均与 x 轴同向（图 8-7）。位错线平行于 z 轴（垂直于纸面），且位错 e_1 位于坐标原点。两位错的滑移面均平行于 x-z 面。经分析，e_1 的应力场中只有切应力分量 τ_{yx} 和正应力分量 σ_{xx} 对位错 e_2 起作用，分别导致 e_2 沿 x 轴方向滑移和沿 y 轴方向攀移。这作用力分别为

$$\left. \begin{array}{l} f_x = \tau_{yx} \cdot b_2 = \dfrac{Gb_1b_2}{2\pi(1-\nu)} \dfrac{x(x^2-y^2)}{(x^2+y^2)^2} \\[3mm] f_y = -\sigma_{xx} \cdot b_2 = \dfrac{Gb_1b_2}{2\pi(1-\nu)} \dfrac{y(3x^2+y^2)}{(x^2+y^2)^2} \end{array} \right\} \tag{8-12}$$

同理，位错 e_1 在位错 e_2 的应力场中也将受到一个大小相等、方向相反的作用力。滑移力 f_x 随位错 e_2 所处的位置而变化。

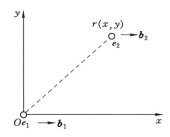

图 8-7　两平行刃型位错间的交互作用

当 $|x|>|y|$ 时,若 $x>0$,则 $f_x>0$;若 $x<0$,则 $f_x<0$,说明当位错 e_2 位于图 8-8(a) 中的①,②区间时,两位错相互排斥;当 $|x|<|y|$ 时,若 $x>0$,则 $f_x<0$;若 $x<0$,则 $f_x>0$, 说明当位错 e_2 位于图 8-8(b)中的③,④区间时,两位错相互吸引;当 $|x|=|y|$ 时,$f_x=0$, 位错 e_2 处于介稳平衡位置,一旦偏离此位置就会受到位错 e_1 的吸引或排斥,使它偏离得更远。

当 $x=0$ 时,即 e_2 处于 y 轴上时,$f_x=0$,位错 e_2 处于稳定平衡位置,一旦偏离此位置就会受到位错 e_1 的吸引而回到原处,使位错垂直地排列起来。这种呈垂直排列的位错组态称为位错墙,可构成小角度晶界。当 $y=0$ 时,若 $x>0$,则 $f_x>0$;若 $x<0$,则 $f_x<0$。此时 f_x 的绝对值和 x 成反比,即处于同一滑移面上的同号刃型位错总是相互排斥,且位错间距离越小,斥力越大。

攀移力 f_y 与 y 同号,因此当位错 e_2 在位错 e_1 滑移面的上方时,受到的攀移力 f_y 是正值,即指向上;当 e_2 在 e_1 滑移面下边时,f_y 为负值。因此,两位错总是沿 y 轴互斥。

如果两个刃型位错异号,则它们之间的交互作用力与式(8-12)中的大小相等但方向相反,且位错 e_2 的稳定位置和介稳定平衡位置正好互相对换,即 $|x|=|y|$ 时,e_2 处于稳定平衡位置[8-8(b)]。异号位错的 f_y,由于它与 y 异号,所以沿 y 轴方向的两异号位错总是相互吸引,并尽可能靠近乃至最后消失。

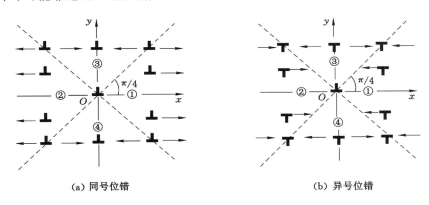

(a) 同号位错 　　　　　　　　　　　　　 (b) 异号位错

图 8-8　两刃型位错在 x 轴方向上的交互作用

当一个螺位错与一个刃位错相互平行时,由于两者柏氏矢量相互垂直,因此各自的应力场都不产生使对方运动的应力分量,彼此不发生作用。

　　如果两平行位错中的一根或两根都是混合位错时,可将混合位错先分解为刃型和螺型分量,再分别考虑它们之间的相互作用力,最后叠加起来就可以得到总作用力。

8.1.5　位错与点缺陷之间的交互作用

　　晶体中的点缺陷会引起点阵畸变,并形成应力场。该应力场会与周围的位错应力场发生交互作用,进而对位错的运动产生影响。

　　以溶质原子为例说明位错与点缺陷间的交互作用。在连续弹性介质模型中,假设溶质原子是刚球,溶质原子在晶体中引起的畸变呈球面对称,其造成的应力场也呈球面对称,即形成水静应力场。当如图 8-9 所示的半径为 r_1 的钢球填入到半径略小(r_0)的孔洞(空位或间隙)中时,外力反抗位错应力场所做的功就是位错与溶质原子间的交互作用能。因为溶质刚球在周围介质中引起的位置均垂直于球面,因此位错应力场中只有正应力 σ_{xx}、σ_{yy}、σ_{zz} 做功,其平均值为:

$$\sigma = \frac{1}{3}(\sigma_{xx} + \sigma_{yy} + \sigma_{zz})$$

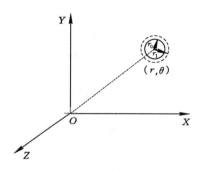

图 8-9　位错与溶质原子的交互作用

溶质原子反抗周围介质从 r_0 到 r_1 的过程中,位错应力场做的功 ΔW 为:

$$\Delta W = \sigma \cdot \Delta V = \sigma \cdot 4\pi r_0^2 \cdot \Delta r = \sigma \cdot 4\pi r_0^2 \cdot (r_1 - r_0)$$

其中,ΔV 为溶剂原子进入时介质的形变体积。因此可得到位错与溶质原子的交互作用能为:

$$U = -\sigma \Delta V = -\frac{1}{3}(\sigma_{xx} + \sigma_{yy} + \sigma_{zz}) \cdot \Delta V$$

将式(8-3)中刃位错各应力分量带入可得:

$$U = \frac{Gb}{3\pi} \cdot \frac{1+\nu}{1-\nu} \cdot \Delta V \cdot \frac{\sin\theta}{r} = A \cdot \frac{\sin\theta}{r} \tag{8-13}$$

其中,$A = \dfrac{Gb}{3\pi} \cdot \dfrac{1+\nu}{1-\nu} \cdot \Delta V$。

　　只有当位错与溶质原子间的交互作用能 U 为负值时,才能使晶体处于稳定状态。当 $\Delta V > 0$ 时,只有 $\sin\theta < 0$,即溶质原子位于滑移面下方 U 为负。这表明间隙溶质原子和比溶剂原子大的置换溶质原子都倾向聚集在位错的下部。当 $\Delta V < 0$ 时,只有 $\sin\theta > 0$,即溶质原子位于滑移面上方 U 为负。这表明比溶剂原子小的置换溶质原子和空位都倾向聚集在位错的上部。总之,为了降低溶质原子和位错之间的交互作用能,溶质原子在温度和时间都许可的情况下,倾向于聚集在位错周围。这种溶质原子的聚集称为柯氏气团。

8.1.6　位错的线张力

位错线有力求变直、缩短的趋势以降低自身能量。这种趋势可用位错的线张力 T 来描述。线张力沿着位错线方向作用在位错线上,可定义为使位错线增加单位长度所需的能量,此功显然等于单位长度位错线的应变能[式(8-8)],即 $T = \alpha G b^2$。

位错的线张力也是晶体中位错呈三维网络分布的原因。因为位错经常在晶体中错综交互,相交于同一节点的错,通过线张力保持在平衡状态,从而保证了位错在晶体中的相对稳定性。

对于长度为 ds、曲率半径为 r、中心角为 $d\theta$ 的很小一段弯曲位错线,线张力 T 会产生一指向曲率中心的力 F' 力求将位错线变直(图 8-10)。

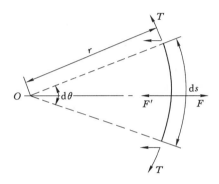

图 8-10　位错的线张力

该指向中心的力 F' 为 $2T\sin\dfrac{d\theta}{2}$。当 $d\theta$ 很小时,有 $\sin(\dfrac{d\theta}{2}) = \dfrac{d\theta}{2}$,且有 $d\theta = \dfrac{ds}{r}$,因此 $F' = T\dfrac{ds}{r}$。如果想维持这一弯曲状态,需要在位错线上施加与 F' 大小相等、方向相反的力 F。假设该位错的弯曲状态是由宏观切应力来维持(或导致),根据式(8-9),单位位错线上受到的虚拟力为 τb,总受力 F 为 $\tau b ds$。因此在平衡条件下:

$$F = \tau b \cdot ds = F' = T\frac{ds}{r}$$

可得:

$$\tau = \frac{T}{rb} = \frac{\alpha G b^2}{rb} \approx \frac{Gb}{2r}, \alpha \approx 0.5 \tag{8-14}$$

相当于一条两端固定的位错将在切应力 τ 作用下呈曲率半径为 r 的弯曲。

8.2　位错的生成和增殖

8.2.1　位错的密度

实际晶体中经常存在大量位错,而位错的多少可用位错密度来描述。定义单位体积晶体中所含的位错线的总长度为位错密度,即 $\rho = L/V$,其中 L 为位错线的总长度,V 是晶体的体积。注意到实验测定位错线的总长度是不可能的。为了简便起见,常把位错线当作直线,同时假定位错都是平行地从晶体的一端延伸到另一端,因此位错密度就可表示为穿过单位面积的位错线数目,即:

$$\rho = \frac{n}{A} \qquad (8\text{-}15)$$

式中　n——在面积 A 中所见到的位错数目。

实际中并不是所有位错线与观察面相交,因此该位错密度比实际位错密度要小。

一般经充分退火的多晶体金属中,位错密度约为 $10^6 \sim 10^8\ cm^{-2}$;但在超纯金属单晶体中位错密度可低于 $10^3\ cm^{-2}$;经过剧烈冷变形的金属,位错密度可高 $10^{10} \sim 10^{12}\ cm^{-2}$。

8.2.2　位错的生成

在实验中,人们发现即使经过精心制备的纯金属单晶也含有许多位错。但迄今为止,位错的起源问题尚未完全揭示。通常认为晶体中的原始位错主要通过以下方式产生:

(1) 晶体凝固过程中位向略有偏差的两部分晶体在相交时可能会形成位错;

(2) 晶体凝固时由于成分不均导致不同部位间形成位错作为过渡;

(3) 晶体中存在的大量空位聚集也可能形成位错;

(4) 晶体在生长及冷却过程中,由于温度、成分、内应力不均导致的局部形变,也会导致位错产生;

(5) 晶体内部的某些界面(如第二相质点、孪晶、晶界等)和微裂纹附近,可能会出现高的应力集中导致局部区域发生滑移并产生位错。

8.2.3　位错的增殖

如果一定数量的位错晶体在受力时发生运动,最终将移至出晶体表面,在导致宏观变形的同时,位错数目也不断减少。但在实际中,经剧烈塑性变形后的金属晶体中的位错密度可增加 4～5 个数量级。这说明晶体中在变形过程中,位错在不断增殖。

位错的增殖机制有多种,目前最常见的是弗兰克-里德(Frank-Read)位错源增殖机制。如图 8-11 所示在滑移面上有一段刃位错 AB,其两端被位错节点钉扎。在沿位错柏氏矢量 $\boldsymbol{b}$ 方向的宏观切应力作用下,位错线将沿滑移面向前运动。由于 AB 两端固定,位错线只能发生弯曲[图 8-11(b)]。单位长度位错线所受滑移力 $F_d = \tau b$ 总是与位错线垂直,所以每一小段位错沿它的法线方向向外扩展,其两端分别绕节点 A、B 回转[图 8-11(c)]。当两端弯出来的位错线相互靠近时[图 8-11(d)],由于为同一位错但位错线方向相反,因此靠近时互相抵消,进而形成闭合的位错环和位错环内的一小段位错线。外加应力继续作用时,位错环向外扩张,环内的小段位错在线张力作用下被拉直并重复以前的运动,进而不绝地产生新的位错环、形成位错增殖。

为使位错源中的位错线弯曲、扩展,外应力需克服位错线中的线张力阻碍。根据式(8-14),曲率半径越小,与之相平衡的切应力越大。当 AB 弯成半圆形时,曲率半径最小,此时对应的切应力最大[图 8-11(b)]。因此,使位错源发生启动的临界切应力为:

$$\tau_c = \frac{Gb}{L} \qquad (8\text{-}16)$$

式中　L——A 与 B 之间的距离。

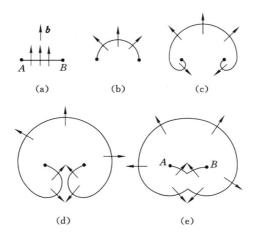

(a)　　　(b)　　　(c)

(d)　　　　　(e)

图 8-11　弗兰克-里德位错源增殖过程

8.3　实际晶体结构中的位错

前面在阐明晶体中的位错结构及其一般性质时,主要是以简单立方晶体为例来说明。但在实际晶体中,位错的结构要复杂得多。

简单立方晶体中位错的柏氏矢量 b 总是等于点阵矢量。但在更复杂的实际晶体中,位错柏氏矢量还可能小于或大于点阵矢量。其中把柏氏矢量等于点阵矢量或其整数倍的位错称为"全位错",其中柏氏矢量正好等于单位点阵矢量的位错称为"单位位错"。因此,全位错滑出晶体后,滑移面两边的原子相对排列不变。把柏氏矢量不等于点阵矢量整数倍的位错称为"不全位错",其中柏氏矢量小于点阵矢量的称为"部分位错"。不全位错滑出晶体后,滑移面两边的原子相对排列规律发生变化。

8.3.1　堆垛层错

实际晶体中的不全位错常与原子堆垛结构的变化有关。第 1 章中曾指出面心立方结构是密排面 $\{111\}$ 按 $\cdots ABCABC \cdots$ 顺序堆垛而成,密排六方结构是以密排面 (0001) 按 $\cdots\cdots ABAB\cdots\cdots$ 顺序堆垛而成。若用 △ 表示 AB,BC,CA 的堆垛顺序;▽ 表示相反的顺序,如 BA;CB,AC,则面心立方结构和密排六方结构的堆垛顺序可分别表示为 △△△△……和△▽△▽……(图 8-12)。

（a）面心立方结构　　　（b）密排六方结构

图 8-12　密排面的堆垛顺序

实际晶体中,密排面的正常堆垛顺序可能遭到破坏和错排,这种面缺陷被称为堆垛层错,简称层错。如面心立方结构的堆垛顺序变成 $ABCBCABC……$,相当于在正常堆垛顺序中抽出了一层 A 原子面,称为抽出型层错[图 8-13(a)];若堆垛顺序变为 $ABCBABC……$,相当于在正常堆垛顺序中插入一层 B 原子面,称为插入型层错[图 8-13(b)]。对比两种层错发现,一个插入型层错引入了 CB、BA 两个▽堆垛,而抽出型侧错只引入 CB 一种▽堆垛,即一个插入型层错相当于两个抽出型层错。此外,还可看出面心立方晶体中存在堆垛层错时相当于在其间形成了一薄层的密排六方晶体结构(即△▽堆垛顺序)。

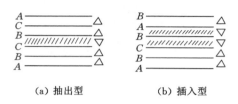

(a) 抽出型　　　　　(b) 插入型

图 8-13　面心立方结构的堆垛层错

堆垛层错实际上只是连续的两三层原子面的堆垛次序发生了偏离,这没有改变原子间的最近邻关系(仅改变了次近邻关系),所以形成层错时几乎不产生点阵畸变,但它破坏了晶体的完整性和正常的周期性,导致晶体能量增加,这部分增加的能量称为堆垛层错能 γ。

层错能一般用实验方法间接测得。表 8-1 列出了部分面心立方金属层错能的参考值。层错能越高,层错形成的概率越小。如在层错能很低的奥氏体不锈钢中,常可看到大量的层错,而在层错能高的铝中则很难看到层错。

表 8-1　一些金属的层错能

金属晶体	Ag	Au	Cu	Ni	Al	Co
层错能 $\gamma/(\mathrm{J \cdot m^{-2}})$	0.02	0.06	0.04	0.25	0.20	0.02

8.3.2　不全位错

如果堆垛层错不是发生在晶体的整个原子面上而只是在部分区域存在,则在层错与完整晶体的交界处就存在柏氏矢量 b 不等于点阵矢量的不全位错。在面心立方晶体中,存在着有两种重要的不全位错:肖克莱(Shockley)不全位错和弗兰克(Frank)不全位错。

8.3.2.1　肖克莱不全位错

在图 8-14 中纸面代表面心立方晶体的 $(10\bar{1})$ 面,则(111)密排面垂直于纸面。右边晶体按 $ABCABC…$正常顺序堆垛,而左边晶体按 $ABCBCAB…$顺序堆垛,即出现了层错,这时层错与完整晶体交界 M 处就产生了肖克莱位错。该位错相当于 A 层[即 M 所在的(111)层]原子面的左侧部分沿 $[1\bar{2}1]$ 方向沿滑移到 B 层相应位置所导致。位错的位错线方向垂直于纸面、滑移面为(111)面,柏氏矢量为 $\dfrac{a}{6}[1\bar{2}1]$,它与位错线垂直,因此为刃型不全位错。

肖克莱位错既可以是纯刃型,也可以是纯螺型,或混合型,这可根据柏氏矢量与位错线的夹角关系来判断。肖克莱不全位错可在其所在的{111}面上滑移,滑移的结果是使层错扩大或缩小。但注意到,刃型肖克莱不全位错与层错紧密关联,如果发生攀移的话,位错势必

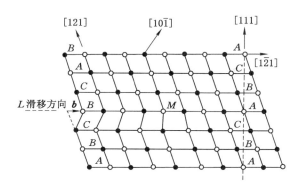

图 8-14   面心立方晶体中的肖克莱不全位错

离开此层错面。因此刃型肖克莱不全位错不会发生攀移。

8.3.2.2   弗兰克不全位错

在图 8-15 中纸面代表 $(10\bar{1})$ 面,(111) 面垂直于纸面。右边按 $ABCABC\cdots$ 正常顺序堆垛,而左边晶体则按 $ABCACABC\cdots$ 顺序堆垛,出现了抽出型层错,层错与完整晶体交界处就产生了弗兰克位错。该位错相当于左侧晶体抽去了半层密排面所形成。弗兰克不全位错的位错线方向垂直于纸面 $(10\bar{1})$,其柏氏矢量为 $\frac{a}{3}[111]$(如图 8-15 所示)。位错的滑移面为 $(1\bar{2}1)$,其和上下层原子一致排列的 [121] 方向并不在一个平面上(而和 [111] 方向在同一平面上)。因为位错的滑移将导致离开所在的层错面,所以弗兰克位错不能在滑移面上进行滑移。所以弗兰克不全位错又称不滑动位错或固定位错,相对应的,肖克莱不全位错则属于可动位错。

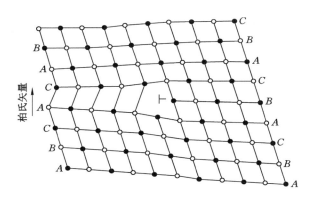

图 8-15   抽去一层密排面形成的弗兰克不全位错

虽然弗兰克位错不能滑移,但能通过点缺陷的运动沿层错面进行攀移。弗兰克位错分为两种类型:与抽出型层错联系的不全位错称为负弗兰克不全位错;而与插入型层错相联系的不全位错称为正弗兰克不全位错。它们的柏氏矢量都垂直于层错面 {111},但方向相反。弗兰克位错属纯刃型位错。

同全位错一样,不全位错特性也由其柏氏矢量来表征,但不全位错的柏氏回路的起点必须从层错上出发。

8.3.3 位错反应

实际晶体中,不稳定位错可转化为稳定位错;不同柏氏矢量的位错线可以合并为一条位错线;而一条位错线也可以分解为多条不同柏氏矢量的位错线。将位错之间的分解或合并等相互转化称为位错反应。

位错反应能否进行主要取决于以下两个条件:

(1) 几何条件

根据柏氏矢量守恒性,可知反应后各位错的柏氏矢量之和应等于反应前各位错的柏氏矢量之和:

$$\sum \boldsymbol{b}_前 = \sum \boldsymbol{b}_后 \tag{8-17}$$

(2) 能量条件

反应后各位错能量和必须小于反应前各位错能量和。根据式(8-8),位错能量正比于 b^2,因此可近似把一组位错的总能量看作 $\sum b^2$,于是有:

$$\sum b^2_前 > \sum b^2_后 \tag{8-18}$$

当几何条件满足且反应前后的能量和相等时,也就是 $\sum b^2_前 = \sum b^2_后$ 时,无法明确判断反应究竟朝哪个方向进行。

面心立方晶体中,能量最低的全位错是处在 $\{111\}$ 面上的柏氏矢量为 $\frac{a}{2}\langle 110 \rangle$ 的单位位错,有时候会分解为两个肖克莱不全位错。考虑单位位错 $\boldsymbol{b} = \frac{a}{2}[\bar{1}10]$ 在切应力作用下沿着 $(111)[\bar{1}10]$ 在 A 层原子面上滑移时,B 层原子从 B_1 位置滑动到 B_2 位置,需要越过 A 层原子"高峰",这要求较高能量才能实现(图 8-16)。但如果该滑移先从 B_1 位置沿两个 A 原子间的"低谷"滑移到邻近的 C 位置,对应的柏氏矢量 $\boldsymbol{b}_1 = \frac{a}{6}[\bar{1}2\bar{1}]$;然后再由 C 滑移到另一个 B_2 位置,对应的柏氏矢量 $\boldsymbol{b}_2 = \frac{a}{6}[\bar{2}11]$,则较易实现该过程。显然,当第一步 B 层原子移到 C 时,原来的 $ABC\cdots$ 正常堆垛顺序变为 $AC\cdots$,而第二步从 C 位再移到 B 时,则又恢复正常堆垛顺序。

该过程可用位错反应式来表示:

$$\frac{a}{2}[\bar{1}10] \rightarrow \frac{a}{6}[\bar{1}2\bar{1}] + \frac{a}{6}[\bar{2}11]$$

几何条件:$\frac{a}{2}[\bar{1}10] = \frac{a}{6}[\bar{1}2\bar{1}] + \frac{a}{6}[\bar{2}11]$,满足;

能量条件:$\frac{a^2}{2} > \frac{a^2}{6} + \frac{a^2}{6}$,满足。

因此该分解反应可以发生。

8.3.4 扩展位错

晶体中一部分原子层沿滑移面滑移形成层错(局部上下层堆垛次序的变化),而在层错两端与完整晶体交界处形成两个不全位错,如果这两个不全位错可以合并为一个全位错,则

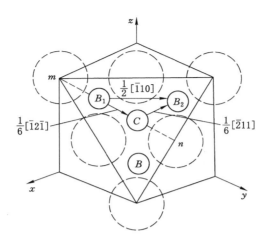

图 8-16　面心立方晶体中(111)面上全位错$\frac{a}{2}[\bar{1}10]$的分解

称整个组态为扩展位错。换而言之,可把扩展位错定义:一个全位错分解为两个不全位错,中间夹着一个堆垛层错的整个位错组态。图 8-16 中所示的面心立方晶体中,如果 B 层原子中的一部分沿 B_1 位置移动到 C 位置,则会在形成层错的同时并形成 $\boldsymbol{b}_1 = \frac{a}{6}[\bar{1}2\bar{1}]$ 和

$\boldsymbol{b}_2 = \frac{a}{6}[\bar{2}11]$ 两个不全位错,即形成了一个扩展位错。

(1) 扩展位错的宽度

两个不全位错间的层错能有力求降低的趋势,因此会减小层错面积、缩短两个不全位错间距。这相当于在两个不全位错上施加了一个相互吸力,其数值等于层错表面张力 γ(即层错能)。与此同时,两个不全位错间的斥力则力图增加位错间的距离。因此,当斥力与吸力相平衡时,不全位错之间的距离保持一定,对应于扩展位错的宽度 d。

根据式(8-11),两个平行不全螺型位错之间的斥力为:

$$f = \frac{Gb_1 \cdot b_2}{2\pi r}$$

式中　r——两不全位错的间距。

当层错的表面张力与不全位错的斥力达到平衡时,两位错的间距 r 即为扩展位错的宽度 d,有:

$$\gamma = f \rightarrow \gamma = \frac{Gb_1 \cdot b_2}{2\pi d}$$

则得到:
$$d = \frac{Gb_1 \cdot b_2}{2\pi \gamma} \tag{8-19}$$

可以看出扩展位错的宽度与单位面积层错能 γ 成反比,与切变模量 G 成正比。因此,具有较高层错能的铝的扩展位错宽度很窄,实际中可认为铝中不产生扩展位错;而层错能很低的奥氏体不锈钢,扩展位错宽度可达几十个原子间距。

(2) 扩展位错的束集

　　根据式(8-19)，凡影响层错能的因素也将影响扩展位错的宽度。当扩展位错的局部区域存在障碍(如杂质、不可动位错等)致使该处能量增高时，扩展位错的宽度将会缩小，甚至收缩成原来的全位错，这种现象称为束集(图 8-17)。

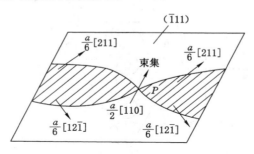

图 8-17　扩展位错的束集

（3）扩展位错的交滑移

　　根据 7.2.3 节的分析，螺位错可在遇到运动障碍时发生交滑移。但当螺位错先在滑移面上分解为扩展位错时，则由于扩展位错只能在原滑移面上滑移，若要进行交滑移，扩展位错必须首先束集成全位错，然后再由该全位错交滑移到另一滑移面上，并在新的滑移面上重新分解为扩展位错继续进行滑移。扩展位错的交滑移比全位错的交滑移要困难很多。层错能越低，扩展位错越宽，束集越困难，交滑移就越难以进行。图 8-18 所示即为面心立方晶体中 $\frac{a}{2}[110]$ 全位错分解形成的扩展位错的交滑移过程。

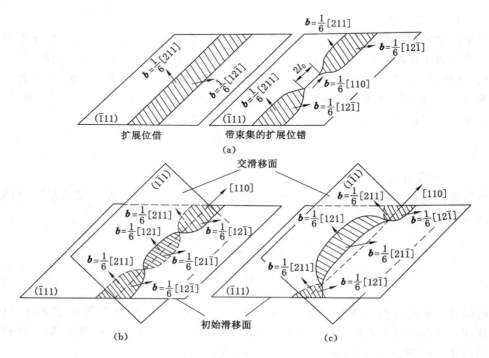

图 8-18　扩展位错的交滑移过程

第 9 章　材料的塑性变形

材料在加工制备或工作运行中都会受到外力作用进而发生变形。材料随外力增加发生变形的主要阶段依次为弹性变形、塑性变形、断裂。材料变形过程可通过拉伸曲线展示出来。图 9-1 所示为低碳钢在单向拉伸时的应力-应变曲线,其中 σ_e,σ_s,σ_b 和 σ_k 分别为弹性极限、屈服强度、抗拉强度和断裂强度,这些都是工程上各种强度设计的基本依据(强度指标)。除此以外,拉伸试验还能得到延伸率 δ 和断面收缩率 ψ 等塑性指标,它们是材料尤其是金属压力加工的主要参考依据,也是制品安全可靠性的重要指标。这些强度指标和塑性指标实际上都和材料的塑性变形有关——弹性指标反映的是对变形的抗力,而塑性指标则表示的是塑性形变能力。因此研究材料的塑性变形对材料制品设计和加工非常重要。

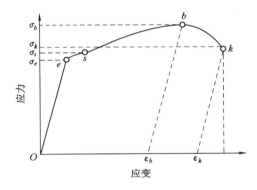

图 9-1　低碳钢在拉伸时的应力-应变曲线

9.1　弹性和黏弹性

弹性变形是塑性变形的先行阶段,在塑性变形中同时也伴随着一定程度的弹性变形。

9.1.1　弹性变形的本质

原子间既存在引力也存在斥力,当二者达到平衡时,原子间距处于稳定状态。因此当晶体受到不大的外力作用时,原子将偏离其平衡位置。原子间距增大时,引力占据主要作用;而原子间距减小时,斥力则为主。当外力去除后,原子会在引力或斥力作用下恢复到原来的平衡位置,所产生的变形也将消失。

9.1.2　弹性变形的特点和弹性模量

弹性变形的主要特点如下。

(1)理想弹性变形是可逆变形,去掉外力后变形消失。

(2)金属、陶瓷和部分高分子材料的应力与应变之间具有线性关系,即服从胡克定律:

$$\left.\begin{array}{l}\text{正应力下 } \sigma = E\varepsilon \\ \text{切应力下 } \tau = G\gamma\end{array}\right\} \tag{9-1}$$

其中 σ,τ 分别为正应力和切应力；ε,γ 分别为正应变和切应变；E,G 分别为弹性模量和切变模量。

弹性模量与切变模量之间的关系为：

$$G = \frac{E}{2(1-\nu)} \tag{9-2}$$

其中，ν 为材料泊松比，表示侧向收缩能力。一般金属泊松比在 $0.25 \sim 0.35$ 之间，高分子材料则相对较大。

金刚石一类的共价键晶体由于其原子间结合力很大，故其弹性模量很高；金属和离子晶体的则相对较低；而分子键为主的固体如塑料、橡胶等的键合力更弱，故其弹性模量更低，通常比金属材料的低几个数量级。此外，多数金属材料的弹性变形量一般不超过 0.5%；而橡胶类高分子材料的比较高，有些甚至可达 $1\,000\%$，但这种弹性变形是非线性的。

晶体除了有弹性模量和切变模量外，还有压缩模量 K，定义为应力与体积变化率之比。K 与 E,ν 之间有如下关系：

$$K = \frac{E}{3(1-2\nu)} \tag{9-3}$$

（3）弹性模量对组织结构不敏感。

弹性模量反映原子间的结合力，取决于材料本性，而对于组织结构不敏感，对材料中进行各种加工、处理都不能对某种材料的弹性模量产生明显的影响。如高强合金钢的强度比低碳钢高一个数量级，但弹性模量却基本相同。

注意到，单晶体中沿不同晶向弹性模量差别很大。如沿原子最密排晶向的弹性模量最高，而沿着原子排列最疏的晶向弹性模量最低。而多晶体因各晶粒任意取向，弹性模量则呈现出各向同性。

9.1.3　弹性的不完整性

在考虑弹性变形时，通常只考虑应力和应变的关系，而不大考虑时间作用。但在实际中，可能会出现加载线与卸载线不重合、应变发展跟不上应力变化等有别于理想弹性变形的现象，称为弹性的不完整性。弹性不完整现象主要包括包申格效应、弹性后效、弹性滞后和循环韧性等。

（1）包申格效应

材料中先产生少量塑性变形（小于 4%），随后进行同向加载则 σ_e 升高，反向加载则 σ_e 下降的现象，称为包申格效应。包申格效应在多晶金属材料中普遍存在，尤其是在承受应变疲劳的工件中，反向承载时，σ_e 下降，显示出循环软化现象。

（2）弹性后效

一些实际晶体，在加载或卸载时，应变不是瞬时达到其平衡值，而是通过一种弛豫过程来完成其变化的，这种应变滞后于外加应力的现象称为弹性后效或滞弹性。

若在弹性范围内对金属施加一个恒定力并保持一段施加，然后再将外力去除，并在整个过程精细测定应变随时间变化，可得到图 9-2 所示的弹性后效示意图。图中 Oa 为弹性应变，是瞬时产生的；$a'b$ 是在应力作用下逐渐产生的滞弹性应变；$bc = Oa$，是在应力去除时瞬间消失的弹性应变;$c'd = a'b$,是在去除应力后逐渐消失的滞弹性应变。

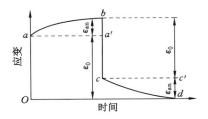

图 9-2　典型的滞弹性曲线

（3）弹性滞后

在 $\sigma\text{-}\varepsilon$ 曲线上,应变落后于应力所导致的加载线与卸载线不重合现象,称之为弹性滞后,如图 9-3 所示。弹性滞后现象表明加载时消耗于材料的变形功大于卸载时材料恢复所释放的变形功,多余的部分被材料内部所消耗,称其为内耗,其大小可用弹性滞后环的面积来度量。

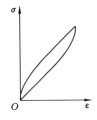

图 9-3　弹性滞后环

9.1.4　黏弹性

除了弹性和塑性变形,还存在另外一种变形形式——黏性流动。非晶态固体和液体在很小外力作用下发生没有确定形状的流变,并且在外力去除后,形变不能回复,这种类型的变形即为黏性流动。纯黏性流动服从牛顿黏性流动定律:

$$\sigma = \eta \frac{\mathrm{d}\varepsilon}{\mathrm{d}t} \tag{9-4}$$

式中　σ——应力;

$\dfrac{\mathrm{d}\varepsilon}{\mathrm{d}t}$——应变速率;

η——黏度系数。

一些非晶体,有时甚至多晶体,在比较小的应力时可以同时表现出弹性和黏性,即黏弹性现象。黏弹性行为受外界条件如温度的影响很大,尤其是针对高分子材料而言。黏弹性变形的特点是应变落后于应力。当卸载时,应力-应变曲线就形成一回线,所包含的面积即为内耗。黏弹性是高分子材料的重要力学特征之一,因此高分子材料也被称为黏弹性材料。

9.2　单晶体的塑性变形

在低温下,单晶体塑性变形主要以滑移方式进行,此外还有孪生和扭折等方式;而高温下还存在扩散性变形、晶界滑动和移动等方式。这里主要讨论低温塑性变形。

9.2.1 滑移

9.2.1.1 滑移线与滑移带

当外加应力超过弹性极限后,晶体中就会产生层片间的相对滑移,大量层片间滑移的累积造成了晶体的宏观塑性变形。良好抛光的单晶金属棒经适当拉伸,产生一定的塑性变形后,在金属棒表面可见一条条细线,生产实践中通常被人们称为滑移线(图 9-4),主要由滑移导致的表面台阶所引起。但进一步用电子显微镜分析后发现:在宏观或低倍观察中的滑移线并不是一条线,而是由一系列相互平行的更细的线所组成的。材料学中,把宏观或低倍观察中看到的这些滑移线称为滑移带,而把组成滑移带的这些更细的线称为滑移线,如图 9-5 所示意。

图 9-4　金属单晶体拉伸后的实物照片

滑移线之间的距离仅约 100 个原子间距左右,而沿每一滑移线的滑移量可达 1 000 个原子间距左右(图 9-5)。对滑移线的观察发现,滑移只是集中发生在一些晶面上,这表明晶体塑性变形具有不均匀性。

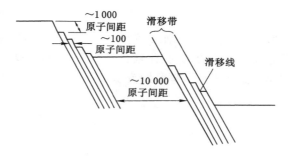

图 9-5 滑移带和滑移线示意图

9.2.1.2 滑移系

塑性变形时位错只沿着一定的晶面和晶向运动,这些晶面和晶向分别称为滑移面和滑移方向。滑移面和滑移方向往往是金属晶体中原子排列最密的晶面和晶向,原因为:原子密度最大的晶面的面间距最大,层与层间发生相对滑移的阻力小;原子密度最大的方向上原子间距最短,因此发生滑移的位错 b 最小。不同的晶体结构,密排面和密排方向不同,因此其滑移面和滑移方向也不同。

一个滑移面和此面上的一个滑移方向的组合称为一个滑移系。每个滑移系表示晶体在进行滑移时可能采取的一个空间取向。在其他条件相同时,晶体中的滑移系愈多,滑移过程可能采取的空间取向便愈多,滑移越容易进行,因此它的塑性便越好。

面心立方晶体的滑移面是 $\{111\}$(4 个),滑移方向为 $\langle110\rangle$(3 个),共有 12 个滑移系;体心立方晶体中原子密排程度不如面心立方和密排六方,不具突出的最密集面,其滑移面可有 $\{110\}$,$\{112\}$ 和 $\{123\}$ 三组,具体受材料、温度等因素决定,但滑移方向总是 $\langle111\rangle$。如体心 α-Fe 中,滑移系共有 $\{110\}6\langle111\rangle2+\{112\}12\langle111\rangle1+\{123\}24\langle111\rangle1=48$ 个。

密排六方晶体的滑移方向为 $\langle11\bar{2}0\rangle$,而滑移面与其轴比(c/a)有关,当 $c/a\geqslant1.633$ 时,最密排面为 (0001),滑移系 $(0001)\langle11\bar{2}0\rangle$ 仅有 3 个。当 $c/a<1.633$ 时,除 (0001) 外,滑移还可发生于 $\{10\bar{1}1\}$ 或 $\{10\bar{1}0\}$ 等晶面,但此时滑移方向仍为 $\langle11\bar{2}0\rangle$,滑移系仍为 3 个,因此该结构晶体的塑性不如面心或体心立方好

9.2.1.3　滑移的临界分切应力

位错在外力作用下发生滑移时,只有当外力在某一滑移系中的分切应力达到一定临界值时,该滑移系才可以发生滑移,该分切应力称为滑移的临界分切应力。设有一截面积为 A 的圆柱形单晶体受轴向拉力 F 的作用,φ 为滑移面法线与外力轴线的夹角,λ 为滑移方向与外力轴线的夹角(图 9-6),则 F 在滑移方向的分力 F' 为 $F\cos\lambda$,而滑移面的面积 A' 为 $A/\cos\varphi$,因此,外力在该滑移面沿滑移方向的分切应力 τ 为:

$$\tau=\frac{F'}{A'}=\frac{F}{A}\cos\lambda\cdot\cos\varphi \tag{9-5}$$

式中,F/A 正好为外力作用在试样横截面上的正应力。当分切应力 τ 达到临界分切应力值 τ_c 时,滑移系开始启动,F/A 对应于宏观上的起始屈服强度 σ_s。即临界分切应力和屈服强度有对应关系:

$$\tau_c=\sigma_s\cos\lambda\cdot\cos\varphi \tag{9-6}$$

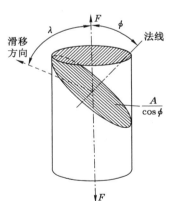

图 9-6　单晶体在滑移变形时的应力分解图

临界分切应力是一个真实反映单晶体受力起始屈服的物理量。其数值与晶体的类型、纯度以及温度等因素有关,还与该晶体的加工和处理状态、变形速度以及滑移系类型等因素有关。

$\cos\varphi\cos\lambda$ 被称为取向因子,当外力一定时,其值越大,分切应力就越大。当 φ 或 λ 为 $90°$ 时,m 具有最小值 0,即滑移面与外力方向平行,或者滑移方向与外力方向垂直时,无论

外力有多大都不可能使滑移系滑移。

当滑移方向位于外力方向与滑移面法线所组成的平面上,且 $\varphi = \lambda = 45°$ 时,取向因子达到最大值 0.5,此时要达到发生滑移所需的分切应力值需要的拉应力最小。取向因子大的为软取向,取向因子小的为硬取向。

9.2.1.4 滑移时晶面的转动

随着滑移的进行,由于受到试样夹头的限制,金属晶体还要产生转动,进而导致金属晶体的空间取向发生变化。

如图 9-7(a)所示进行单晶拉伸试验时,如果不受试样夹头限制,则将发生图 9-7(b)所示的滑移和轴线偏移。但由于夹头限制拉伸过程中轴线方向不变,单晶体的取向必须进行相应转动,结果滑移面逐渐趋于平行轴向[图 9-7(c)],即 λ 减小、φ 增大。试样靠近两端处可能发生一定程度的晶面弯曲以适应中间部分位向变化。

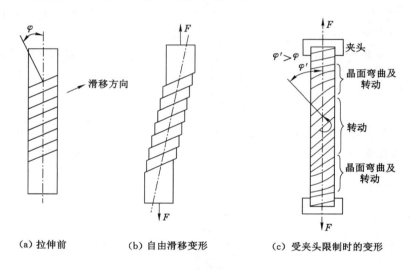

（a）拉伸前　　　　　（b）自由滑移变形　　　　　（c）受夹头限制时的变形

图 9-7　单晶体拉伸时的晶面转动

当晶体压缩变形时,晶体的转动是使滑移面逐渐趋于与压力轴线相垂直(图 9-8),即 λ 增大、φ 减小。

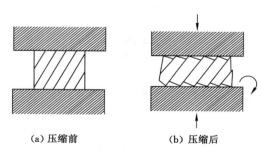

（a）压缩前　　　　　　　　　（b）压缩后

图 9-8　单晶体压缩时的晶面转动

晶体在滑移过程中的这种转动会导致滑移面和滑移方向发生改变,最后也引起滑移面上的分切应力发生变化。随着晶体取向的变化,如果 φ 角逐渐趋近 45°,则分切应力不断增大,滑移越来越容易,称为几何软化;反之,随着晶体取向的变化,φ 角逐渐远离 45°,则分切应力逐渐减小,滑移越来越困难,称为几何硬化。

9.2.1.5　多滑移和交滑移

由于金属晶体的转动,起始时取向最有利的滑移系逐渐转变为不太有利的取向,与此同时原来不太有利的取向则逐步转变为有利的取向,进而使滑移过程沿着两个或多个滑移系同时进行或交替进行,这种滑移过程称为多滑移或复滑移。发生多滑移时会出现几组交叉的滑移带,如图 9-9 所示。

图 9-9　铝中的滑移带

在具有较多滑移系的晶体中,还会出现两个或多个滑移面沿着某个共同的滑移方向同时或交替滑移,这种滑移称为交滑移。发生交滑移时会出现曲折或波纹状滑移带(图 9-10)。

图 9-10　波纹状滑移带

9.2.1.6　滑移的位错机制

晶体的滑移是借助位错在滑移面上的运动逐步实现的。如图 9-11 所示的晶体在滑移时,并不是滑移面上的所有原子同时运动,而只是位错线附近的少量原子在进行移动,而且移动的距离很小(小于一个原子间距),这种运动所需的应力要比滑移面上所有原子整体刚性移动要小得多。当一个位错移动到晶体外表面时,便会在晶体留下原子间距大小的滑移台阶。当大量的位错沿着同一滑移面移到晶体表面就形成了显微观察到的滑移带。

位错在滑移时遇到的点阵阻力可用派-纳(P-N)力进行描述:

$$\tau_{\text{P-N}} = \frac{2G}{1-\nu} \exp\left[-\frac{2\pi d}{(1-\nu)b}\right] \tag{9-7}$$

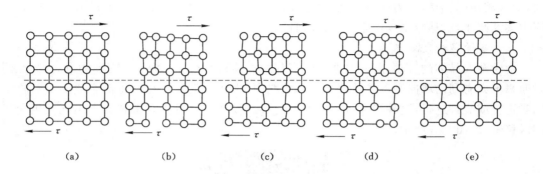

图 9-11　晶体通过位错线附近原子运动进行滑移的示意图

式中　G,ν——晶体的弹性模量和泊松比；

　　　b——滑移方向上的原子间距；

　　　d——滑移面的面间距。

根据式(9-7)，当 d 值越大，b 值越小，即滑移面的面间距越大、滑移面上原子排列越紧密时，派-纳力越小，因而越容易滑移。由于原子最密排面的面间距最大、密排面上最密排方向上的原子间距最短，所以晶体的滑移面和滑移方向一般都是晶体的原子密排面与密排方向。

9.2.2　孪生

孪生是塑性变形的另一种重要形式，它常作为滑移不易进行时的补充。

9.2.2.1　孪生变形过程及特点

以面心立方晶体为例分析孪生过程。如图 9-12(a)所示面心立方晶体中，(111)密排面和($1\bar{1}0$)晶面垂直，密排面(111)面沿着[111]方向按 $ABCAB\cdots\cdots$ 的规律堆垛。在切应力作用下，(111)密排面沿(111)和($1\bar{1}0$)晶面交线[$11\bar{2}$]方向进行孪生变形。图 9-12(b)中，纸面为(110)，(111)面垂直于纸面；AC'（或 AB）为[$11\bar{2}$]晶向。变形时，晶体的局部区域（AB 和 GH 之间）的每个(111)晶面都相对于其左边相邻(111)面沿[$11\bar{2}$]方向移动 $\frac{a}{6}[11\bar{2}]$ 距离。变形的结果是均匀切变区（孪生区域）中的晶体取向发生变更，变为与未切变区晶体呈镜面对称，即 AB 和 GH 之间区域关于 AB(111)晶面和左边未变形区域晶面对称，这一变形过程被称为孪生。从图中可见，GH(111)晶面右侧部分晶体的移动距离均为 $\frac{a}{2}[11\bar{2}]$，正好移动到晶体的正常位置，相当于原来理想结构未发生破坏。而孪生区域，只是晶体取向发生变化，晶体结构也未发生变化，因此孪生不改变晶体的点阵类型。变形与未变形两部分晶体合称为孪晶；均匀切变区与未切变区的分界面（AB 和 GH 晶面）称为孪晶界；发生均匀切变的那组晶面称为孪晶面[即(111)面]；孪生面的移动方向（$\frac{a}{6}[11\bar{2}]$）称为孪生方向。

孪生变形具有以下特点：

(1) 孪生变形是在切应力作用下发生的均匀切变，孪生区内所有原子都要发生位移，因此孪生所需的临界切应力要比滑移时大得多。孪生变形通常出现于滑移受阻引起的应力集中区。

(2) 孪生区域内每一个孪晶面相对于相邻孪晶面移动的距离相同，但相对于孪晶界切

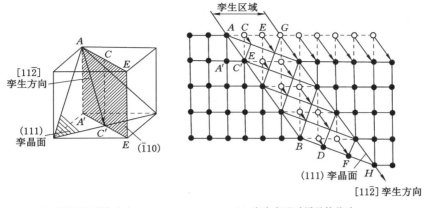

（a）孪晶面和孪生方向　　　　　　（b）孪生变形时原子的移动

图 9-12　面心立方晶体孪生变形示意图

变的距离和它与孪晶界的距离成正比。

（3）孪晶的两部分晶体位向成镜面对称。

（4）与滑移相比,孪生对晶体变形量的贡献较小。如一个密排六方结构的 Zn 晶体孪生变形时仅能实现 7.2％的伸长率。

（5）孪晶的形成改变了晶体的位向,从而使其中某些原处于不利的滑移系转换到有利于发生滑移的位置,可以激发进一步的滑移和晶体变形。因此滑移与孪生的交替进行,可使晶体获得较大的变形量。

（6）孪生变形可在试样的抛光表面形成浮凸,其可以通过重新抛光去除,但在偏光或腐蚀后仍被观察到。相对应地,滑移变形后的台阶经抛光后则会消失。

9.2.2.2　孪晶的形成

孪晶主要通过三种方式形成:一是由机械变形产生,称为"变形孪晶"或"机械孪晶",通常呈透镜状或片状(图 9-13);二是在长大时形成,称为"生长孪晶",如气相沉积、液相凝固、固体中长大中都可能形成;三是在再结晶退火过程中形成,称为"退火孪晶",其中相互平行的孪晶面往往贯穿整个晶粒。退火孪晶本质上也属于生长孪晶。

图 9-13　形变孪晶和退火孪晶

变形孪晶的生长同样也包括形核和长大两个阶段。晶体中先是以极快的速度爆发出薄片孪晶(形核阶段),然后通过孪晶界扩展来使孪晶增宽(长大)。变形孪晶的形核萌生一般需要较大的应力,但长大所需的应力则较小。因此,孪晶的长大速度极快,与冲击波的传播速度相当。因此孪生形成时,有相当大的能量在极短的时间内释放出来,所以有时可听到明显的"咔嚓"声。

图 9-14 所示为铜单晶在 4.2 K 温度下测得的拉伸曲线。开始的光滑曲线是与滑移过程相对应,应力增高到一定程度后突然发生下降,并出现了锯齿形的变化,这就是孪生变形所造成的。因为孪生形核所需的应力很高,而长大却很容易,因此载荷会突然下降;因为孪晶不断形成,所以拉伸曲线呈锯齿状。在拉伸后阶段呈光滑曲线,主要是由于孪生造成晶体方位的改变,使某些滑移系处于有利的位向,进而晶体又开始滑移变形。

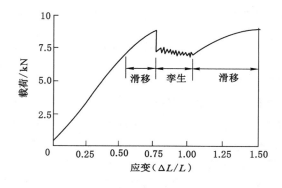

图 9-14　铜单晶的拉伸曲线

密排六方金属由于滑移系少、对称性相对较低容易产生孪生变形,其孪生面通常为{$10\bar{1}2$},孪生方向为⟨$\bar{1}011$⟩;体心立方金属在滑移过程难以进行时,如温度较低、形变速度极快等情况下,也会发生孪生变形,其孪晶面为{112},孪生方向为⟨111⟩;面心立方金属对称性高,滑移系多而易于滑移,很难发生形变孪生,只有在极低温度下、滑移很难进行时才会产生孪生。面心金属中常见的是退火孪晶,孪生面为{111},孪生方向为{112}。

9.2.3　扭折

由于实际受力和形变的复杂性,晶体还可能以其他方式进行塑性变形。如对密排六方镉单晶进行压缩时,若外力与晶面(0001)平行,此时 $\cos\varphi = 0$,滑移面上的分切应力为零,因此不能产生滑移。若此时,孪生过程因阻力太大也无法进行,则为了使晶体的形状与外力相适应,当外力超过一临界值时晶体将会产生局部弯曲(图 9-15),这种变形称为扭折,变形区域则称为扭折带。

扭折与孪生不同,其在扭折区域的取向发生了不对称性变化。其中 ABCD 区域上下界面(AB,CD)是由符号相反的两列刃型位错所构成;ABCD 区域左右两侧周围则发生了弯曲,并堆积了符号相反的位错。与孪晶作用类似,扭折也有助于协调晶粒的取向,使晶体形变能力进一步发挥。

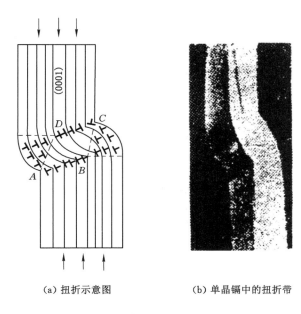

(a) 扭折示意图   (b) 单晶镉中的扭折带

图 9-15　单晶镉被压缩时的扭折

9.3　多晶体的塑性变形

实际使用的材料大多都属于多晶体。由于材料中各晶粒取向不同,且晶粒间还存在晶界,因而多晶体的变形比单晶体的变形更加复杂。

9.3.1　晶粒间的变形协调性

多晶体塑性变形的第一个特点是不同取向晶粒在变形过程中的相互制约和协调性。当多晶体受到外力作用时,由于各晶粒取向不同,具体的受力情况各不相同。处于软取向的晶粒首先发生滑移,而处于硬取向的晶粒则发生较晚。因为多晶体中每个晶粒都处于其他晶粒包围之中,它的变形必然与其邻近晶粒相互协调配合,不然就难以进行变形,甚至不能保持晶粒之间的连续性,甚至会造成空隙而导致材料的破裂,即较早发生的塑性变形晶粒必然受到周围变形较晚的晶粒的约束和限制。

为了使各晶粒间的变形相互协调,要求每个晶粒至少能在 5 个独立的滑移系上进行滑移,其形状才能适应周围环境相应地做各种改变。其原因为:每个晶粒为了能够充分变形,每个独立的应变分量应有一个独立滑移系来满足。一个晶粒的形变由 6 个应变来描述,即 ε_{xx}、ε_{yy} 和 ε_{zz} 三个正应变,及 γ_{xy}、γ_{yz} 和 γ_{zx} 三个切应变,但在塑性变形中晶体的体积不变,$\varepsilon_{xx}+\varepsilon_{yy}+\varepsilon_{zz}=1$,因此仅有 5 个变量,即对应于 5 个独立滑移系。

根据 9.2.1.2 节的讨论,不同晶体类型具有不同的滑移系数目。因此,多晶体能够进行塑性变形,主要决定于晶体结构类型。面心立方和体心立方晶体滑移系较多,能够满足这个条件,故其多晶体具有良好的塑性变形能力;而密排六方晶体滑移系较少,晶粒之间的应变协调性很差,因此其多晶体的塑性变形能力较差。

9.3.2 晶界对变形的阻碍性

多晶体塑性变形的另外一个特点是晶界对变形有阻碍作用。晶界附近点阵畸变程度大且两侧晶粒取向不同,因此滑移很难从一个晶粒持续到下一个晶粒,必须增大外应力到足够程度才能启动第二晶粒中的位错。因此,要使多晶体发生宏观塑性变形,外加应力必须大至激发大部分晶粒中的位错。对具有少数晶粒(如 2~3 个)的试样拉伸后,其晶界处呈现竹节状(图 9-16),表明晶界附近的滑移受阻、变形量较小,因而晶粒整体变形不均匀。

图 9-16　具有少数晶粒的多晶金属经拉伸后晶界处呈竹节状

在多晶体中,实验观察到滑移线大多中止在晶界处,而极少穿过,这表明晶界对变形过程有明显阻碍作用。位错被晶界堵塞后,发生位错塞积,其应力场会对晶内的位错源产生反作用力。当塞积的位错数目增大到某一数值时,可停止位错源,进而使多晶表现出强化。

晶粒大小决定了晶界的数量,实验表明多晶体的屈服强度 σ_s 与晶粒平均直径 d 之间存在霍尔-佩奇(Hall-Petch)关系:

$$\sigma_s = \sigma_0 + Kd^{-\frac{1}{2}} \tag{9-8}$$

式中　σ_0——常数,相当于极大单晶的屈服强度;

　　　K——与晶界结构相关的常数,并与温度关系不大。

因此,多晶体的强度随其晶粒细化而提高。进一步实验结果表明,该公式的适用性极广,如亚晶粒大小与屈服强度之间、塑性材料的流变应力与晶粒大小之间、脆性材料的脆断应力与晶粒大小之间,以及金属材料的疲劳强度、硬度与晶粒大小之间的关系也都符合霍耳-佩奇公式。

晶粒细化还可提高多晶体塑性。晶粒越细,单位体积内的晶粒越多,形变时的滑移(位错)可以被分散到更多的晶粒中,这减少了过多位错在同一晶粒内的塞积,进而可以降低局部应力的过度集中。换言之,当总滑移相同时,在大晶材料中,平均每一个晶粒内的位错总数更多,这些位错通过运动聚集在一起形成严重塞积的可能性就较大;而在细晶材料中,一个晶粒内的位错数较少,位错形成严重塞积的可能性就较低。

总之,晶粒细化可以同时提高材料的强度(及硬度)和塑性(及韧性)。因此,一般使用的结构材料都希望获得细小而均匀的晶粒。

9.4 合金的塑性变形

实际使用的金属材料绝大多数是合金,其变形由于合金元素的存在具有一些新的特点。按合金组成相,即单相和多相分别讨论塑性变形特点。

9.4.1 单相固溶体合金

与纯金属相比,单相固溶体合金最大的区别在于合金中存在溶质原子,其对塑性变形的影响主要表现在固溶强化以及某些固溶体中出现的屈服和应变时效现象。

9.4.1.1 固溶强化

固溶强化指溶质原子的存在及其固溶度的增加,使基体金属的变形抗力随之提高的现象。固溶强化是由溶质原子与位错的弹性交互作用、化学交互作用和静电交互作用等多方面作用所引起。其中最主要的是第一种作用对位错运动的阻碍。

根据 8.1.5 节的讨论,由于溶质原子与位错力场的交互作用,溶质原子倾向于聚集在位错附近。如果溶质是比溶剂原子大的置换原子或间隙原子,会聚集到刃位错下方;如果溶质是比溶剂原子小的置换原子或空位,则聚集到刃位错的上方,即形成柯氏气团。柯氏气团对位错有钉扎作用,位错运动时必须摆脱气团的钉扎或拖着气团一起运动,因而会提高材料的外界抗力。

静电交互作用主要指溶质原子与溶剂环境间的库仑作用;而化学交互作用指溶剂原子在位错周围的非均匀分布,如溶质原子在堆垛层错中的含量和在周围正常晶格中的含量不同,从而增加了扩展位错运动的阻力(铃木作用)。

总体上,影响固溶强化的因素很多,对一般规律总结如下:

(1) 溶质原子的原子数分数越高,强化作用也越大,尤其当原子数分数很低时的强化效应更为明显。

(2) 溶质原子与基体金属的原子尺寸相差越大,强化作用也越大。

(3) 间隙型溶质原子比置换原子具有更大的固溶强化效果。如间隙原子在体心立方晶体中的点阵畸变属非对称性,故其强化作用大于面心立方晶体。但要注意,间隙原子的固溶度很有限,故实际强化效果也有限。

(4) 溶质原子与基体金属的价电子数相差越大,固溶强化作用越显著。

9.4.1.2　屈服现象与应变时效

低碳钢中出现的屈服现象和应变时效现象是由铁素体中的间隙原子碳或氮形成的柯氏气团所引起的。柯氏气团对位错有钉扎作用,位错如果要运动,必须在更大的应力作用下才能挣脱气团的钉扎,这就形成了上屈服点;而一旦挣脱钉扎后,位错的运动就比较容易,因此应力下降,对应于下屈服点和应力平台。

如图 9-17 所示为典型低碳钢拉伸曲线中的屈服现象。当拉伸试样开始屈服时,应力突然下降,并在应力基本恒定情况下继续发生屈服伸长,所以拉伸曲线出现应力平台区。开始屈服与下降时所对应的应力值分别为上、下屈服点。

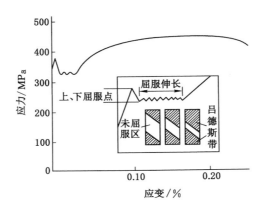

图 9-17　低碳钢退火态的工程应力-应变曲线及屈服现象

在低碳钢拉伸进入屈服阶段后,试样表面往往会出现吕德斯(Lüders)带(或称为橘皮),这主要是由于试样的不均匀应变所引起的。试样首先在应力集中处发生塑性变形,并逐渐转移到未屈服区域(图 9-21),这时会在试样表面产生一个与拉伸轴约成 45°交角的变形带。这种变形会沿试样长度方向不断形成与扩展,每一个新变形带的形成都对应于应力的波动。当所有未塑变的区域都变形后,形变才能再在已塑变的区域继续进行。

柯氏气团理论也能很好地解释应变时效行为。如图 9-18 所示为低碳钢在不同状态下的拉伸曲线。当退火状态的低碳钢试样拉伸到超过屈服点并发生少量塑性变形后(曲线 1)卸载,然后立即重新拉伸,发现拉伸曲线不再出现屈服点(曲线 2),即此时不发生屈服现象。如果曲线 1 卸载后的试样在常温下放置几天或经 200 ℃加热后再拉伸,则屈服现象又复出现,且屈服应力进一步提高(曲线 3),这种现象被称为应变时效。出现曲线 2 和曲线 3 两种现象,主要是因为卸载后立即重新加载,位错已挣脱气团钉扎;如果卸载后放置较长时间或经过加热处理,则溶质原子已经通过扩散而重新聚集到位错周围形成了气团,因此屈服现象又重新出现。

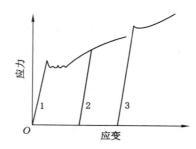

1—预塑性变形;2—卸载后立即再行加载;3—卸载后放置一段时间或 200 ℃加热后再加载。

图 9-18　低碳钢的拉伸试验

9.4.2　多相合金

常用的合金大部分为多相合金,除基体相外还存在第二相或更多的相。这里以双相合金为例来讨论其塑性变形特点。根据第二相粒子的尺寸可将合金分为聚合型和弥散分布型两相合金。

9.4.2.1　聚合型合金

当组成合金的两相晶粒尺寸属同一数量级,称为聚合性两相合金。如果两相均为塑性相,则合金的变形能力取决于两相的体积分数。假设合金变形时两相的应变和应力均相同,则合金在一定应变下的综合应力 $\bar{\sigma}$ 为:

$$\bar{\sigma} = \varphi_1\sigma_1 + \varphi_2\sigma_2 \tag{9-9}$$

式中,φ_1 和 φ_2 分别为两相的体积分数($\varphi_1 + \varphi_2 = 1$),$\sigma_1$ 和 σ_2 分别为一定应变时两相的应力。注意该假设及混合律只能作为第二相体积分数影响的定性估算,而实际中两相间的应力和应变都不可能相等。合金的塑性变形往往首先发生在较软相中;如果较强相数量少,塑性变形基本都发生在较软相中;只有当较强相体积分数大于 30%时,才能发挥其强化作用。

如果两相中一个是塑性相,而另一个是脆性相时,则合金的变形能力不仅取决于第二相的相对数量,而且与其形状、大小和分布等相关。

9.4.2.2　弥散分布型合金

当第二相以细小的微粒弥散在基体相时,该双相合金称为弥散分布型合金。第二相粒子的强化作用是通过其对位错运动的阻碍表现出来的。根据第二相粒子在位错作用下能否变形,可分为"不可变形"和"可变形"两类。通常弥散强化型合金中的第二相粒子是不可变形的,而沉淀相粒子多属可变形的,但当沉淀粒子在时效过程中长大到一定程度后,也不易变形。弥散强化型合金中的第二相粒子往往借助粉末冶金法加入,而沉淀相粒子则是通过时效处理从过饱和固溶体中析出产生的。

（1）不可变形粒子的强化作用

当位错沿滑移面运动时,受到第二相粒子的阻碍发生弯曲。这表明粒子和位错间的斥力足够大,阻止了它们之间的直接接触。随着外加应力的增大,位错线受阻部分的弯曲程度加剧,并逐渐形成环状。由于粒子左右两边的位错符号相反,当围绕着粒子的位错线相遇时,彼此抵消,形成包围着粒子的位错环留下,而位错线的其余部分则越过粒子继续移动,逐渐变直并恢复到原来状态(图 9-19)。可以看出这个过程中,新产生了围绕质点的位错,因此需要增加外力来克服新增位错能,合金强度相应提高。此外,当新的位错线通过带有环的质点时,由于位错之间的反向作用,会使随后的位错通过愈发困难,流变应力也因此迅速提高。

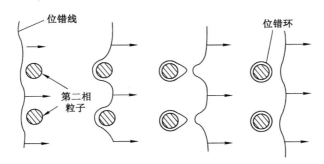

图 9-19　位错绕过第二相粒子的示意图

根据奥罗万(Orowan)机制,在第二相粒子间距为 λ 时,使位错线绕过粒子的最小切应力为:

$$\tau = \frac{Gb}{\lambda} \tag{9-10}$$

式中　G——弹性模量;

　　　b——位错柏氏矢量。

由此可见,不可变形粒子的强化作用与粒子间距 λ 成反比,即单位体积内的粒子越多,粒子间距越小,强化效果就越明显。根据这个结果,可以提高粒子的体积分数,或在相同体积分数下减小粒子尺寸来提高合金强度。

（2）可变形微粒的强化作用

如果位错与粒子之间的斥力较小,当位错运动中遇到粒子时,并不停止在接触点而是直接切过粒子使之随同基体一起变形(图 9-20)。这时的强化机制相对比较复杂,通常是各种作用的综合，主要包括：① 位错切过粒子时，粒子和基体间出现了新的界面，因此需要外力做功来克服界面能。② 如果第二相粒子是有序结构，位错的切过会打乱滑移面上下的有序排列，引起能量升高。③ 由于第二相粒子与基体的晶体结构或点阵常数不同，因此柏氏矢量也不同，当位错切过粒子时，在滑移面上会引起原子的错排，进而增加位错运动阻力。④ 第二相粒子进入基体中产生的应力场会与位错产生交互作用，阻碍位错运动。⑤ 如果位错在基体中滑移面和它在粒子中的滑移面不一致，则会产生割阶，增加位错线运动阻力。

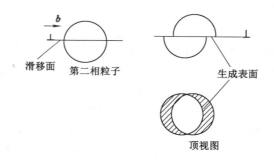

图 9-20　位错切割第二相粒子的示意图

9.5　塑性变形对材料组织与性能的影响

塑性变形可以在改变材料外形和尺寸的同时，也改变材料内部组织和各种性能，尤其是在提高材料强度方面。因此，塑性变形是强化金属的主要手段之一。

9.5.1　显微组织的变化

随着塑性变形程度增加，金属材料的显微组织逐渐发生明显改变：晶粒内部出现越来越明显的滑移带或孪晶带，同时金属晶粒沿着形变方向被拉长，由原来的等轴晶变为扁平状；当变形量较大时，晶粒变得模糊不清而呈纤维状，称为纤维组织[图 9-21(a)]。纤维的分布方向即为金属流变方向。

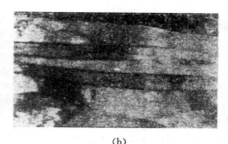

(a)　　　　　　　　　　　　　　　　(b)

图 9-21　铜材经 99％冷轧压缩后金相纤维组织(300 倍)和 90％形变亚晶的透射电镜(30 000 倍)形貌

在塑性变形中，随着晶粒的纤维化，晶界上的各种夹杂物或第二相析出物的形态和分布也将发生改变。塑性好的会和基体一样被拉长为长条状，塑性差的则会在拉长时破碎并形成沿基体纤维分布的索状物，而脆性大的则被挤碎成更小的颗粒。这些夹杂物将对材料的性能产生重要的影响:一方面它们可能成为金属失效时的断裂源,另一方面也可以通过塑性变形使原有第二相大颗粒细化、分散,进而实现强化目的。

　　晶体的塑性变形主要是通过位错的运动和不断增殖来实现。通过透射电子显微可以观察到位错组态及其分布等亚结构的变化。经一定量的塑性变形后,晶体中的位错线数量增多并形成位错缠结;进一步增大变形量,由缠结位错构成胞状亚结构。亚结构中,缠结位错以胞壁形式存在于亚胞周围,而胞内位错密度相对较低。变形晶粒这时即由大量的胞状亚结构组成,而各胞间存在微小位向差。随着变形增加,变形胞数量增多、尺寸减小,甚至变成细长状亚结构(亚晶)[图 9-21(b)]。

　　胞状亚结构的形成不仅与变形程度有关,还取决于材料类型。层错能较高的金属和合金,其扩展位错区较窄,易通过束集发生交滑移,因此在变形过程中容易通过位错运动产生胞状结构;而层错能较低的金属,其扩展位错区较宽,交滑移比较困难,因此在形变后位错杂乱分布或构成复杂位错网络,而不形成胞状亚结构。

9.5.2　性能的变化

　　在塑性变形过程中,随着材料内部组织的变化,其力学、物理和化学性能也随之发生变化。

9.5.2.1　力学性能变化

　　在塑性变形中,金属材料主要的力学性能变化为加工硬化,即金属材料随形变程度的增大,强度、硬度显著提高,而塑性、韧性下降。从图 9-22 所示的铜材经不同程度冷轧后的强度和塑性变化情况可直接看出这一点。加工硬化是金属材料的一项重要特性,可被用来强化金属,尤其是不能通过热处理强化的材料如纯金属及某些合金如奥氏体不锈钢等。

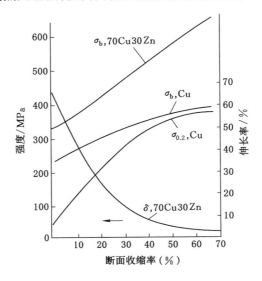

图 9-22　冷轧对铜材拉伸性能的影响

　　金属单晶的典型应力-应变曲线中,塑性变形部分由三个阶段组成(图 9-23)。

　　第 I 阶段即易滑移阶段。在 $\tau > \tau_c$ 后,很小的应力增加就能产生大的变形。此段接近于直线,其斜率 θ_{I}($\theta = \dfrac{\mathrm{d}\tau}{\mathrm{d}\gamma}$ 或 $\theta = \dfrac{\mathrm{d}\sigma}{\mathrm{d}\varepsilon}$,加工硬化速率)很小。此阶段对应于最有利的一组滑移

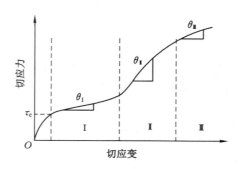

图 9-23　单晶体的切应力-切应变曲线，显示塑性变形的三个阶段

系开动，其很少受到其他位错影响，在位错源持续产生新位错的情况下，晶体持续发生变形。

第Ⅱ阶段即线性硬化阶段。此段也呈直线，但斜率 $\theta_{\mathrm{I\!I}}$ 较大，加工硬化速率很大。此阶段时发生了多滑移，位错之间发生了相互作用阻碍了位错的进一步运动，因此外力增加。

第Ⅲ阶段即抛物线型硬化阶段。此阶段呈抛物线型，应力随应变增加上升缓慢，加工硬化速率逐渐下降。此阶段晶体内位错密度已足够高，而外部应力也达到一定程度使得螺位错可以通过交滑移绕过障碍，而且异号位错还可通过相互抵消来降低位错密度，因此外力上升变缓。

不同晶体的塑性变形特征整体上类似，但因晶体结构类型、晶体位向、杂质含量以及试验温度等因素的不同而略有不同，甚至可能不出现某个阶段。图 9-24 为三种典型结构金属单晶的硬化曲线。面心和体心立方晶体具有典型的三阶段加工硬化特征，而密排六方金属单晶体第Ⅰ阶段很长，远远超过另外两种晶体，以至于第Ⅱ阶段还未充分发展时试样就已经断裂。这是因为密排六方金属中滑移系较少，位错相互交割并相互阻碍的机会较少。此外，当体心立方金属含有微量杂质原子时，则因杂质原子与位错交互作用，将产生屈服现象。

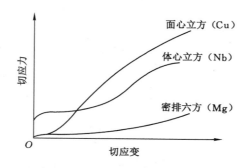

图 9-24　典型的面心立方、体心立方和密排六方金属单晶体的应力-应变曲线

相比于单晶体，多晶体的塑性变形由于晶界的阻碍作用和晶粒之间的协调配合要求，各晶粒不可能以单一滑移系动作而必然有多组滑移系同时启动，因此多晶体的应力-应变曲线不出现图 9-27 中曲线的第Ⅰ阶段，而且其硬化曲线通常更陡。晶粒越细小，硬化效果越明显（图 9-25）。

实际中会用到真应力-真应变曲线中均匀塑变阶段的硬化指数 n 来衡量材料的加工硬

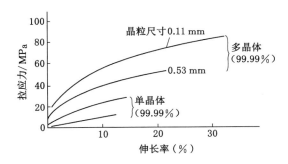

图 9-25 单晶与多晶铝的应力－应变曲线的比较（室温）

化能力。在均匀变形中，真应力 S 和真应变 e 分别为：

$$\left.\begin{aligned} S &= \frac{P}{A} = \frac{P}{A_0} \cdot \frac{A_0}{A} = \sigma \cdot \frac{l}{l_0} = \sigma \cdot (1+\varepsilon) \\ e &= \int_{l_0}^{l} \frac{\mathrm{d}x}{l_0} = \ln\frac{l}{l_0} = \ln\frac{l_0+\Delta l}{l_0} = \ln(1+\varepsilon) \end{aligned}\right\} \tag{9-11}$$

式中 P, A, l——任一瞬间试样所受到的载荷、瞬时横截面和瞬时长度；

A_0, l_0——试样初始横截面、初始长度，均匀变形时有关系 $Al = A_0 l_0$；

σ, ε——工程应力和应变。

图 9-26 所示为真应力-真应变拉伸曲线，其与工程应力应变曲线的区别是在试样缩颈后，真应力仍在升高，而实际外加载荷已经下降。在均匀塑变阶段，真应力和真应变之间的曲线称为流变曲线，S 和 e 之间满足关系：

$$S = ke^n \tag{9-12}$$

其中 k 为常数，n 被称为加工硬化指数，表征材料在均匀塑变区的形变强化能力。n 值越大，变形增加时需要的外力增加就越大。通常面心和体心立方金属材料的 n 值较大，而密排六方金属材料的 n 值较小。

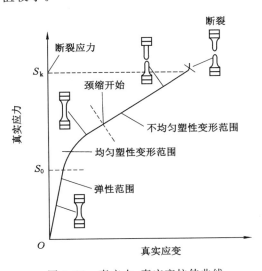

图 9-26 真应力-真应变拉伸曲线

9.5.2.2　其他性能的变化

金属材料经塑性变形,点阵畸变、空位和位错等结构缺陷明显增加,因此其结构敏感的物理、化学性能也发生明显变化。如电阻率、磁导率、电导率和电阻温度系数等下降,而矫顽力、电阻率等增加。一些对结构不敏感的性能如密度、热导率等也有一定程度下降。此外,由于塑性变形后金属的自由焓升高,加速了金属中的扩散过程、金属的化学活性相应增大,因此更易被腐蚀。

9.5.3　形变织构

在多晶体的塑性变形中,随着形变程度增加,各个晶粒滑移面和滑移方向逐渐向主形变方向转动,原来取向互不相同的各晶粒在空间取向逐渐一致的现象称为择优取向,形成的组织状态则称为形变织构。

形变织构的性质与形变金属的初始条件、形变方式、形变程度等因素有关。拔丝时形成的织构称为丝织构,其中各晶粒的某一晶向大致与拔丝方向相平行;轧板时形成的织构称为板织构,其中各晶粒的某一晶面和晶向分别趋于和轧面与轧向平行。几种常见金属的丝织构与板织构见表9-1。

表 9-1　几种常见金属的丝织构和板织构

晶体结构	金属或合金	丝织构	板织构
面心立方	Al,Cu,Au,Ni,Cu-Ni Cu+Zn(<50%)	$\langle 111\rangle$ $\langle 111\rangle+\langle 100\rangle$	$\{110\}\langle112\rangle+\{112\}\langle111\rangle$ $\{110\}\langle112\rangle$
体心立方	α-Fe,Mo,W 铁素体钢	$\langle 110\rangle$	$\{100\}\langle011\rangle+\{112\}\langle110\rangle$ $+\{110\}\langle112\rangle$
密排六方	Mg,Mg 合金 Zn	$\langle 2130\rangle$ $\langle0001\rangle$与丝轴成 70°	$\{0001\}\langle10\bar{1}0\rangle$ $\{0001\}$与轧制面成 70°

实际上多晶材料无论经过多么剧烈的塑性变形也无法使所有晶粒都完全转到织构取向上,最多只是各晶粒的取向都趋近织构的取向并达到相当的集中程度。集中程度决定于加工变形的方法、变形量、变形温度以及材料本身情况(金属类型、杂质、材料内原始取向等)等因素。

织构不仅出现在冷加工变形材料中,即使对其进行退火处理后也仍然存在,因此由织构造成的各向异性会对随后的材料的加工和使用性能产生重要影响。一般当形变量达到10%~20%时,择优取向现象便可被察觉;当变形量达到80~90%时,多晶材料便呈现明显的各向异性,这通常是有害的。如板材在深冲压成形时,织构会造成工件边缘出现高低不平的裙带边缘,即所谓的"制耳"。但在某些情况下,可对于择优取向进行利用。如用于电气工业中的硅钢片,生产中通过适当过程控制可获得(110)[001]织构(称为戈斯织构)。由于α-Fe沿[100]方向导磁率高、矫顽力小,可将带戈斯织构的硅钢片沿该方向进行剪裁,进而大大提高变压器的工作效率。

9.5.4　残余应力

塑性变形中外力所做的功大部分都转化成热,除此外尚有一小部分以畸变能的形式储存在材料内部,这部分能量被称为储存能。储存能的大小因材料的形变量、形变方式、形变温度及材料本身性质而异,约占总形变功的百分之几到百分之十几。储存能的具体表现形式有宏观残余应力、微观残余应力及点阵畸变三类,它们均属于内应力,在工件中处于自平衡状态,是由工件内部各区域变形不均匀以及相互间的牵制所致。

（1）宏观残余应力

宏观残余应力又称为第一类内应力,是由工件不同宏观区域的变形不均匀所引起的,因此其平衡范围为整个工件。如向下弯曲金属棒试样时,上部伸长、下部缩短,在发生一定塑性变形后撤去外力时,上部受压应力,下部受张应力（图 9-27）。这类残余应力所对应的畸变能不大,仅占总储存能的 0.1% 左右。

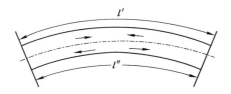

图 9-27　金属棒弯曲变形后的残余应力

（2）微观残余应力

微观残余应力又称第二类内应力,是由晶粒或亚晶粒间的变形不均匀所引起的。其作用范围与晶粒尺寸相当,即在晶粒或亚晶粒间保持平衡。这种内应力有些情况下具有很大数值,甚至产生显微裂纹并导致工件破坏。

（3）点阵畸变

点阵畸变又称第三类内应力,是由塑性变形中产生的缺陷（如空位、间隙原子、位错等）所引起的。其作用范围为几十至几百纳米。储存能中的绝大部分（80%～90%）都用来形成点阵畸变。这部分能量使形变材料处于热力学不稳定状态,因此有自发恢复到低能量稳定结构的倾向,并促使塑性变形金属在加热时发生回复再结晶。

形变材料中的残余应力大部分情况下是有害的,会导致工件的变形、开裂和产生应力腐蚀,因此需要及时采取消除措施如去应力退火处理等。但在有些时候,残余应力的存在也是有利的,可通过工艺处理人为增加残余应力,如采用滚压和喷丸处理,使工件表面产生具有压应力的应变层,可大幅提高承受交变载荷零件的疲劳寿命。

第10章　回复和再结晶

经过冷变形后的金属或合金内部组织、结构与性能发生改变,处于热力学不稳定的高自由能状态,因此在加热时会发生回复、再结晶和晶粒长大等现象,即具有恢复到变形前低自由能态的趋势。学习这一过程中的现象及相应理论,对改善和控制金属及合金材料的组织、性能具有重要意义。

10.1　冷变形金属的回复和再结晶

10.1.1　冷变形金属在加热时的变化

典型情况下,经过大量冷变形后的金属加热到熔点大约一半并进行保温,会发生回复、再结晶和晶粒长大三个阶段的变化(图 10-1)。在新晶粒产生前的过程称为回复,其间显微组织仍为纤维状或扁平状几乎不发生变化,而主要是亚结构和相应性能发生改变(0-T_1)。在再结晶阶段,新的无畸变等轴晶在冷变形基底中形核、长大直到全部冷变形晶粒消失为止(T_1-T_2);再结晶完成后,新晶粒继续以较慢速度合并长大的过程称为晶粒长大(T_2-T_3)。

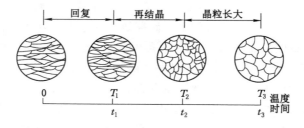

图 10-1　冷变形金属组织随加热温度和时间的变化示意图

随着回复再结晶过程的发生,冷变形金属的性能也发生相应变化(图 10-2)。回复阶段,硬度、强度等变化很小,而再结晶阶段则下降较多,主要是由于回复阶段变形金属仍位错,密度仍很高,而再结晶后位错密度显著降低,因此强度与硬度明显下降;金属的电阻在回复阶段明显下降,主要是由于晶体中点缺陷浓度明显降低;宏观内应力大部分可在回复阶段消除,而微观内应力则需要通过再结晶才能消除;亚晶粒尺寸在回复阶段前期变化不大,但在后期显著增大;金属密度在再结晶阶段急剧增大,主要是由于位错密度显著降低所引起的;冷变形金属的储存能在回复阶段释放均较少,而主要在再结晶过程释放。

10.1.2　回复

10.1.2.1　回复过程及机制

在回复阶段,金属的光学显微组织、力学性能变化不大,具有实际意义的是宏观内应力的去除。根据回复加热温度及内部微结构变化特征的不同,可分为以下三种机制:

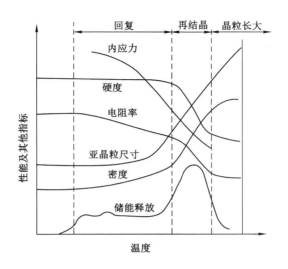

图 10-2　冷变形金属在回复再结晶过程中的性能变化

（1）低温回复

较低温度的回复,主要与点缺陷迁移相关。点缺陷所需运动激活能较低,因此可在较低温度就发生迁移。通过迁移至晶界或表面、与位错的结合、空位与间隙的合并,以及空位聚合成位错环等方式,使点缺陷密度下降。

（2）中温回复

在稍高温度恢复时,位错会发生滑移,进而导致位错重新组合、异号位错相消等,位错密度降低。

（3）高温回复

在高温时,刃型位错可发生攀移,导致位错重新分布、弹性畸变能降低;形成位错墙或亚晶界,发生多边化。多边化过程的驱动力主要为应变能。多边化的典型过程为:塑性变形使晶体点阵发生弯曲;同号刃型位错在滑移面上发生塞积;温度升高使刃型位错发生攀移;位错间相互作用使同号刃位错排列成墙;多排相隔一定距离的位错墙使晶体多边化。多边化过程常发生在单滑移晶体中(图 10-3);而在多晶体中,由于易发生多系滑移,位错常相互缠绕并形成胞状组织。

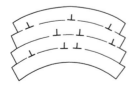
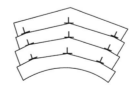

(a)多边化前刃型位错散乱分布　　(b)多边化后刃型位错排列成位错壁

图 10-3　单滑移晶体中的多变化前后对比

综上所述,回复过程中电阻率的明显下降主要是由于点缺陷密度降低和应变能减小;内应力降低主要是由于晶体中大部分弹性应变被消除;硬度及强度下降不多则是由于位错密度下降不多。因此,利用回复退火可用于去除内应力(去应力退火),同时基本保持变形金属的硬化状态,即在改善工件耐蚀性的同时不降低力学性能。实际中的回复,可能是多种回复机制的综合。

10.1.2.2　回复动力学

回复的程度随温度和时间变化,因此回复过程中部分力学性质的变化可通过动力学曲线进行描述。图 10-4 为相同形变量的锌单晶在不同退火温度下性能随时间变化曲线,其中纵坐标为残余加工硬化分数 $1-R=1-\dfrac{\sigma_m-\sigma_r}{\sigma_m-\sigma_0}=\dfrac{\sigma_r-\sigma_0}{\sigma_m-\sigma_0}$,其中 σ_m,σ_r 和 σ_0 分别表示冷变形后,不同程度回复后和完全退火回复后的屈服强度。

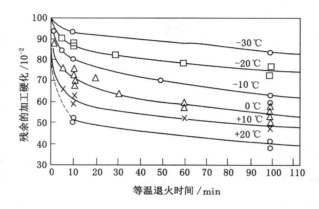

图 10-4　相同形变量的锌单晶在不同退火温度下残余加工硬化分数随时间变化曲线

回复动力学曲线没有孕育期,初期变化很大但随后即变慢,直到趋近一个平衡值;不同温度有不同的极限回复值,温度越高,极限值也越高,达到极限值的时间也越短;冷变形量越大,起始的回复速率也越快。恒温下冷变形金属的回复动力学曲线可用式(10-1)表示:

$$\ln\frac{x_0}{x}=c_0 t\,\mathrm{e}^{-\frac{Q}{RT}} \tag{10-1}$$

式中　x——冷变形导致的性能增量经加热后的残留分数;

　　　x_0——回复加热开始时的残留分数,如果回复前性能未减损则为 1;

　　　c_0——比例常数;

　　　t——回复加热时间;

　　　Q——激活能;

　　　R——气体常数;

　　　T——绝对温度。

如果在不同温度下回复到相同程度,则根据式(10-1)有:

$$\ln t=A+\frac{Q}{RT} \tag{10-2}$$

式中　A——常数。

作 $\ln t - 1/T$ 直线,可根据斜率可求得回复激活能。

如果是在 T_2 和 T_1 为不同温度下,经过 t_1 和 t_2 回复到相同程度,则有:

$$\frac{t_1}{t_2} = \exp\left[-\frac{Q}{R}\left(\frac{1}{T_2} - \frac{1}{T_1}\right)\right] \tag{10-3}$$

需要指出的是,由于实际中回复中会存在多种机制,因此不同的回复程度可能有不同的激活能值 Q。

10.1.3 再结晶

再结晶是新晶粒形核并长大取代形变晶粒的过程。再结晶的驱动力是冷变形储存能(约为变形总储存能的 90%)。由于再结晶的晶核不是新相,因此不属于固态相变。

10.1.3.1 再结晶过程

10.1.3.1.1 再结晶的形核

(1)亚晶形核机制

当变形度较大时,结构中的亚晶作为再结晶核心。形核机制包含以下两种:

① 亚晶合并机制

对于高层错能金属,亚晶边界上的位错通过解离、运动而导致亚晶界消失,进而引起相邻亚晶的合并。合并后的亚晶,与周围亚晶间的位向差增大,并逐渐转化为大角度晶界,其具有更大的迁移率。这个合并后的、具有易移动边界的亚晶即为再结晶核心[图 10-5(a)]。

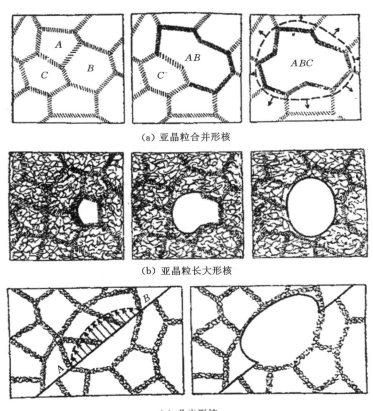

(a)亚晶粒合并形核

(b)亚晶粒长大形核

(c)凸出形核

图 10-5 三种再结晶形核方式的示意图

② 亚晶迁移机制

对于低层错能金属,具有高位错密度亚晶界两侧的亚晶粒位向差较大,因此在受热时易变为大角晶界,其具有较高迁移率使亚晶变大,即可作为再结晶核心[图10-5(b)]。该机制主要针对低层错能金属。

这两种机制都是通过消耗高能量区域成为再结晶核心。因此增加金属冷变形程度、生成更多亚晶,利于再结晶形核的发生,且再结晶后形成的晶粒也会因形核点增多而更细小。

（2）晶界凸出形核机制

当变形程度较小时,各晶粒间变形不均匀、位错密度不同。晶界中的某一段[如图10-5(c)中的 AB]可能会在一定条件下向位错密度高的区域突然弓出,被这段晶界扫过的区域,位错密度降低、形成无畸变区域,即作为再结晶的核心。

10.1.3.1.2　再结晶晶核的长大

当再结晶晶核形成后,晶核通过界面的移动向周围扩展、长大,其驱动力主要是新旧晶粒间的畸变能差。晶界移动时,移动方向背向曲率中心,直到形变晶粒被新晶粒全部取代。

10.1.3.2　再结晶动力学

如图 10-6 所示为冷变形纯铜在不同温度下的再结晶动力学曲线,其具有典型的 S 型特征。再结晶刚开始时速度很慢,然后逐渐加快,再结晶体积分数 50% 时达到最大后又逐渐变慢,这与回复动力学曲线趋势不同,即具有典型的形核-长大特征。

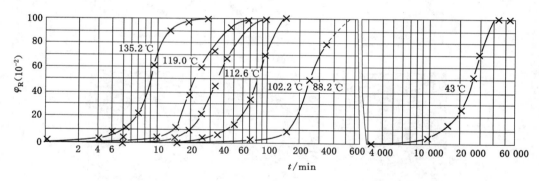

图 10-6　经 98% 冷轧的纯铜（质量分数为 99.999%）在不同温度下的等温再结晶动力学曲线

再结晶动力学取决于形核率 $\dot{N}$ 和晶核长大速率 G。在均匀形核、晶粒为球形且 $\dot{N}$ 和 G 不随时间改变的前提下,约翰逊和梅尔推导出经 t 时间后的再结晶体积分数 φ_R 为：

$$\varphi_R = 1 - \exp\left(-\frac{\pi \dot{N} G^3 t^4}{3}\right) \tag{10-4}$$

此即约翰逊-梅尔方程,适用于任何符合上述前提条件的相变。

实际中,再结晶的形核率 $\dot{N}$ 随时间呈指数衰减,因此阿弗拉密（Avrami）提出了方程（10-5）：

$$\varphi_R = 1 - \exp(-Bt^K) \tag{10-5}$$

再结晶也是热激活过程,再结晶速率 v 与温度之间的关系可用下式表示：

$$v = A \exp\left(-\frac{Q}{RT}\right) \tag{10-6}$$

式中　A——常数;

　　　Q——再结晶激活能;

　　　R——气体常数;

　　　T——绝对温度。

由于 v 与再结晶时间 t 成反比,于是有:

$$\frac{1}{t} = A' \exp\left(-\frac{Q}{RT}\right) \tag{10-7}$$

取对数后得到:

$$\ln \frac{1}{t} = \ln A' - \frac{Q}{R} \cdot \frac{1}{T} \tag{10-8}$$

可对 $\ln\frac{1}{t} - \frac{1}{T}$ 作图,进而通过直线斜率求出再结晶激活能值。

当两个不同温度下产生同样的再结晶分数时,可从式(10-7)得到:

$$\frac{t_1}{t_2} = \exp\left[-\frac{Q}{R}\left(\frac{1}{T_2} - \frac{1}{T_1}\right)\right] \tag{10-9}$$

例如,已知再结晶激活能 Q 和某温度 T_1 下完成再结晶(即再结晶分数 100%)所需的退火时间 t_1,便可计算出另一温度 T_2 下完成再结晶的时间 t_2。

10.1.3.3　再结晶温度及其影响因素

再结晶可在一定的温度范围内进行,因此为了比较不同材料再结晶难易,定义冷变形金属开始再结晶的最低温度为再结晶温度,其可以通过金相组织中出现第一个新晶粒,或硬度下降 50% 对应的温度来确定。但在实际生产中,常以较大变形量(~70%以上)的金属,在 1 h 内能完成再结晶($\varphi_R \geqslant 95\%$)的温度作为再结晶温度。再结晶温度随材料种类不同而不同,此外冷变形程度、原始晶粒度等因素也会影响再结晶温度。

(1) 形变量

冷变形程度越大、储存能越多,再结晶驱动力越大,对应的再结晶温度就越低(图 10-7)、等温退火时再结晶速度越快;当变形量大到一定程度时,再结晶温度基本稳定。经过大变形的工业纯金属,最低再结晶温度 T_R 约为熔点 T_m 的 0.35~0.4 倍。此外,在某一温度下发生再结晶,需要最小冷变形量,称为临界变形度。

(2) 原始晶粒尺寸

在其他条件均相同时,金属原始晶粒越小,冷变形储存能就越高,再结晶驱动力越大、再结晶温度就越低。由于晶界增多,故形核率 $\dot{N}$ 和晶核长大速率 G 增高,因此形成的新晶粒也较小。

(3) 微量溶质原子

金属中的微量溶质原子对再结晶温度也有较大影响。表 10-1 为工业纯铜中加入不同溶质原子后再结晶温度的变化。微量溶质原子能显著提高再结晶温度,可能原因是溶质原子与位错及晶界间的相互作用,促进溶质原子向位错和晶界处偏聚并对位错进行钉扎,进而阻碍再结晶形核和长大过程。

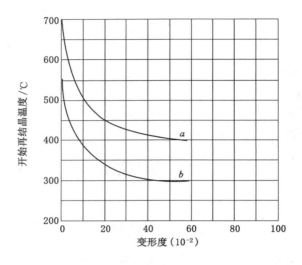

a—电解铁;b—铝(质量分数 99%)。

图 10-7　铁和铝的最低再结晶温度与冷变形程度的关系曲线

表 10-1　微量溶质元素对光谱纯铜(质量分数 99.999%)50%再结晶温度的影响

材料	50%再结晶的温度/℃	材料	50%再结晶的温度/℃
光谱纯铜	140	光谱纯铜中加入 Sn($w_{Sn}=0.01\%$)	315
光谱纯铜中加入 Ag($w_{Ag}=0.01\%$)	205	光谱纯铜中加入 Sb($w_{Sb}=0.01\%$)	320
光谱纯铜中加入 Cd($w_{Cd}=0.01\%$)	305	光谱纯铜中加入 Te($w_{Te}=0.01\%$)	370

（4）第二相粒子

金属中的第二相粒子既可促进金属再结晶也可能阻碍再结晶,这与第二相粒子的大小及分布有关。当第二相粒子较大且间距较远(一般大于 1 μm)时,再结晶易在其表面进行,再结晶温度降低;当第二相粒子较小且间距较近时,则会阻碍再结晶进行,提高再结晶温度。

（5）再结晶工艺参数

退火工艺参数如加热速度、保温时间等都可能对金属再结晶温度有影响。如果加热速度很慢,冷变形金属有足够时间进行回复,减少变形储存能,因此再结晶驱动力减小,再结晶温度上升;如果加热速度过快,原再结晶温度时的形核和长大来不及发生,因此再结晶温度也会升高。当其他条件一定时,延长保温时间会降低再结晶温度(图 10-8)。

10.1.3.4　再结晶晶粒大小

通过调整再结晶工艺参数,控制再结晶晶粒大小,对再结晶金属机械性能改善具有重要意义。可通过约翰逊-梅尔方程得到再结晶晶粒尺寸 d 与形核率 $\dot{N}$ 和晶核长大速率 G 间存在关系:

$$d = A\left(\frac{G}{\dot{N}}\right)^{\frac{1}{4}}$$

(10-10)

其中 A 为常数,因此影响 $\dot{N}$ 和 G 的因素,都会影响再结晶晶粒大小。

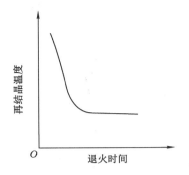

图 10-8　退火时间与再结晶温度的关系

（1）变形量影响

冷变形量对再结晶晶粒大小的影响如图 10-9 所示。当变形量很小时，形变储存能不足以驱动再结晶发生，因此晶粒尺寸仍为原始尺寸，晶粒大小无变化；当变形量大到一定程度后，再结晶可以发生，将对应于再结晶开始发生的变形量称为"临界变形度"，一般金属约为 2%～10%，此时再结晶晶粒尺寸较为粗大；当变形量继续增加，再结晶驱动力增加且形核率增加速度通常大于长大速度，因此晶粒尺寸变小，甚至能低于原始晶粒尺寸，实现细化。生产中，应尽量避开临界变形度，避免降低工件性能。

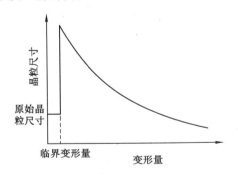

图 10-9　冷变形量对再结晶晶粒尺寸的影响

（2）退火温度影响

提高退火温度可减小临界变形度数值，且使再结晶晶粒尺寸变大（见图 10-10）。

此外，原始晶粒尺寸越小，再结晶晶粒尺寸就越小；而微量溶质原子、第二相粒子一般也会起到细化晶粒的作用。控制退火时间，在一定程度上也能影响再结晶晶粒的大小。

10.1.4　再结晶后的晶粒长大

再结晶完成后，如果继续提高加热温度或延长加热时间，新形成的细小等轴晶将进一步长大，此时的驱动力为晶界总界面能的降低。晶粒长大可分为两类：正常晶粒长大与异常晶粒长大（二次再结晶）。在正常晶粒长大中，大多数晶粒几乎均匀长大；而在异常晶粒长大中，有少数晶粒突发性、不均匀长大。

10.1.4.1　晶粒的正常长大及影响因素

再结晶完成后，形变储存能已基本完成释放，新形成的等轴晶在加热时仍自发长大，该过程主要以大角度晶界的迁移、晶粒相互蚕食的方式来进行。晶粒长大过程中，晶界总是向

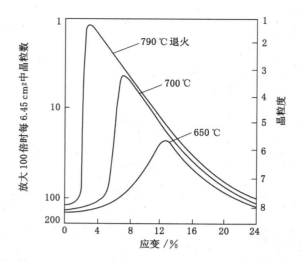

图 10-10　不同温度下低碳钢(C 含量 $0.06wt\%$)变形量对再结晶晶粒大小的影响

着曲率中心的方向进行移动。

恒温下正常晶粒长大时,晶粒尺寸随时间的变化近似满足:

$$\overline{D}_t = Ct^{0.5} \tag{10-11}$$

式中　$\overline{D}_t$——t 时刻晶粒的平均尺寸;

　　　C——常数;

　　　t——保温时间。

式(10-11)表明恒温下正常晶粒长大得到的晶粒平均尺寸和保温时间平方根成正比。当材料中存在阻碍晶界移动的因素时,t 的指数常小于 0.5。

因为晶粒长大主要是通过大角度晶界迁移来进行,所以可从晶界迁移的影响因素出发讨论对晶粒长大的影响。

(1)温度

晶界的平均迁移率 $\overline{m}$ 与 $\exp(-Q_m/RT)$ 成正比(其中 Q_m 为晶界迁移的激活能,R 为气体常数,T 为保温温度),因此晶粒的长大速度随保温温度的升高而增加。

(2)第二相粒子

第二相粒子的存在会对晶界起阻碍作用,从而降低晶粒移动速度。对于球形第二相粒子,其对晶界移动的最大阻力为 $\pi r \gamma_b$,这里 r 为粒子半径,γ_b 为单位面积的晶界能。因此,晶界能越高,晶粒长大速度越慢。

此外,第二相粒子的数量和分布也对晶粒长大有明显影响。当第二相粒子尺寸一定时,数量越多,对晶体长大阻力越大;当第二相粒子体积分数一定时,颗粒越细小,数量越多,晶粒长大速度越慢。当晶界迁移驱动力与第二相粒子对晶界移动的阻力相等时,晶粒的正常长大停止,此时对应的极限晶粒平均直径 $\overline{D}_{min}$ 可表示为:

$$\overline{D}_{min} = \frac{4r}{3\varphi} \tag{10-12}$$

式中　r——粒子半径;

　　　φ——第二相粒子的体积分数。

（3）晶粒间位向差

相邻晶粒间位向差对晶界移动也有明显影响。通常,若晶粒间为大角晶界,则晶界能和扩散系数较大,因此能够较快地迁移;而当相邻晶粒位向较接近或具有孪晶位向时,晶界不易迁移,晶粒不易长大。但当温度较低时,大角晶界只有在某些特定位向才具有较大的移动速度,这主要是因为微量杂质阻碍。高温下杂质不易偏聚,因此其对晶界移动的影响减弱(图 10-11)。

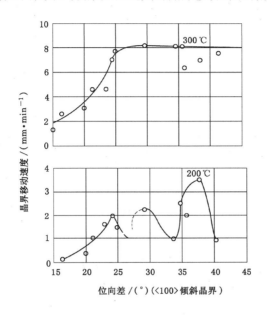

图 10-11　200 和 300 ℃时相邻两个铅晶体晶界移动速度和晶体位相差关系

（4）微量元素和杂质

当金属中存在微量元素和杂质时,会在晶界处形成阻碍晶界移动的气团,且随含量增加,阻碍效果增强。图 10-12 为 300 ℃时微量 Sn 对高纯 Pb 中晶界迁移速度的影响。可以看出,无论何种取向的晶界,当 Sn 分数增加时,晶界的迁移速度均明显降低;Sn 含量对某些特殊位向差的晶界迁移速度影响较小,可能是该类晶界对杂质原子的吸附较弱所致。

（5）表面热蚀沟

长时间加热时,金属表面与内部晶界相交处会形成热蚀沟,其会阻碍晶界的移动。如图 10-13 所示,如果晶界向右移动,其面积会增大,需要附加能量来克服新增晶界能。一般在金属板材中易出现热蚀沟。金属板越薄,晶界与表面相交区域占总晶界面积的比例越大,即热蚀沟就越多,会限制更多的晶界移动和晶粒长大。

当热蚀沟对晶界的限制和晶界能减少驱动的晶界移动达到平衡时,薄板中的晶粒不再长大,此时的晶粒大小为极限尺寸。假设晶粒为圆形,晶粒的极限半径 R_m 满足:

$$R_m = a \frac{\gamma_s}{\gamma_b} \tag{10-13}$$

式中　a——板厚;

　　　γ_b——晶界能;

　　　γ_s——表面能。

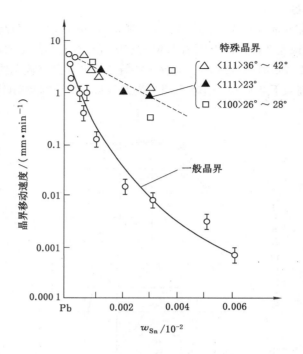

图 10-12　300 ℃时微量锡杂质对高纯铅晶界移动速度的影响

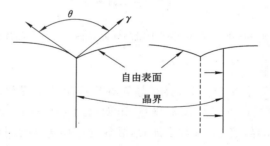

图 10-13　金属板表面热蚀沟及附近晶界的迁移

　　该式表明极限晶粒尺寸和板厚成正比。厚板中的热蚀沟占总界面的比例小,因此可以忽略其对晶界移动的影响。

10.1.4.2　异常晶粒长大(二次再结晶)

　　异常晶粒长大又称二次再结晶或不连续晶粒长大。二次再结晶的驱动力是界面能降低,而不是应变储存能。正常情况下,再结晶晶粒长大后的尺寸相对均匀。当存在弥散第二相粒子、热蚀沟(薄板中)等障碍时,大部分晶粒长到一定程度后便停止变大;但个别晶粒周围的第二相粒子较少,或由于继续升温导致障碍因素消除(如熔化),长大的速度更快。一旦这些晶粒尺寸超过周围晶粒,由于大晶粒晶界总是向外凹,所以晶界向外迁移,导致晶粒越来越大。这些粗大的晶粒如同是在较小等轴晶中重新发生再结晶长大,因此又称为二次再结晶。二次再结晶并不是真正发生了有别于一次再结晶的形核-长大过程,只是一次再结晶过程中某些特殊晶粒的快速长大形成了部分粗大晶粒。

图 10-14 为含少量的 MnS 微粒的 Fe-3Si 合金在不同温度退火 1 h 后晶粒尺寸的变化，可以看出在 930 ℃时晶粒平均尺寸突然增大，即发生了异常晶粒长大，其原因是 MnS 颗粒溶解，部分再结晶晶粒周围晶界移动障碍消失。

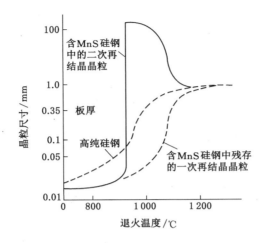

图 10-14　纯的和含 MnS 的 Fe-3Si 合金（冷轧变形量 50％，厚度为 0.35 mm）
在不同温度退火 1 h 的晶粒尺寸

10.1.4.3　再结晶全图

将再结晶晶粒大小随冷加工变形度和退火温度的变化绘制成三维图形，称为再结晶全图或再结晶图。通常，变形度越大，再结晶退火形成的晶粒越小；再结晶退火温度越高，晶粒越大。如图 10-15 为工业纯铝的再结晶图，其中包含两个明显粗晶区，一是位于临界变形度附近的区域，另一个是位于二次再结晶区域。工业纯铝二次再结晶区域对应的变形度和退火温度都较大，主要是因为大变形量形成的再结晶织构阻碍了大部分晶粒的正常长大，仅有极个别具有大角度晶界的晶粒可以快速长大。通过再结晶全图可以避开粗晶区，因此对制定合理的冷变形金属退火工艺具有重要参考意义。

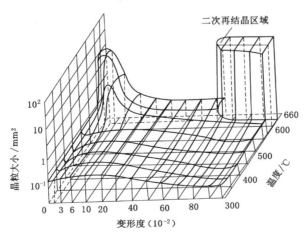

图 10-15　工业纯铝的再结晶图

10.1.5 再结晶组织

10.1.5.1 再结晶织构

再结晶织构是指具有变形织构的金属经再结晶后退火后形成的新晶粒仍具有的择优取向组织。再结晶织构可与原有的织构一致，也可不一致，其形成机制主要有定向生长与定向形核两种。

定向生长机制认为一次再结晶晶核的取向与冷变形织构取向无关，但在晶核生长时，晶界迁移速率与晶界周围变形基底的位相差有关。在具有形变织构的金属中，大多数晶核的取向相近，晶界夹角较小，迁移速度慢，仅某些特殊位向的晶核能快速生长，并进一步通过吞食周围变形基体形成与原变形织构不同取向的再结晶织构。

定向形核机制认为在具有形变织构的金属中，各亚晶位向接近，形成的再结晶核心大多保持原织构取向，晶核随后进一步长大成为与原织构一致的再结晶织构。

10.1.5.2 退火孪晶

在冷加工过程中，不易产生形变孪晶的面心立方金属如铜、镍、奥氏体不锈钢等，经再结晶退火后，会形成退火孪晶。如图 10-16 所示为退火孪晶示意图和纯铜中的退火孪晶。A，B，C 为三种不同的退火孪晶形态，其中 A 为处于晶界交角处的退火孪晶；B 为贯穿整个晶粒的完整退火孪晶；C 为终止于晶体内的不完整退火孪晶。退火孪晶最明显的特征是带有两侧互相平行的孪晶界，属于共格孪晶界，对应于(111)晶面成。在晶粒内终止处的孪晶界和共格孪晶界台阶处的界面则属于非共格孪晶界。

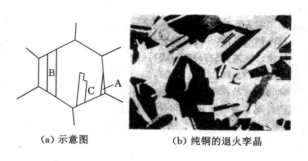

(a) 示意图　　　　　　(b) 纯铜的退火孪晶

图 10-16　退火孪晶

层错能低的金属容易形成退火孪晶。通常认为退火孪晶是在晶粒生长过程中形成的。例如晶粒通过(111)晶界移动长大时，如果(111)晶面堆垛次序……ABCABC……偶然错排，形成共格孪晶界……ABCABCBACBA……，在孪晶界移动过程中，如果(111)晶面再次发生错排而恢复原堆垛次序……ABCABCBACBACABCABC……，则形成第二个共格孪晶界，即产生了两侧孪晶界相互平行的孪晶。

10.2　热变形金属的回复与再结晶

金属材料的加工变形通常是在高温下进行的，如常见的锻压、热轧、挤压等。热加工后的工件部分被直接使用，如部分锻件；而大部分工件则作为进一步加工的中间产品，如各类型材。因此，热加工过程会对许多金属制品的组织和性能产生重要影响。

把再结晶温度以上的金属加工变形称为热加工变形。更严格地讲,热变形应定义为应变硬化速率等于其软化速率温度以上的变形。因此,冷、热变形不能简单以温度高、低来区分,如金属铅、锡的再结晶温度低于室温,室温下的变形就是热变形;而钨的再结晶温度为1 200 ℃,在1 000 ℃的变形也属于冷变形。

热变形中过程,加工硬化与动态软化同时进行。由于硬化效果被动态软化抵消,所以总体上不显示。热变形过程中的动态软化有动态回复、动态再结晶两种方式。当热变形停止后,高温下还会接着发生静态回复和静态再结晶。

热变形可以达到很大的变形量,适用较大尺寸变化的零件加工;还可改善铸锭组织,如消除气孔、偏析、粗大晶粒等。但热加工过程中易生成氧化物,会降低表面粗糙度;工件在热变形后也会产生明显收缩,不易实现尺寸的精确控制。

10.2.1　动态回复与动态再结晶

10.2.1.1　动态回复

具有典型动态回复特征的应力-应变曲线如图 10-17 所示,其主要是在塑性变形过程中发生了回复,可以分为三个阶段:起始阶段应力增加很快,开始出现加工硬化(Ⅰ——微应变阶段);随后增大速率逐渐减小,材料开始均匀塑性变形,出现动态回复,加工硬化被部分抵消(Ⅱ——均匀应变阶段);最后阶段,加工硬化和动态回复作用基本平衡,应力不随应变增高、趋于稳定(Ⅲ——稳态流变阶段)。温度 T、应变速率 $\dot{\varepsilon}$ 对最后稳态阶段达到的应力值均有直接影响,应变速率越大、加热温度越低,达到稳态应力和应变就越大。

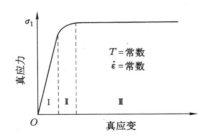

图 10-17　具有典型动态回复特征的应力-应变曲线

在回复机制上,热变形开始阶段由于位错密度增加,因此呈现加工硬化;在稳态阶段,由于位错增殖和消失平衡、位错密度基本恒定,加工硬化和动态回复达到平衡,因此达到稳态。动态回复中主要是通过刃型位错的攀移、螺位错的交滑移等运动,使异号位错抵消、位错密度降低来实现软化。动态回复中也会发生多边化并形成亚晶。亚晶在稳态阶段保持等轴状和恒定尺寸;热加工变形速率越大,变形温度越低,形成的亚晶晶粒就越小。在动态回复过程中,不发生再结晶,变形晶粒仍呈纤维状,在热变形后快速冷却后,伸长晶粒的晶粒形貌被保留,但晶粒内部的亚晶粒为无应变等轴晶。

由于动态回复后的组织强度比再结晶组织的高,因此可将动态回复工艺应用于建筑用铝镁合金挤压型材。铝、铁、铁素体钢等层错能较高的金属或合金在发生热加工时,容易发生位错交滑移及攀移,因此常发生动态回复。

10.2.1.2　动态再结晶

具有典型动态再结晶特征的应力-应变曲线如图 10-18 所示,其主要是在塑性变形过程中发生了再结晶,也可分为三个阶段:初始阶段应力随着应变增加快速速增加,不发生动态再结晶($Ⅰ$——微应变加工硬化阶段,$\varepsilon < \varepsilon_c$);随后阶段,开始出现动态再结晶,但加工硬化效果仍大于动态软化效果,应力随应变增加但增速放缓,当应力超过 σ_{max},再结晶软化效果大于加工硬化效果,应力下降($Ⅱ$——动态再结晶开始阶段,$\varepsilon_c < \varepsilon < \varepsilon_s$);最后阶段中,动态再结晶引起的软化与加工硬化达到动态平衡($Ⅲ$——稳态流变阶段,$\varepsilon_s < \varepsilon$)。当应变速率较低或热变形温度较高时,由于加工硬化和再结晶软化交替占据主导作用,稳态流变应力出现波动。

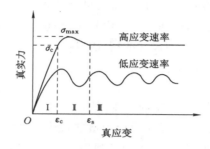

图 10-18　动态再结晶阶段的应力-应变曲线

　　在机制上,动态再结晶也包括形核和长大过程,通过形成大角度晶界并移动来进行。当应变速率较低时,位错密度也较低,通过晶界凸出方式形核;当应变速率较高时,位错密度也较高,通过亚晶合并方式形核。动态再结晶一个显著特点是新晶核在形成及长大期间受到变形作用,当塑性变形积累到一定程度又发生再结晶,重新形核-生长接着再次变形、再结晶,即反复形核、有限生长。因此,动态再结晶得到的等轴晶粒较为细小,其尺寸取决于应变速率和变形温度。低的变形温度和高的应变速率,有利于得到小的等轴晶粒,但加工性能下降。

　　当应变速率较低或热变形温度较高时,由于位错密度随应变增速小,要达到下一步再结晶发生的条件必须累积足够的应变能,即需要一定的加工硬化来增加位错数量,因此应力增加;当再结晶发生时,新晶粒产生,位错密度降低,应力下降。该过程在外力的持续作用下重复发生、交替进行,因此应力-应变曲线呈波浪状变化。

　　由于动态再结晶晶粒始终承受变形,晶粒内部的位错密度较高,因此动态再结晶比静态再结晶获得的组织具有更高的力学性能。层错能较低的铜、镍、奥氏体等金属和合金材料,不易发生位错的交滑移和刃位错的攀移,因此主要利用动态再结晶方式进行热加工。

10.2.2　热变形对组织性能的影响

10.2.2.1　性能变化

　　热变形能消除铸态材料中的某些缺陷,如焊合气孔、疏松;部分消除偏析;细化粗大的柱状晶和树枝晶;改善夹杂物或脆性相的形态与分布等。因此,能够显著改善金属的致密性、塑性和韧性。

　　控制动态回复工艺控制可使亚晶细化,如果通过适当冷速将该组织保留到室温,则材料会具有比动态再结晶更好的性能,称因为亚组织产生的强化为"亚组织强化"。亚晶尺寸和金属屈服强度之间的关系仍然可用式(9-8)所示的霍尔-佩奇公式来表示。

10.2.2.2　流线

热变形时,枝晶偏析、夹杂物、第二相等会随应变量的增大逐步沿变形方向伸长,在经过腐蚀的磨面上会呈现流线状组织形貌(图 10-19),这种纤维组织会导致各向异性:沿纤维方向的性能比垂直纤维方向具有更好的力学性能,尤其是塑性和韧性。实际中可利用这一特点,保证流线有正确的分布,即与零件承受的最大拉力方向一致,而与外剪切力或冲击方向垂直。图 10-20 所示为不同加工工艺导致的热锻吊钩中正确的和不正确的流线分布。

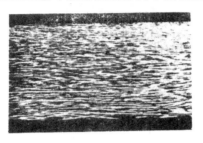

图 10-19　低碳钢热加工后的流线

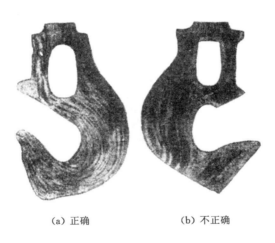

　　(a) 正确　　　　　　　　(b) 不正确

图 10-20　吊钩中的流线分布

10.2.2.3　带状组织

经过热变形,复相合金中的相沿变形方向交替成带状分布,称为带状组织。如亚共析钢中铁素体和珠光体沿轧制方向呈条带状或层状分布(图 10-21)。其形成原因,一可能是变形发生在两相区,铁素体从奥氏体中析出并呈条带状,再结晶后奥氏体和铁素体变成等轴晶但分布仍为条带状;二可能是枝晶偏析和夹杂物在热加工中被拉长,在奥氏体冷却时,偏析区先析出铁素体且呈条带状,而后剩余奥氏体转变成珠光体,最终形成条带状铁素体加珠光体混合物。

带状组织也会产生各向异性,尤其是材料中存在纤维夹杂物时。可采用三种方法防止和消除带状组织:一是不在两相区变形,二是减少夹杂元素含量,三是采用高温扩散退火消除元素偏析。对已经出现的带状组织,可在单相区加热正火进行消除。

图 10-21　热轧低碳钢板的带状组织(100 倍)

10.2.2.4　热变形工艺控制措施

　　热变形后金属材料的机械性能,在相当大的程度上由晶粒大小决定。晶粒越小,材料的强韧性就越好,因此要控制热变形工艺以获得小尺寸晶粒,常用的措施有:降低变形终止温度;增大最终变形量;加快冷却速度;加入合金元素阻碍热变形后的静态再结晶和晶粒长大过程。

参 考 文 献

[1] KINGERY W D,BOWEN H K,UHLMANN D R. 陶瓷导论[M].清华大学新型陶瓷与
精细工艺国家重点实验室,译.2 版.北京:高等教育出版社,2010.

[2] 顾永琴,康学勤,牛继南,等.材料实验技术[M].徐州:中国矿业大学出版社,2014.

[3] 胡赓祥,蔡珣,戎咏华.材料科学基础[M].3 版.上海:上海交通大学出版社,2010.

[4] 刘智恩.材料科学基础[M].5 版.西安:西北工业大学出版社,2019.

[5] 卢光熙,侯增寿.金属学教程[M].上海:上海科学技术出版社,1985.

[6] 潘金生,仝健民,田民波.材料科学基础(修订版)[M].北京:清华大学出版社,2011.

[7] 石德珂.材料科学基础[M].北京:机械工业出版社,1999.

[8] 余永宁.材料科学基础[M].北京:高等教育出版社,2006.

元素周期表

图例说明（Dubnium 示例）： 元素英文名称 · 元素符号 · 原子序数 · 元素名称 · 外围电子层排布，括号代表可能的排布 · 相对原子质量，括号代表半衰期最长同位素的质量数

Dubnium / 105 Db 𫓧 / (6d³7s²) / [268]

分类图例： 稀有气体 · 卤素 · 镧系元素 · 锕系元素 · 碱金属 · 碱土金属 · 过渡金属 · 其他金属 · 其他非金属

周期\族	I-A	II-A	III-B	IV-B	V-B	VI-B	VII-B	VIII	VIII	VIII	I-B	II-B	III-A	IV-A	V-A	VI-A	VII-A	0
1	Hydrogen 1 H 氢 $1s^1$ 1.008																	Helium 2 He 氦 $1s^2$ 4.0026
2	Lithium 3 Li 锂 $2s^1$ 6.94	Beryllium 4 Be 铍 $2s^2$ 9.0122											Boron 5 B 硼 $2s^2 2p^1$ 10.81	Carbon 6 C 碳 $2s^2 2p^2$ 12.011	Nitrogen 7 N 氮 $2s^2 2p^3$ 14.007	Oxygen 8 O 氧 $2s^2 2p^4$ 15.999	Fluorine 9 F 氟 $2s^2 2p^5$ 18.998	Neon 10 Ne 氖 $2s^2 2p^6$ 20.180
3	Sodium 11 Na 钠 $3s^1$ 22.990	Magnesium 12 Mg 镁 $3s^2$ 24.305											Aluminium 13 Al 铝 $3s^2 3p^1$ 26.982	Silicon 14 Si 硅 $3s^2 3p^2$ 28.085	Phosphorus 15 P 磷 $3s^2 3p^3$ 30.974	Sulfur 16 S 硫 $3s^2 3p^4$ 32.06	Chlorine 17 Cl 氯 $3s^2 3p^5$ 35.45	Argon 18 Ar 氩 $3s^2 3p^6$ 39.95
4	Potassium 19 K 钾 $4s^1$ 39.098	Calcium 20 Ca 钙 $4s^2$ 40.087	Scandium 21 Sc 钪 $3d^1 4s^2$ 44.956	Titanium 22 Ti 钛 $3d^2 4s^2$ 47.867	Vanadium 23 V 钒 $3d^3 4s^2$ 50.942	Chromium 24 Cr 铬 $3d^5 4s^1$ 51.996	Manganese 25 Mn 锰 $3d^5 4s^2$ 54.938	Iron 26 Fe 铁 $3d^6 4s^2$ 55.845	Colbat 27 Co 钴 $3d^7 4s^2$ 58.933	Nickel 28 Ni 镍 $3d^8 4s^2$ 58.693	Copper 29 Cu 铜 $3d^{10} 4s^1$ 63.546	Zinc 30 Zn 锌 $3d^{10} 4s^2$ 65.38	Gallium 31 Ga 镓 $4s^2 4p^1$ 69.723	Germanium 32 Ge 锗 $4s^2 4p^2$ 72.630	Arsenic 33 As 砷 $4s^2 4p^3$ 74.922	Selenium 34 Se 硒 $4s^2 4p^4$ 78.971	Bromine 35 Br 溴 $4s^2 4p^5$ 79.904	Krypton 36 Kr 氪 $4s^2 4p^6$ 83.798
5	Rubidium 37 Rb 铷 $5s^1$ 85.468	Strontium 38 Sr 锶 $5s^2$ 87.62	Yttrium 39 Y 钇 $4d^1 5s^2$ 88.91	Zirconium 40 Zr 锆 $4d^2 5s^2$ 91.224	Niobium 41 Nb 铌 $4d^4 5s^1$ 92.906	Molybdenum 42 Mo 钼 $4d^5 5s^1$ 95.95	Technetium 43 Tc 锝 $4d^5 5s^2$ [97]	Ruthenium 44 Ru 钌 $4d^7 5s^1$ 101.07	Rhodium 45 Rh 铑 $4d^8 5s^1$ 102.91	Palladium 46 Pd 钯 $4d^{10}$ 106.42	Silver 47 Ag 银 $4d^{10} 5s^1$ 107.87	Cadmium 48 Cd 镉 $4d^{10} 5s^2$ 112.41	Indium 49 In 铟 $5s^2 5p^1$ 114.82	Tin 50 Sn 锡 $5s^2 5p^2$ 118.71	Antimony 51 Sb 锑 $5s^2 5p^3$ 121.76	Tellurium 52 Te 碲 $5s^2 5p^4$ 127.6	Iodine 53 I 碘 $5s^2 5p^5$ 126.90	Xenon 54 Xe 氙 $5s^2 5p^6$ 131.29
6	Caesium 55 Cs 铯 $6s^1$ 132.91	Barium 56 Ba 钡 $6s^2$ 137.33	Lanthanoids 57–71 La–Lu 镧系	Hafnium 72 Hf 铪 $5d^2 6s^2$ 178.49	Tantalum 73 Ta 钽 $5d^3 6s^2$ 180.95	Tungsten 74 W 钨 $5d^4 6s^2$ 183.84	Rhenium 75 Re 铼 $5d^5 6s^2$ 186.21	Osmium 76 Os 锇 $5d^6 6s^2$ 190.23	Iridium 77 Ir 铱 $5d^7 6s^2$ 192.22	Platinum 78 Pt 铂 $5d^9 6s^1$ 195.08	Gold 79 Au 金 $5d^{10} 6s^1$ 196.97	Mercury 80 Hg 汞 $5d^{10} 6s^2$ 200.59	Thallium 81 Tl 铊 $6s^2 6p^1$ 204.38	Lead 82 Pb 铅 $6s^2 6p^2$ 207.2	Bismuth 83 Bi 铋 $6s^2 6p^3$ 208.98	Polonium 84 Po 钋 $6s^2 6p^4$ [209]	Astatine 85 At 砹 $6s^2 6p^5$ [210]	Radon 86 Rn 氡 $6s^2 6p^6$ [222]
7	Francium 87 Fr 钫 $7s^1$ [223]	Radium 88 Ra 镭 $7s^2$ [226]	Actinoids 89–103 Ac–Lr 锕系	Rutherfordium 104 Rf 𬬻 $(6d^2 7s^2)$ [267]	Dubnium 105 Db 𬭊 $(6d^3 7s^2)$ [268]	Seaborgium 106 Sg 𬭳 $(6d^4 7s^2)$ [269]	Bohrium 107 Bh 𬭛 $(6d^5 7s^2)$ [270]	Hassium 108 Hs 𬭶 $(6d^6 7s^2)$ [269]	Meitnerium 109 Mt 鿏 [278]	Darmstadtium 110 Ds 𫟼 [281]	Roentgenium 111 Rg 𬬭 [282]	Copernicium 112 Cn 鿔 [285]	Nihonium 113 Nh 鿭 [286]	Flerovium 114 Fl 𫓧 [289]	Moscovium 115 Mc 镆 [290]	Livermorium 116 Lv 𫟷 [293]	Tennessine 117 Ts 鿬 [294]	Oganesson 118 Og 𫓶 [294]

镧系

Lanthanum 57 La 镧 $5d^1 6s^2$ 138.91	Cerium 58 Ce 铈 $4f^1 5d^1 6s^2$ 140.12	Praseodymium 59 Pr 镨 $4f^3 6s^2$ 140.91	Neodymium 60 Nd 钕 $4f^4 6s^2$ 144.24	Promethium 61 Pm 钷 $4f^5 6s^2$ [145]	Samarium 62 Sm 钐 $4f^6 6s^2$ 150.36	Europium 63 Eu 铕 $4f^7 6s^2$ 151.96	Gadolinium 64 Gd 钆 $4f^7 5d^1 6s^2$ 157.25	Terbium 65 Tb 铽 $4f^9 6s^2$ 158.93	Dysprosium 66 Dy 镝 $4f^{10} 6s^2$ 162.50	Holmium 67 Ho 钬 $4f^{11} 6s^2$ 164.93	Erbium 68 Er 铒 $4f^{12} 6s^2$ 167.26	Thulium 69 Tm 铥 $4f^{13} 6s^2$ 168.93	Ytterbium 70 Yb 镱 $4f^{14} 6s^2$ 173.05	Lutetium 71 Lu 镥 $4f^{14} 5d^1 6s^2$ 174.97

锕系

Actinium 89 Ac 锕 $6d^1 7s^2$ [227]	Thorium 90 Th 钍 $6d^2 7s^2$ 232.04	Protactinium 91 Pa 镤 $5f^2 6d^1 7s^2$ 231.04	Uranium 92 U 铀 $5f^3 6d^1 7s^2$ 238.03	Neptunium 93 Np 镎 $5f^4 6d^1 7s^2$ [237]	Plutonium 94 Pu 钚 $5f^6 7s^2$ [244]	Americium 95 Am 镅 $5f^7 7s^2$ [243]	Curium 96 Cm 锔 $5f^7 6d^1 7s^2$ [247]	Berkelium 97 Bk 锫 $5f^9 7s^2$ [247]	Californium 98 Cf 锎 $5f^{10} 7s^2$ [251]	Einsteinium 99 Es 锿 $5f^{11} 7s^2$ [252]	Fermium 100 Fm 镄 $5f^{12} 7s^2$ [257]	Mendelevium 101 Md 钔 $5f^{13} 7s^2$ [258]	Nobelium 102 No 锘 $5f^{14} 7s^2$ [259]	Lawrencium 103 Lr 铹 $5f^{14} 6d^1 7s^2$ [266]